核心概念统领下的单元整体教学这样做

袁延香 ◎ 主编

广西教育出版社 · 南宁

图书在版编目（CIP）数据

核心概念统领下的单元整体教学这样做 / 袁延香主编. -- 南宁 : 广西教育出版社, 2023.4
ISBN 978-7-5435-9233-9

Ⅰ. ①核… Ⅱ. ①袁… Ⅲ. ①课程-教学设计-小学 Ⅳ. ①G622.3

中国版本图书馆 CIP 数据核字(2022)第 205265 号

策划编辑：黄立明　　封面设计：杨若媛
责任编辑：苏方芳　　责任技编：蒋　媛

出 版 人：石立民
出版发行：广西教育出版社
地　　址：广西南宁市鲤湾路 8 号　　邮政编码：530022
电　　话：0771-5865797
本社网址：http://www.gxeph.com
电子信箱：gxeph@vip.163.com
印　　刷：天津奥丰特印刷有限公司
开　　本：787mm×1092mm　1/16
印　　张：26
字　　数：373 千字
版　　次：2023 年 4 月第 1 版
印　　次：2023 年 4 月第 1 次印刷
书　　号：ISBN 978-7-5435-9233-9
定　　价：68.00 元

编委会

坚持素养导向，探索学校课程整体育人新样态

2001 年，我国启动了新一轮基础教育课程改革，至今已经历两次课程方案和课程标准修订，课程目标取向从“双基”“三维目标”转向“核心素养”，其本质从“学科本位”走向“学生本位”，从“教学”走向“育人”。课程设计的突出特征是“整合”，强调学科的内在育人价值、课程与教学的有机整合、科学与人文的有机整合，促进学生发展科学探究、合作交流和高阶思维能力，让学生在深度理解学科核心概念和本质原理的基础上，树立正确价值观念，形成必备品格，提高关键能力。

《义务教育课程方案（2022 版）》明确指出“探索大单元教学，积极开展主题化、项目式学习等综合性教学活动”。《普通高中课程方案（2017 年版 2020 年修订）》指出“重视以学科大概念为核心，使课程内容结构化，以主题为引领，使课程内容情境化，促进学科核心素养的落实”。事实上，学校教育的目的是帮助学生形成伴随其一生的能力，而这种能力往往体现为在真实情境、陌生情境、复杂情境中的问题解决能力。但传统教学按课时授课，学生投入了大量时间和精力，学习活动却常常停留在课程学习的“末端”，学生获得的是“零散的”知识，而忽视了最重要的学科核心概念和本质原理。

潍坊滨海鲲城学校顺应新时代推进基础教育课程改革的政策导向和新修订的课程方案与课程标准要求，在袁延香书记的带领下，持续开展大单元教学研究与实践探索，取得了一系列成果，总结提炼了一批典型案例，在此结集出版。

大单元教学设计是设计者从一章或是一个单元的角度出发，将其内在的概念、原理、方法整合在一起，综合利用各种教学形式和教学策略，通过一个阶段的学习，让学习者完成一个相对完整的大单元系统的学习。潍坊滨海鲲城学校是一所十二年一贯制学校，开展大单元教学有利于小初高贯通式培养，有利于坚持素养导向，强化学科实践，推进综合学习，落实因材施教，进而实现“减负提质”。

在全面贯彻落实基础教育新修订课程方案和课程标准的背景下，开展素养导向的大单元教学突出如下特征：一是有利于突出学科素养导向和单元主题价值引领，促进学科内在逻辑结构序和学生学习认知结构序的“双序”统一，使学习活动由“多而杂”走向“少而精”，使学生深刻理解学科的核心概念、原理及其内在关系，增强学科课程内容的结构强度，让学生获得更具迁移力的东西；二是有利于建立事实和概念间的广泛而又紧密的联系，促进学科内、跨学科、跨学段乃至超学科的课程整合，由“学科本位”走向“课程统整”，提升学生综合运用多学科知识解决真实情境问题的能力，提升学校课程整合的效率和效益；三是有利于学生在问题解决活动中自主建构知识网络，积累学习活动经验，学生由“被动学习”走向“个体立场”，发展自主解决复杂情境问题的能力和高阶思维能力；四是有利于增进教师对课程的理解和教学设计能力，拓宽教师专业发展视域，提升教师的学术软实力，让更多教师成为专业的领导者。

潍坊滨海鲲城学校持续推进大单元教学，突出素养导向、学为中心、学教评一致，探索了落实新修订课程方案和课程标准的研究与实践范式。

一是学校重视以落实立德树人根本任务、促进学生发展核心素养为总统领，以大情境或大任务为中心，对学习内容进行分析、整合、重组和开发，具有明确的主题、目标、任务、情境、活动、评价等要素统整特征，探索了新时代中小学课程内容组织新样态。

二是探索了大单元教学基本原则，即遵循整体性、整合性和以学生为主体的原则。首先是按照单元的学习目标，整体规划各个课时的教学，让零散的知识结构化；其次是加大与其他课程资源的整合力度，强化学科内、跨学科和超学科的整合；最后是把学生放在课堂的中心，让学生主动地建构知识网络和解决问题。可见，该校探索了中小学“以学生为中心”的课程学习新样态。

三是构建可操作性设计流程。以威金斯等人的《追求理解的教学设计（第二版）》等相关图书为指引，结合学生实际需要，形成了“学习目标—评价任务—教学实施”逆向设计流程，强调学习目标设计要具体、明确、可测、可达成，评价任务先于教学实施，其评价指标指向学习目标的有效达成，教学过程有效承载学习目标，凸显学、教、评的一致性，探索了“以教师为主导”的教学设计流程新样态。

潍坊滨海鲲城学校在推进大单元教学中，重视素养导向，突破了传统以课时为单位进行设计的局限，在理念转变、课程设计、学习评价、学习组织等方面发生了质的改变，使教师“所教的”课程更直接地指向学生“所学的”课程，教师的行动研究能力不断增强，学校课程有了强有力的研究支持，学生在持续开展的问题解决活动中，发展创新意识、批判性思维能力、沟通交流和团队协作能力，让核心素养的培育真实地在学生身上发生，立德树人根本任务得到深入贯彻落实，学校整体育人水平得到大幅提升。

在当前全国范围内全面实施新修订课程方案和课程标准的背景下，潍坊滨海鲲城学校的大单元教学成果结集出版，无疑为中小学深化学校课程改革提供了先例，期待本书能够发挥引领学校课程改革方向、提供典型案例参照的作用。

李红婷

2022 年 12 月 16 日于济南

Contents

目录

第二编
单课教学设计（课堂实录）案例　◇　123

前　言

为全面落实立德树人根本任务，潍坊滨海鲲城学校从 2018 年起，以教学改革为核心，开展了一系列基于课程标准的学教评一致性教学改进行动，单元整体设计便是其中之一。

本校的单元整体设计依据《义务教育课程方案（2022 年版）》进行。方案指出，探索大单元教学，积极开展主题化、项目式学习等综合性教学活动，促进学生举一反三、融会贯通，加强知识间的内在关联，促进知识结构化。那么为什么要基于课程标准做单元整体设计？如果说培养有理想、有本领、有担当的时代新人等目标是“想得到的美丽”，那么有核心素养、课程目标、课程内容、学业质量的课程标准就是“看得见的风景”。我们一线教师基于课程标准，在学教评一致性原则指导下撰写的单元整体设计、课时教学设计、单元学习任务单就是“走得到的景点”。

回首来时路，从开始的“迷雾重重”到如今的“初见天日”，全校师生同舟共济，一直朝着“心中的风景”坚定地前行。

一、学校教学的有益探索

1. 变革改进路径，迭代改革目标

近年来，学校一直致力于基于课程标准的教学改进行动研究。2018 年，开始以“目标叙写的改革实践研究”为主题，探索基于教育目标分类学的教学设计。2019 年，以“备课专业化——基于标准的教学改进”为主题，探索基于标准的学教评一致性教学设计。2021 年，立项“追求理解的大单元教学设计研究”和市教育教学重大问题“核心概念统领下单元整体设计与实施”，探索基于单元整体的教学设计和课堂实践。2022 年，把重大问题切块，申请了区高质量发展项目“大单元整体教学设计”“流程再造，撬动课堂改革”“‘双减’背景下课后作业设计改革”，其中“‘双减’背景下课后作业设计改革”已经结题。学校改革的目标不断完善，由单纯追求学教评一致到追求核心概念统领下的学教评一致。

2. 变革课改目标，并入办学体系

为了更好地实现学校办学理念，让学生更自信地适应未来社会，我们把教学改革目标与学校学生培养目标接轨，让教学改革助力学生培养目标的达成，深入解读学校的办学理念。更自信地适应未来社会需要什么核心素养？未来是什么样子的？未来人才是什么样子的？我们能为未来做些什么？这些思考要在基于标准的教学改进中得到分解与实施。

3. 变革教案模板，匹配最新课标

新课标的施行，正在倒逼着学校教学管理系统升级迭代。我们从 2019 年开始使用学教评一致性（CLTA）教学设计模板备课，2021 年引进大单元教学流程，开始使用单元整体设计和单课设计备课。两个模板都是从课程标准出发，通过学什么、学到什么程度、怎么学来设计教和学。在大单元教学实践中，我们更注重单元核心概念的确定以及知识的结构化梳理、结构化认知和学习。与单纯的学教评一致相比，这是基于大单元、大概念、大任务、大项目、大活动、大背景、大格局来建构的整体学习。

4. 变革学习方式，助力教师成长

专业理论书籍是教师的指路明灯。近三年，教师们认真阅读并学习了《备课专业化：学教评一致性教学设计的理念与操作》《从教走向学：在课堂上落实核心素养》《概念为本的课程与教学》《追求理解的教学设计（第二版）》《义务教育课程方案（2022 年版）》和配套的义务教育课程标准（2022 版）等必读图书和指导文件。教研组长和备课组长作为大单元教学改革的核心成员，拓展研读《核心素养十讲》《深度学习》《核心素养研究》《深度学习：走向核心素养》《为未知而教，为未来而学》《大概念教学：素养导向的单元整体设计》《核心素养导向的课堂教学》等图书。理论学习让教师们深刻理解了进行学教评一致性教改研究和实践、开展大概念引领下的大单元整体教学探索之路的必要性。我们要求每个教研组在每周半天的教研日集中学习理论知识，并尝试撰写大单元整体设计下的学教评一致性教学设计。

除向书本学习以外，我们还“走出去”对标名校，将知名专家“请进来”，进一步拓宽教师的教育视野。2020 年，我校邀请张爱军博士在线上为教师作《为什么推进学教评一致性》辅导报告，并进行学教评一致性备课实操培训。教师逐渐理解了如何分解国家课程标准、如何叙写教学目标、如何做好教学设计，为基于课标的教学改进奠定了理论基础，提升了自身对课标的分解及解读能力。2021 年，学校组织教师先后去北京十一学校龙樾实验中学、青岛中学、深圳市福田区红岭实验学校、大连市第四十八中学考察学习，陆续邀请知名专家、知名校长进行线上培训交流指导，邀请市、区教科院专家入校指导等。

5. 变革教研机制，高质行动研究

一是聚焦关键问题。为进行课改，学校对基于课程标准的教学改进行动实施项目化推进，把关键要素切分，从小切口进入，逐项突破，积极在省市级课题或重大问题研究中立项。学校先后立项了市教育科学“十三五”规划课题和“十四五”规划课题“小学生语文阅读命题的实践与研究”“落实学科核心素养的小学数学单元整体教学有效性研究”及市教育教学重大问题“核心概念统领下单元整体设计与实施”。

二是加强组织建设。建强学校教研组、备课组，构建校级常态教研共同体，形成时间固定、主题聚焦、人人参与、研讨交流的教研机制，及时解决教师在教学实践中遇到的问题。从 2021 年开始，我校的 20 多项阶段性研究成果分别在山东省教科研工作坊、全市教学工作会、全市小学数学教学工作会、市线上教学研讨会、区教师培训会等各类研讨会上进行分享。建立了大单元教学设计资源库，创新校本教研方式，助推教学质量提升。在集体备课、课堂观摩、交流研讨等教研活动基础上，积极开展“问题—研究—改进—实践”的校本教研。采取工作坊方式进行案例示范，设置“案例分享—分组研讨—专家点评”等活动环节。充分发挥骨干教师的作用，成立“素养导向的大单元整体教学领航工作室”，通过教学沙龙、工作坊和微论坛等，开展专题研讨，丰富教研形式，提升教师教学能力水平。近年来，学校的教育教学质量一直稳居潍坊滨海经济技术开发区第一名。

三是强化基于教学现场、走进真实课堂、解决教学实际问题的教学研究，利用行动研究和反思实践提升教学能力。以教学改进和师生共同发展为研究目的，开展校本教研活动，增强教研的针对性，引导教师持续进行核心素养导向的教学改进，实现教师从教育理念到课堂教学行为的转变。教师的教研成果共计有 3 项发表，其中《学教评一致的思考》《小学数学核心素养培养》《小学数学任务驱动教学策略》分别在《山东教育报》《中小学教育》《科教创新与实践》发表，《任务驱动教学下小学数学高效课堂的实践与研究》获山东省 2021 年教育督导和评价论坛论文一等奖。

二、单元整体设计的指导原则

1. 制订指向核心素养的教学目标

教学目标的确定要充分考虑核心素养在教学中的达成度。2022 年版新课标指出，每一个特定的学习内容都具有培养相关核心素养的作用，都要建立具体内容与核心素养主要表现的关联。因此在制订教学目标时，要将核心素养的主要表现体现在教学要求中。例如，确定小学阶段“数与运算”相关内容的教学目标时，教师要设定符号意识、数感、量感、运算能力等的要求；在撰写教学目标时，要设立一条以核心素养为统领，以探究核心概念为主线、从知识到技能到本质理解的线索，在学生行为表现中要设定核心素养发展后的外在行为表现。

2. 理解“四基”“四能”与核心素养达成的关系

“四基”（基础知识、基本技能、基本思想、基本活动经验）、“四能”（发现问题能力、提出问题能力、分析问题能力、解决问题能力）是发展学生核心素养的有效载体。核心素养对“四基”“四能”的教学目标提出了更高要求，是对“四基”“四能”教学目标的继承和发展。

3. 教学目标的设定要体现整体性和阶段性

核心素养是在长期的教学过程中逐渐形成的。应依据核心素养的内涵和不同学段的主要表现，结合具体的教学内容，全面分析主题、单元和课时的特征，基于主题、单元整体来设计教学目标，围绕单元目标细化具体课时的教学目标。充分发挥核心素养导向的教学目标对教学过程的指导作用，在实现知识进阶的同时，体现核心素养的进阶。

4. 整体把握教学内容，注重教学内容的结构化及其与核心素养的关联

教学内容是落实教学目标、发展学生核心素养的载体。在教学过程中，不仅要注重具体教学内容与核心素养之间的关联，还要注重教学内容主线与相应核心素养发展之间的关联。

5. 选择能引发学生思考的教学方式，丰富教学方式

应改变单一的讲授式教学方式，多尝试启发式、探究式、参与式、互动式等教学方式，根据不同的学习任务和学习对象，选择合适的教学方式或采取多种方式相结合，组织开展教学。通过丰富的教学方式，教师引导学生在实践、探究、体验、反思、合作、交流等学习过程中感悟基本思想，积累基本活动经验。发挥每一种教学方式的育人价值，促进学生核心素养发展。

6. 重视单元整体教学设计

应整体分析教学内容本质和学生认知规律，合理整合教学内容，分析“主题—单元—课时”的教学知识和核心素养的主要表现，确定单元教学目标，并落实到教学活动各个环节。整体设计，分步实施，促进学生对教学内容的整体理解与把握，逐步培养学生的核心素养。

7. 强化情境设计与问题提出

应注重发挥情境设计与问题提出对学生主动参与教学活动的促进作用，使学生在活动中逐步发展核心素养。创设真实情境可从社会生活、科学和学生已有的经验等方面入手，围绕教学任务，选择贴近学生生活经验、符合学生年龄特点和认知情况的素材。

8. 重视设计合理问题

应在真实情境中提出能引发学生思考的问题，也可以引导学生提出合理问题。提出的问题应能引发学生认知冲突，激发学生学习动机，促进学生积极探究，提高学生认识真实世界、解决真实问题的能力，养成良好的学习习惯。

三、推进单元整体设计的“鲲城做法”

1. 做素养领航的结构化课标分析

想要落实课程标准，首要一点是找到本单元的课标要求并进行精准分析。在单元整体设计中，教师要先从课程标准的核心素养要求、内容要求、学业要求、教学提示、课程实施、学业质量、评价建议等不同的板块中找到与本单元和本课时相关的要求并忠实摘录，不创编；然后采用“层层剥笋法”，初步分解出学什么、学到什么程度、怎么学。

如二年级上册“表内除法”单元，课标要求如下：在具体情境中，了解除法运算的意义，感悟运算之间的关系。能描述除法运算的含义，知道除法是乘法的逆运算；能熟练口算表内除法。形成初步的运算能力。在具体情境中，启发学生感悟除法是乘法的逆运算。在教学活动中，始终关注学生运算能力和推理意识的形成与发展。

仔细研读文本，可初步得出本单元学习的“意义”和“关系”。学到什么程度呢？根据课标描述得知，应能描述除法运算的含义，知道除法是乘法的逆运算，能熟练口算表内除法。怎么学？根据课标描述得知，应在具体情境中建构除法是乘法的逆运算的关系。核心素养的落脚点是发展运算能力，而课标关于运算能力的表述为:“运算能力主要是指根据法则和运算律进行正确运算的能力。能够明晰运算的对象和意义，理解算法与算理之间的关系；能够理解运算的问题，选择合理简洁的运算策略解决问题；能够通过运算促进数学推理能力的发展。运算能力有助于形成规范化思考问题的品质，养成一丝不苟、严谨求实的科学态度。”具体到该单元则是要落实以下内容：根据想乘算除法这一法则正确运算，运算的对象是平均分现象，算理是几里面有几个几，算法是想乘算除口诀求商，通过想乘算除法提高学生的推导能力，形成规范化思考问题的品质和一丝不苟、严谨求实的科学态度。

2. 做专业的教材分析，“一览众山小”

教材分析要本着“两分析一对照”原则分析教材是怎样体现课标、怎样遵循学习规律的，可以对照不同版本教材的编排方式相互印证。

以“表内除法”单元为例，我们在做教材分析时共分为三步。

首先，分析青岛版教材与课标的对应关系。第一，课标要求在具体情境中了解除法运算的意义，是指“在情境中发现问题—分析转化问题—用旧策略解决—建构新策略—熟悉新策略及运用新策略解决实际问题—从本质上理解新策略”建构意义的过程。第二，课标要求“感悟除法是乘法的逆运算”，是指教材中探索新的运算策略“口诀求商法”和记录运算策略的“竖式法”的过程。第三，课标要求能运用数和数的运算解决生活中的简单问题，并能对结果的实际意义作出解释，形成初步的应用意识，是指用教材中习得的新策略解决实际问题的过程。第四，课标要求的核心素养中关于抽象能力、符号意识、运算能力和应用意识的培养，是指学生在从“知”到“做”的过程中，在反复的“理”和“法”的协同思考中，思维层次逐步提升到对除法运算的本质认识，形成可迁移的运算策略。

其次，与北师大版教材进行对比，印证学生的认识过程是否一致。通过分析发现，北师大版教材的编排和青岛版相似，也是在“分苹果”的情境任务中完成对除法运算意义的建构，同样经历了“在情境中发现问题—分析转化问题—用旧策略解决—建构新策略—熟悉新策略及运用新策略解决实际问题—从本质上理解新策略”的过程。其他课标要求的教材编排也基本相似。两个版本教材的区别在于，北师大版对于“竖式是除法运算策略的记录”这一本质呈现得更清晰一些，从学习过程到运用过程都有如此区别。

最后，分析教材是怎样遵循学习规律的。如以上两个版本的教材为了落实课标要求的“感悟除法是乘法的逆运算”，都遵循低段学生建立策略的过程必须符合从直观感知到逐步抽象、从激活旧知到建立新知的认知规律，引导学生经历了“分圆片—连减（或列举）”的旧策略到“想乘算除—口诀求商”的新策略的建构过程，聚焦从“理”到“法”的探究与建构，建立对除法运算的本质的理解，思维层层提升。

专业的教材分析，让教师对课标与教材的对应关系以及学生的认知规律有了系统且全面的把握。这既为后面的教学活动设计打下基础，更是教师熟悉教材体系的好抓手，使教师视野变得开阔，“一览众山小”，实现从“教教材”到“用教材教”的跨越。

3. 构建素养导向的目标体系

有了素养导向的目标分析和教材分析，如何将分析转化为单元目标体系，需要先将本单元的内容按“知道”“能做”“理解”分为三个维度，然后按照学习顺序，写成带有学习策略、学习程度、核心素养的表述。以数学为例，整个目标结构应该是“通过解决某某实际问题，提取解决这类问题的数量关系，发展模型意识等核心素养”。

然而，仅有三维目标还不足以支持教师进行教学，因此还要根据三维目标，列出带有学习策略、学习程度特别是能表现核心素养且体现学习顺序的学习目标。

4. 坚持评估任务前置，确定学到什么程度

评估任务是围绕学习目标设定的学生达成目标的具体学习行为。

评估任务分为两类。一类是核心任务，它评估学生对核心概念本质的理解情况。如三年级“两、三位数除以一位数”单元是程序性知识单元，其单元核心策略是平均分计数单位和想乘算除法多种策略组合求商。为了评估学生对本质理解的程度，我们设计的核心任务是一个数学游戏“算式谜”。学生要想解开这个“算式谜”，需要熟练掌握平均分计数单位求商和想乘算除求商法这些求商策略，并组合成更高级的策略应对新的问题。这正是埃里克森和兰宁等人提出的在解决问题的过程中形成技能和策略，理解策略形成核心概念的过程。

另一类是为了评估过程性知识技能的评估任务，如“两、三位数除以一位数”单元综合策略形成之前的过程性小策略需要进行过程性评估，如平均分计数单位口算法、想乘算除求商法都要跟上过程性评价，确保学生扎实掌握。评估形式可以多样化，如书面测验、口头测验、课堂观察、课内外作业等。

5. 依据九大教学事件展开自主建构式学习

学习过程围绕评估确定的实施策略展开。要选择能引发学生思考的教学方式，引导学生在教师帮助下围绕本质理解（核心概念）自主建构知识网络。在这个学习过程中要注重启发式、探究式、参与式、互动式的学习形式，因为本质理解从来不是靠讲授式教学实现的。如二年级“表内除法”单元的九大教学事件为：提供情境发布任务引起注意；提出探究性问题，同时将生活问题转化为学科问题；激活旧知，放手让学生想办法，用旧策略解决，即画图运算、摆圆片运算、用连减运算、列举法运算；提供情境；提供指导，例如层层追问、层层抽象，建立想乘算除用口诀运算、竖式运算两个新的运算策略，比较几种策略的相同点和不同点，理解除法运算的本质是乘法的逆运算，学习记录运算过程的方法——列竖式，运用新策略解决真实问题；引出学生表现，让学生能说出算理，能熟练操作算法，用口诀运算、竖式运算进行想乘算除，能感悟到除法运算的本质是乘法的逆运算；反馈评价；学习检测；保持迁移。

另外，在设计学习的过程中，教师要以“学为主体”作为指导原则，切分学习环节，预设生活情境，搭建学习支架，研制学习量规，引导学生表现，给予反馈指导。

总而言之，这场改革是范式层面的改革，对于每一个人来说都是极大的挑战。教师们需要经历蜕变，需要对自己的学习经验和教学经验进行再造，让学生具备专家思维，更要让自己具备专家思维。我校未来将立足于“学科特性的大单元实践研究”，进一步探索培养核心素养的有效机制。

袁延香

2023 年 3 月

* 第一编 *

单元整体教学设计案例

一年级语文　趣味识字

- 课文出处：统编版一年级下册
- 单元总课时：8 课时
- 设计者：刘杉、刘蕾、张晓静、王甜、王淑月

【单元主题】

识字。

【单元解读】

本单元由《动物儿歌》《古对今》《操场上》《人之初》四篇课文组成，旨在通过集中识字的形式，帮助学生完成识字任务。教材设计的识字形式丰富多样，特色鲜明，贴近学生生活。其中，《动物儿歌》是活泼生动的童谣，由学生熟悉的动物名称及其生活习性带出生字；《操场上》图文并茂地展现了学生的校园生活，引导学生看图学词学句；《古对今》和《人之初》则以通俗、朗朗上口的韵语带出识字内容，饱含传统文化的精华。

本单元课文以浅显的韵文为主，易读易懂易记，语言简洁生动。内容涵盖了有趣的动物知识、丰富多彩的校园生活、四季交替的美丽景色和基本的为人处世之道。在课堂上，教师要给学生充分的朗读时间，使他们在读句子、读韵语的过程中，认识生字，读准字音，突破"音"和"形"的难点，并鼓励学生边读边记，熟读成诵，积累语言经验。教师还要提醒学生边读边想，引导他们热爱自然，热爱生活。

【语文要素】

识字是本单元的重点教学内容，本单元出现的生字大部分是形声字。

教学时，教师要引导学生观察、比较各组生字，逐步了解字的特点，学习运用形声字的构字规律识字；要引导学生举一反三，运用归类识字、看图识字、韵语识字等方法，逐步提高自身的独立识字能力，感受识字的乐趣。

【单元整体目标】

1. 识字与写字

（1）有初步的独立识字能力，会运用音序检字法和部首检字法查字典。

（2）掌握汉字的基本笔画和常用的偏旁部首，能用硬笔按基本的笔顺规则写字。注意字的间架结构，初步感受汉字的形体美。努力养成良好的写字习惯，写字姿势正确，书写规范、端正、整洁。

2. 阅读与鉴赏

（1）喜欢阅读，感受阅读的乐趣。学习用普通话正确、流利、有感情地朗读课文。

（2）阅读浅近的童话和寓言，向往美好的情境，关心自然和生命，对感兴趣的人物和事件有自己的感受和想法，并乐于与他人交流。诵读儿歌、儿童诗和浅近的古诗，发挥想象，获得初步的情感体验，感受语言的优美。

（3）积累自己喜欢的成语和格言警句，背诵优秀诗文。

3. 表达与交流

（1）学说普通话，逐步养成说普通话的习惯，能自信地表达和交流。

（2）能认真听他人讲话，努力了解讲话的主要内容。与他人交谈时，态度自然大方，有礼貌。

【单元核心概念】

形式、功能。

【单元大观念】

运用形声字的构字规律识字是重要的识字方法。

【单元概念关系图】

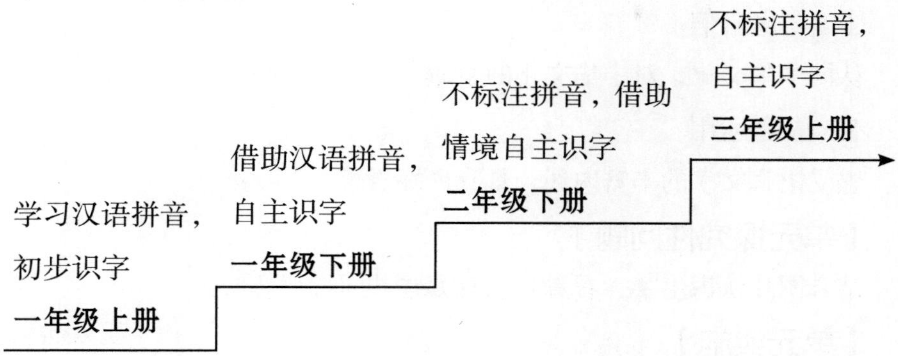

【单元学习目标】

1. 知识目标

（1）知道 49 个二类字的字音字义，认识 1 个偏旁。

（2）掌握形声字的构字规律，并运用规律自主识字。

2. 技能目标

（1）正确书写 28 个生字及其组词，能够背诵《古对今》和《人之初》。

（2）了解形声字的构字规律，并学习运用这一规律自主识字。会读“蜻蜓展翅”“和风细雨”等词语。

（3）了解身边小动物的部分生活习性，通过观察小动物，产生了解小动物的兴趣；了解四季气候、景物的变化，想象四季美景，感受生活的美好，保持探索自然的好奇心；了解课文中的各项体育活动，培养热爱运动、锻炼身体的好习惯。

3. 理解目标

（1）理解并运用形声字的构字规律识字。

（2）在识字的基础上，通过多种形式的朗读感受儿歌、诗歌的节奏和韵律，培养语感。

4. 关键能力

观察能力、自主识字能力、综合运用能力。

【核心素养】

1. 文化自信

认同中华文化，对中华文化的生命力有坚定信心。

2. 语言运用

感受语言文字的丰富内涵，具有良好语感。

【单元探究性问题】

结合图片认识生字，看看它们有哪些共同特征。

【单元实施】

1. 学习字词，扫清障碍

学生借助拼音、字典、词典，自主学习；同桌、小组交流讨论，互相纠正错误读音及错误书写；教师点评，强调易错点，总结巩固知识点。学生在具体情境中自主、灵活运用所学知识，能认识49个二类字的字音字义，并正确认读；会写28个生字，并能正确拼读和组词；能按正确笔顺书写，注意汉字的间架结构。

2. 学习形声字的构字规律

学生自读课文，从文中找出动物的名字，通过学习动物的名字，观察动物名字的特点，得出结论：这些字都带着虫字旁。再结合图片观察，联系生活实际，知道带着虫字旁的字与虫子有关，初步了解形声字的特点。

3. 运用形声字的构字规律自主识字

在《动物儿歌》中，学生初步了解了形声字的构字规律；通过学习《操场上》，他们能进一步理解形声字的形旁表义功能。教师带领学生制作生字转盘，帮助学生掌握带有提手旁或足字旁的汉字的含义。学生在互动过程中能够说出体育活动的名称，体会汉字的表意功能。

【单元评价】

本单元是识字单元，学生学习了形声字的构字规律，知道了汉字构字时会以偏旁或部件组成同一类字的特点，发现识字规律，提高识字的兴趣与能力。

1. 表现性任务

（1）评价任务一：完成“形声字之花”。

请大家开动脑筋给下面的字加形旁或声旁，开出美丽的“形声字之花”吧！

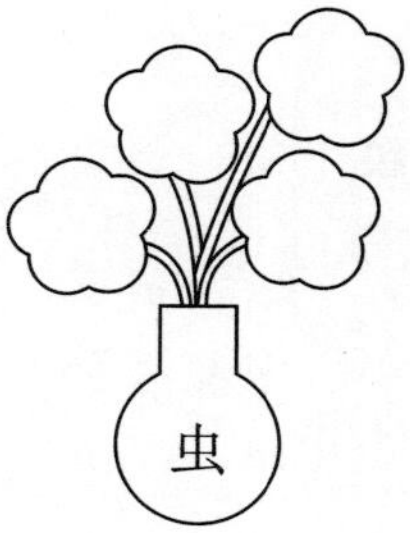

（2）评价任务二：制作形声字转盘。

请大家制作一个漂亮的生字转盘，帮助提手旁和足字旁找到“小伙伴”。

2. 评价量规

评价标准	评价星级	自我评价
能制作一个转盘，书写准确，字迹秀美，画面形象生动	☆☆☆	
能制作一个转盘，书写正确，字迹工整，画面完整	☆☆	
能制作一个转盘，但书写有误，字迹较为工整，画面清晰	☆	

一年级数学　100 以内的加减法

- 课文出处：青岛版一年级下册
- 单元总课时：6 课时
- 设计者：冯小帅、宿冉泓、宋超、孙爱伟、朱钰莹

【单元解读】

学生此前已经学习了 100 以内数的认识，掌握了整十数加减整十数、整十数加一位数及相应减法的口算方法。在此基础上，学生将探索 100 以内进位加法和退位减法及多位数加减法。掌握这些知识点，学生能解决更复杂的实际问题，提高自身解决问题的能力。

【单元整体目标】

结合《义务教育数学课程标准（2022 年版）》，教师分别从内容要求、学业要求、教学提示等方面，分析与本单元相关的信息。

1. 内容要求

（1）探索加法和减法的算理与算法，学会整数加减法。

（2）在解决生活情境问题的过程中，体会数和运算的意义，形成初步的符号意识、推理意识、数感和运算能力。

（3）在简单的生活情境中，运用数和数的运算解决问题，能解释结果的实际意义，形成初步的应用意识。

2. 学业要求

（1）能口算简单的 100 以内数的加减法，形成初步的运算能力。

（2）能在熟悉的生活情境中运用数和数的运算，合理表达简单的数量

关系，解决简单的问题。

（3）能在解决问题的过程中，总结解决问题的步骤，解释计算结果的实际意义，感悟数学与现实世界的关联，形成初步的模型意识、几何直观和应用意识。

3. 教学提示

通过创设简单的情境，提出合适的问题，引导学生发现数量关系；利用画图、实物操作等方法，引导学生用学过的知识表达情境中的数量关系，体会几何直观，形成初步的应用意识。

4. 学什么

（1）学习 100 以内两位数加减一位数和两位数加减整十数的口算方法，会运用数一数、摆一摆、拨一拨、迁移数的组成等方法进行口算。

（2）理解“比一个数多（少）几”的数量关系，理解“比一个数多几”和“比一个数少几”的联系，归纳解决“求比一个数多（少）几的数”问题的方法。

5. 学到什么程度

（1）面对 100 以内两位数加减一位数和两位数加减整十数的加法时，能选择合适的算法并在规定时间内快速、准确地进行口算。

（2）运用 100 以内加减法的口算知识，正确列出算式解决简单的实际问题，并对算式结果作出解释。结合具体情境进一步理解加减法的意义，形成初步的应用意识，体会数学与生活的密切联系。

6. 怎么学

（1）采用比赛、闯关游戏等方式，复习整十数加一位数、整十数加整十数的计算方法，为学习 100 以内加减法做准备。

（2）让学生根据任务情境图找出数学信息并提出数学问题，正确列出数学算式；学生通过先独立思考再小组合作的方式，运用数一数、摆一摆、拨一拨、迁移数的组成等方法，探索交流 100 以内加减法的口算方法。全班交流口算过程，进行算法优化，理解其算理。

【单元核心概念】

功能、原因、反思。

【单元大观念】

100 以内加减法运算实际上是个位和十位的累加和减少。

【单元概念关系图】

通过纵向上的结构单元和单元内部，结合横向上的自然单元和不同版本的教材，分析、厘清单元的脉络。

1. 纵向分析

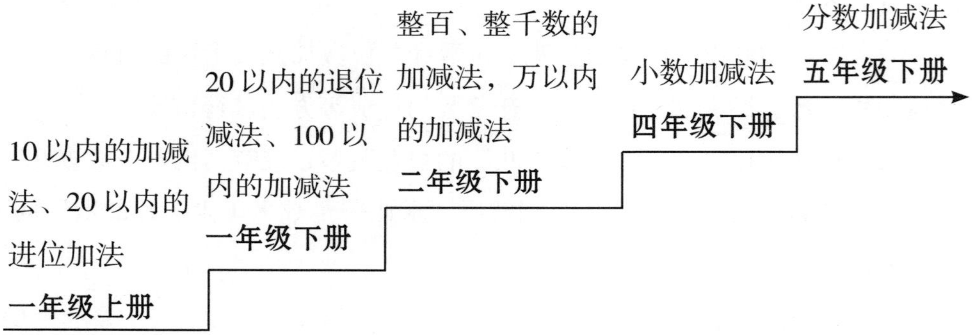

用阶梯图对小学数学中的加减法单元进行整理，可以看出一到二年级学习整数加减法，四年级学习小数加减法，五年级学习分数加减法。

2. 横向分析

青岛版、人教版和北师大版的小学数学教材都让学生充分动手操作学具，使用小棒摆一摆、计数器拨一拨等方法，由直观的实物操作逐步抽象出算法和算理。这类方法注重计算与解决问题的紧密结合，使计算源于解决实际问题的需要，又服务于实际问题的解决。

【学情分析】

我们根据前测题和测试结果分析进行学情分析。

1. 前测题

16+3=　　　　30+9=　　　　20+60=

9+5=　　70+30=　　48−40=

99−9=　　14−6=　　16−6=

2. 测试结果分析

学生已经学习了20以内的加减法和100以内数的认识，知道个位上的数表示几个一、十位上的数表示几个十，掌握了整十数加减整十数和整十数加一位数，几十几减几十（十位相同）、几十几减几（个位相同）的口算方法。学生已经理解了加法是把几部分合起来，减法是从总数中去掉一部分。

教师通过设计前测题对学生的基础进行“摸底”，在这一过程中确定本课教学的重点。根据前测题结果，教师在教学中积极引导学生利用各种学具进行直观操作，为下一单元学习笔算打基础。

【单元学习目标】

1. 知识目标

（1）知道100以内两位数加减一位数和两位数加减整十数的口算方法。

（2）知道“比一个数多（少）几”的数量关系。

2. 技能目标

（1）能说出100以内两位数加减一位数和两位数加减整十数的口算方法。

（2）能准确、熟练地进行100以内两位数加减一位数和两位数加减整十数的口算。

（3）能运用数和数的运算解决生活中的有关问题，解释结果的实际意义。

3. 理解目标

（1）100以内两位数加减一位数和两位数加减整十数的口算，实际上是几个一和几个一相加减，几个十和几个十相加减。

（2）“满十进一”指在进位加法中，个位满10需要向十位进1，即10个一换1个十；“退一当十”指十位上的1个十退到个位上去，与个位上的数组成十几。

（3）“比多比少”问题实际上是从总数中减去同样多的部分，再比较剩下的那一部分。

4. 关键能力

运算能力、合作能力、说理能力、解决问题能力。

【核心素养】

1. 数感

用数表示物体的个数。

2. 运算能力

准确计算 100 以内两位数加减一位数和两位数加减整十数。

3. 推理能力

用加减法解决生活中的一些实际问题。

4. 应用意识

求“比一个数多（少）几”的问题用减法计算的数学模型。

【单元探究性问题】

（1）如何计算 100 以内加减法？

（2）加减法运算可以解决什么类型的问题？

【单元实施】

本单元的最终任务是探究 100 以内加减法的口算算理和算法，培养快速、准确的口算能力，并能解决实际问题。

任务一：

（1）学生通过思考教材上的探究性问题，将生活问题转化成数学问题，准确找出所需数学信息，能运用加法模型准确列出加法算式，并能解释其实际意义。

（2）学生借助小棒、计数器等学具进行直观操作，运用摆小棒、拨计数器、迁移数的组成等方法，算出“26+3”和“26+30”分别等于多少，并能准确表达算法及说明算理。

任务二：

（1）学生在借助小棒、计数器等学具直观操作学习“27+6”后，能独立自主探究出“22+8”的算法和算理。

（2）学生在学习两位数加一位数（不进位）口算方法和两位数加一位数（进位）口算方法后，能比较出两者在算理、算法上的异同点。

任务三：

学生通过分析“二班比一班多捡了多少个易拉罐”的探究性问题，能把生活问题转化为数学问题。借助学习支架，运用小方块摆一摆或者画一画等直观操作，能说出“谁比谁多”“谁比谁少”的数量关系。能准确列出减法算式，并对结果的实际意义作出解释。能运用摆小棒、拨计数器、迁移数的组成等方法，计算出结果，并能表达算法、说明算理。

任务四：

（1）学生借助绿色家园图画展情境图，分析“二年级比一年级多展出多少幅画”“二年级比三年级少来了多少人”这两个问题，进一步理解“比一个数多（少）几”的数学问题，准确列出减法算式，深化其对问题的理解，增强问题意识和应用意识。

（2）能根据列出的减法算式，举一反三，迁移所学知识，借助小棒、计数器等学具或迁移数的组成，独立探究算法。在探究算法的过程中，紧紧抓住“个位数上 0 减 9 不够减怎么办”“4 减 8 不够减怎么办”这些问题，重点体会“退一当十”。

【单元评价】

1. 表现性任务

（1）探究两位数加一位数（不进位）和两位数加整十数的算法和算理。

（2）探究两位数加一位数（进位）的算法和算理。

（3）探究两位数减一位数（不退位）和两位数减整十数的算法和算理。

（4）探究两位数减一位数（退位）的算法和算理。

2. 评价量规

课型	基本问题	自主评价学习目标	表现程度			自我评价
			能	不太能	不能	
单元起始课	根据数学信息提出本单元要探究的数学问题并列出算式解决	根据数学信息提出本单元要探究的数学问题并列出算式解决	☆☆☆	☆☆	☆	
探究课1	两位数加一位数（不进位）和两位数加整十数	能举例说出100以内两位数加一位数（不进位）、两位数加整十数的口算方法	☆☆☆	☆☆	☆	
		能准确、熟练地进行100以内两位数加一位数（不进位）和两位数加整十数的口算	☆☆☆	☆☆	☆	
		能运用100以内两位数加一位数（不进位）、两位数加整十数的运算解决生活中有关“一共有多少”的实际问题，并能对结果的实际意义作出解释	☆☆☆	☆☆	☆	
探究课2	两位数加一位数(进位)的加法	能举例说出100以内两位数加一位数（进位）的口算方法	☆☆☆	☆☆	☆	
		能准确、熟练地进行100以内两位数加一位数（进位）的口算	☆☆☆	☆☆	☆	
		能运用100以内两位数加一位数（进位）的运算解决生活中有关“一共有多少”“原来有多少”的实际问题，并能对结果的实际意义作出解释	☆☆☆	☆☆	☆	

续表

课型	基本问题	自主评价学习目标	表现程度			自我评价
			能	不太能	不能	
探究课3	两位数减一位数（不退位）和两位数减十位数	能举例说出100以内两位数减一位数（不退位）和两位数减整十数的口算方法	☆☆☆	☆☆	☆	
		能准确、熟练地进行100以内两位数减一位数（不退位）和两位数减整十数的口算	☆☆☆	☆☆	☆	
		能运用“比多比少”的数量关系分析问题，正确列出减法算式解决生活中的实际问题，并对结果的实际意义作出解释	☆☆☆	☆☆	☆	
探究课4	两位数减一位数（退位）的减法	能举例说出100以内两位数减一位数（退位）的口算方法	☆☆☆	☆☆	☆	
		能准确、熟练地进行100以内两位数减一位数（退位）的口算	☆☆☆	☆☆	☆	
		能运用100以内两位数减一位数（退位）的运算解决生活中有关“比一个数多（少）几”“还剩多少”的实际问题，并对结果的实际意义作出解释	☆☆☆	☆☆	☆	
单元整理课	回顾整理	梳理单元知识，体验复习整理的过程，能说出100以内加减法的算法和算理	☆☆☆	☆☆	☆	

一年级美术　初探人物动态

- 课文出处：湘美版一年级上册
- 单元总课时：2 课时
- 设计者：王格、苏志昌、陶宁、张杰、姜雅雪

【单元主题】

初探人物动态。

【单元解读】

本单元的内容属于造型表现学习领域，一共有两节课，分别是《简笔画人》和《画画火柴人》，这两节课为“母子”课。初探人物动态，学生应该在掌握人物动态的基础上组合使用火柴人与环境背景表现场景。教师运用简笔画人的简单造型帮助学生练习表现不同的人物动态。

学习以火柴人形式表现人物的动态，可以为今后绘画中表现人物造型、动态、场景的艺术创作做好准备。

【单元整体目标】

结合《义务教育艺术课程标准（2022 年版）》，教师分别从内容要求、学业要求、教学提示等方面，分析与本单元相关的信息。

1. 内容要求

（1）尝试用线条、形状进行绘画表现活动。观察、认识与理解线条和形状的基本要素，运用统一形式进行造型活动，增强想象力和创新意识。

（2）感受自然美，了解美术作品的题材、形式，以及美术与生活、文化的关系，形成初步的审美判断力。

2. 学业要求

（1）能用火柴人的形式画出人物不同的动态。

（2）会用火柴人表现人物动态，并添加相关的环境背景。

3. 教学提示

教师要通过创设简单的情境，提出合适的问题，引导学生欣赏作品，分析特点，谈感受。鼓励学生用火柴人创作，认识人体结构，用火柴人表现人物动态，并添加相关的环境背景。

4. 学什么

（1）用火柴人的形式画出人物不同的动态。

（2）掌握对人物动态的概括能力，提高自身绘画造型能力。

5. 学到什么程度

（1）能准确说出人体的基本结构。能完整、准确地画出运动中的躯干和四肢，并且人物动作表现准确、自然。

（2）用所学知识画出生活中有趣的场景，能够大胆细致地用线条画出所见所想，记录生活，热爱生活。

6. 怎么学

（1）教师引导学生欣赏古代画作和现代画作，并从整体和具体的角度比较两类画作在形式、颜色、肢体比例等方面的相同点和不同点。

（2）学习简笔画人的绘画步骤。

（3）观察人物蹲和坐的动态、比例及关节变化，尝试画出较为准确的人物动态比例。

（4）师生互动，用观察、体验等方法，练习从简笔画人基本形到各种动态（由站立到走、跑、跳、坐、蹲、爬等），并添加相关的环境背景。

【单元核心概念】

功能、联系。

【单元大观念】

火柴人是一种快速表现人物动态的绘画方式。

【单元概念关系图】

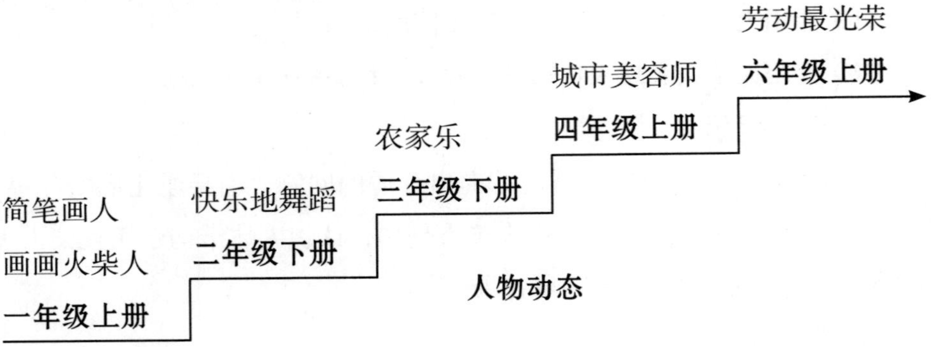

【单元学习目标】

1. 知识目标

（1）知道人身体的基本结构，明白躯干和四肢的变化会产生人的动态。

（2）知道什么是火柴人。

2. 技能目标

（1）能用火柴人的形式画出人物不同的动态。

（2）会用火柴人表现人物动态，并添加相关的环境背景。

3. 理解目标

（1）能辨别作品中人物的动态。

（2）能用线条、形状进行绘画表现活动。能够大胆细致地用线条画出所见所想，记录生活，热爱生活。

【核心素养】

1. 审美感知

能感知身边的美，认识美存在于人们周边。

2. 艺术表现

学会从外观了解物品、动作的特点，并且能利用不同工具、材料和媒介表达自身想法。

【单元探究性问题】

（1）用火柴人的形式能画出人物的不同动态吗?

（2）怎样才能掌握对人物动态的概括能力，提高自身绘画造型能力呢？

【单元实施】

（1）欣赏云南沧源岩画《村落图》，并猜测画面内容，总结特点，感受古人的创作智慧。

（2）对比儿童画，从画面整体和具体人物的角度指出两者在形式、颜色、肢体比例等方面的相同点和不同点。

（3）同伴表演，自主用火柴人创作。经过作品交流、教师示范、教师讲解，学生得以认识人体结构，知道躯干和四肢的变化会产生人的动态，学习简笔画人的绘画步骤。

（4）观察描绘同一个动作的不同作品，对比几幅具有代表性的学生作品，说出不同作品的优缺点，感受人物蹲和坐的动态、比例及关节变化，尝试画出较为准确的人物动态比例。

（5）教师摆动木质关节人，学生模仿相应的动作，使用多种方法练习从简笔画人基本形到各种动态（由站立到走、跑、跳、坐、蹲、爬），并添加相关的环境背景。

【单元评价】

1. 表现性任务一

（1）同伴表演，自主用火柴人创作，认识人体结构，知道躯干和四肢的变化会产生人的动态。

（2）评价量规。

评价标准	评价星级	自我评价
能准确说出头、身躯、上肢、下肢等人体结构，体会到不同动作的简笔画人物的不同形态	☆☆☆	
能准确说出头、身躯、上肢、下肢等人体结构，简单了解不同简笔画人物的基本形	☆☆	
能准确说出头、身躯、上肢、下肢等人体结构	☆	

2. 表现性任务二

（1）学习简笔画人的步骤，并尝试绘画。

（2）评价量规。

评价标准	评价星级	自我评价
能完整准确地画出头、身躯、四肢，并能表现出一定的动态	☆☆☆	
能准确地画出头、身躯、四肢，动态基本正确	☆☆	
能画出头、身躯、四肢，但动态把握不到位	☆	

3. 表现性任务三

（1）欣赏木质关节人。

（2）教师示范运动中的人的画法。

（3）学生尝试绘画。

（4）评价量规。

评价标准	评价星级	自我评价
能完整准确地画出运动中的人的躯干和四肢，人物动作表现准确、自然	☆☆☆	
能正确地画出躯干和四肢，有一定的动作	☆☆	
能正确地画出躯干和四肢	☆	

二年级语文　大自然的秘密

- 课文出处：统编版二年级下册
- 单元总课时：8 课时
- 设计者：王巧梅、李楠、刘丛丛、杨金蕾、王锦燕、魏含颖

【单元主题】

大自然的秘密。

【单元解读】

本单元以“大自然的秘密”为主题，编排了《古诗二首》(《晓出净慈寺送林子方》《绝句》)、《雷雨》、《要是你在野外迷了路》、《太空生活趣事多》4 篇课文，既有描写自然景色的古诗，也有描绘自然现象、介绍自然奥秘的短文和儿童诗。这些课文语言生动，内容有趣，展示了大自然的无穷魅力。虽然本单元的课文蕴含着丰富的自然科学常识，但是教师要避免把语文课上成自然常识课，不要过深探究和拓展科学常识，而要依据课文内容，紧扣教学目标，对学生进行语言文字运用训练，培养他们的语文能力，让学生在理解课文的过程中，逐渐产生探索自然科学的兴趣和热爱大自然的情感。

【语文要素】

学生通过联系生活经验和提取主要信息，了解课文内容。教师引导学生从课文中提取相关信息，调动学生的生活经验，使他们逐渐养成联系生活经验阅读文本的习惯。

【单元整体目标】

学生乐于探索，勤于思考，初步掌握比较、分析、概括、推理等思维方法，辩证地思考问题，能有理有据、负责任地表达自己的观点，养成实事求是、崇尚真知的态度。

1. 识字与写字

（1）喜欢学习汉字，有主动识字、写字的愿望。

（2）掌握汉字的基本笔画和常用的偏旁部首，能用硬笔按笔顺规则写字，注意间架结构。

（3）努力养成良好的写字习惯，写字姿势正确，书写规范、端正、整洁。

2. 阅读与鉴赏

（1）喜欢阅读，感受阅读的乐趣。

（2）学习用普通话正确、流利、有感情地朗读课文。

（3）结合上下文和生活实际了解课文中词句的意思，在阅读中积累词语。

（4）阅读浅近的故事，向往美好的情境，关心自然和生命，对感兴趣的人物和事件有自己的感受和想法，并乐于与人交流。

【单元核心概念】

形式、联系。

【单元大观念】

文章中作者通过什么方法呈现课文内容？

【单元概念关系图】

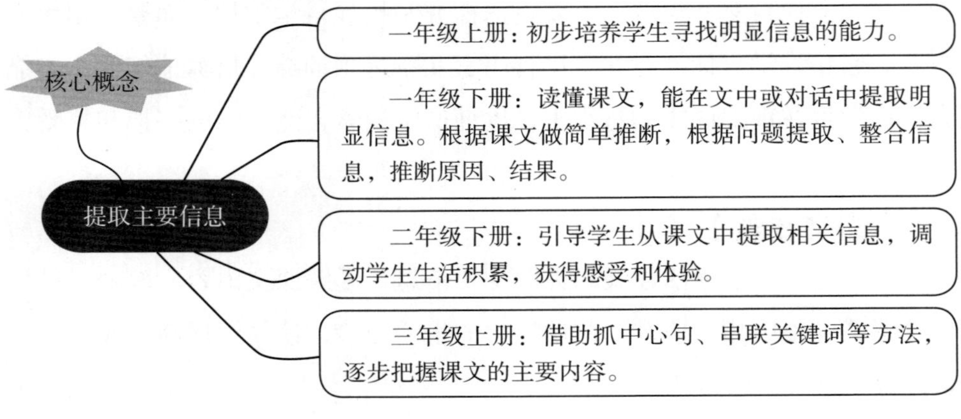

- 单元要素分布
  - 提取主要信息，了解课文内容
    - 《雷雨》　说说雷雨前、雷雨中、雷雨后的景色变化
    - 《要是你在野外迷了路》　课文写了哪几种“天然的指南针”，它们是怎样帮助别人辨别方向的
    - 《太空生活趣事多》　说说太空生活有哪些有趣的事情
  - 联系生活经验，了解课文内容
    - 《古诗二首》　读诗句，想象画面
    - 《要是你在野外迷了路》　了解一些辨别方向的方法
    - 《太空生活趣事多》　感受太空生活的奇特有趣

【单元学习目标】

1. 知识目标

（1）认识 44 个二类字，读准 1 个多音字。

（2）通过联系生活实际、借助关键词句，了解课文内容。

（3）掌握“通过联系生活经验和提取主要信息，了解课文内容”的方法。

2. 技能目标

（1）会写 34 个生字，会写多组词语；能正确书写“含”“迎”等容易多写或少写笔画的字，以及“荡”“满”等结构易错的字。

（2）能正确、流利地朗读课文，能背诵《古诗二首》《雷雨》。

（3）经过学习后，能说出诗句描绘的画面；能说出《雷雨》中雷雨前、雷雨中、雷雨后的景色变化；能说出《要是你在野外迷了路》中介绍的几种“天然的指南针”是怎样帮助人们辨别方向的；能说说《太空生活趣事多》中太空生活中的趣事。

3. 理解目标

（1）通过联系生活经验和提取主要信息，是了解课文内容的方法之一。

（2）在理解课文的基础上，产生探索自然科学的兴趣和热爱大自然的情感。

4. 关键能力

归纳概括能力、语言表达能力、迁移能力。

【核心素养】

1. 思维能力

勇于探索，养成积极思考的习惯。

2. 审美创造

具有初步的发现美、感受美和运用语言文字表现美、创造美的能力。

【单元探究性问题】

应该联系哪些生活经验或提取什么样的信息来了解课文内容？应该怎样提取信息来了解课文内容？

【单元实施】

1.《古诗二首》

（1）学习任务

①认识“晓”“慈”等12个二类字，能正确书写“湖”“莲”等8个生字，能读准多音字“行”。

②能正确、流利地朗读古诗，背诵古诗。

③知道诗句的意思，能说出诗句描绘的画面，感受到大自然的美好。

（2）学法指导

①借助字典自学生字，同桌、小组互读。

②组内交流不理解的诗句。

③练写易出错的字。

④全班交流，联系生活实际，说出诗句描述的画面。

2.《雷雨》

（1）学习任务

①读准“压”“蝉”等6个二类字，在教师的指导下会写“雷”“乌”等9个生字，会写“雷雨”“乌云”等词语。

②说出课文中雷雨前、雷雨中和雷雨后的景色变化。

③体会“压”“垂”“挂”等词语运用的好处。

④说出自己见到过的雨及下雨时的情景，激发自己观察生活中自然景

色的兴趣。

（2）学法指导

①借助字典、词典自学生字，同桌、小组互读。

②小组之间交流彼此不理解的词语。

③练习易写错的字。

④借助关键句，提取主要信息，说说雷雨前、雷雨中、雷雨后的景色变化。

⑤结合语境和生活实际体会词语的妙用。

⑥联系生活实际说说自己见过的下雨的场景。

3.《要是你在野外迷了路》

（1）学习任务

①识记“盏”“稠”等13个二类字，在教师的指导下会写“碰”“特”等9个生字，会写“野外”“大自然”等词语。能积累由“慌”“辨”等生字拓展的词语。

②能使用根据目的、抓关键词句等方法提取信息，通过看图片或视频、联系生活实际、动作表演等方法，了解本课中的“天然的指南针”分别是在怎样不同的情况下指引方向的。

③主动了解更多关于大自然的知识，说出大自然还有哪些“天然的指南针”，体会大自然的神奇，亲近大自然。

（2）学法指导

①借助字典、词典自学生字，同桌、小组互读。

②组与组之间交流书写难度较高的词语。

③练写易写错的字。

④借助关键词，找出文中描写的“天然的指南针”有哪些，它们是怎样帮助人们辨别方向的。

⑤联系生活实际，思考人类在日常生活中辨别方向的方法。

4.《太空生活趣事多》

（1）学习任务

①能积累由“宇”“航”“员”拓展的三组词语，能初步体会每组词语的特点。

②识记并理解“航”“宇”“宙”等13个二类字，会写“杯”“失”“洗”等8个生字，会写“太空”“生活”等词语。

③了解太空生活中有哪些趣事。

④能体会太空生活的有趣之处，对太空生活充满向往，有探索宇宙的兴趣。

（2）学法指导

①借助字典、词典自学生字，同桌、小组互读。

②组内交流不理解的词语。

③练写易写错的字。

④借助关键词、关键句，通过看图片或视频、联系生活实际等方式提取主要信息，说说太空生活中有趣的事情。

⑤联系生活实际，对比太空生活和日常生活的区别，体会太空生活的有趣之处。

【单元评价】

评价标准	评价星级	自我评价
能找出古诗的主要信息，并完整地呈现在画中	☆☆☆	
能大致找出古诗的主要信息，并完整地呈现在画中	☆☆	
能大致找出古诗的主要信息，并呈现在画中	☆	

二年级数学　除法的初步认识

- 课文出处：青岛版二年级上册
- 单元总课时：6 课时
- 设计者：王颖颖、单真、袁荣凤、丁颖

【单元主题】

数与运算。

【单元解读】

本单元的主要内容是除法，而除法本质上是平均分的数学表达，因此理解除法的核心是理解平均分。平均分即每份分得同样多，可分为两种情况：一种是按份数分，如有 6 个苹果，平均分成 2 份，每份是几个；另一种是按每份的个数分，如有 6 个苹果，每盘放 2 个，可以放几盘。两者的本质是相同的——每份分得同样多。对应平均分的两种情况，除法的运算模型有等分除和包含除两种。

此外，除法是四则运算的一种，从整体、系统的高度去把握其数学本质会更通透。加法的本质是合，减法的本质是分，乘法是同数相加的简便运算，除法是连减相同数的简便运算，也是乘法的逆运算。本单元的另一核心内容是用除法解决问题，其本质是数学建模求解。

【单元整体目标】

结合《义务教育数学课程标准（2022 年版）》，教师分别从内容要求、学业要求、教学提示等方面，分析与本单元相关的信息。

1. 内容要求

（1）在具体情境中，了解四则运算的意义。

（2）在解决生活情境问题的过程中，体会数和运算的意义，形成初步的符号意识、推理意识、数感和运算能力。

（3）在简单的生活情境中，运用数和数的运算解决问题，能解释结果的实际意义，形成初步的应用意识。

2. 学业要求

（1）能描述四则运算的含义。

（2）能在熟悉的生活情境中运用数和数的运算，合理表达简单的数量关系，解决简单的问题。

（3）能在解决问题的过程中，体会解决问题的道理，解释计算结果的实际意义，感悟数学与现实世界的关联，形成初步的模型意识、几何直观和应用意识。

3. 教学提示

通过创设简单的情境，提出合适的问题，引导学生发现数量关系；利用画图、实物操作等方法，引导学生用学过的知识表达情境中的数量关系，体会几何直观，形成初步的应用意识。

4. 学什么

在具体情境中，了解四则运算的意义，主要是指了解除法的意义。本单元主要学习平均分的含义、除法的意义、平均分的两种情况、用除法表示平均分及有关 0 的除法。

5. 学到什么程度

（1）能举例说出生活中的平均分。

（2）能判断哪种分法是平均分。

（3）能发现不管怎么平均分，平均分的结果都是每份分得同样多。

（4）能借助实物图，用语言描述平均分的两种情况（按份数分和按每份的个数分）。

（5）能建立用除法运算求“每份有几个”和“可以分成几份”的问题的数学模型，运用除法解决一些简单的实际问题，初步培养发现问题和解决问题的能力。

（6）能推理出“0 除以任何一个不为 0 的数都得 0”的结论。

6. 怎么学

（1）本单元主要通过创设生日派对的情境，引导学生从分食物、做游戏、听故事等活动中提出本单元促进探究和促进理解的探究性问题。

（2）通过动手操作（摆一摆、画一画、圈一圈、分一分）、观察、比较等活动，探究什么是平均分以及平均分的两种情况。

（3）利用从实物到图形再到算式的方法，体会除法的产生过程，通过实物感知（分一分）、数形结合（画一画）等方法表达情境中的数量关系。

（4）通过把 0 个物品分给 5 人、6 人、7 人等的过程，抽象出有关 0 的除法算式；通过观察、对比、分析有关 0 的除法算式，推理出“0 除以任何一个不为 0 的数都得 0”的结论。

【单元核心概念】

形式、功能。

【单元大观念】

（1）除法是表示平均分过程和结果的一种运算。

（2）除法是在又对又快平均分东西的过程中产生的。

【单元概念关系图】

1. 纵向分析

用阶梯图对小学数学中的除法单元进行整理，可以看到二至四年级学习整数除法，五年级学习小数除法，六年级学习分数除法。通过分析，提取出小学除法单元的核心概念是计数单位的细分，其中本单元是除法的起始单元，其核心概念是“除法”。

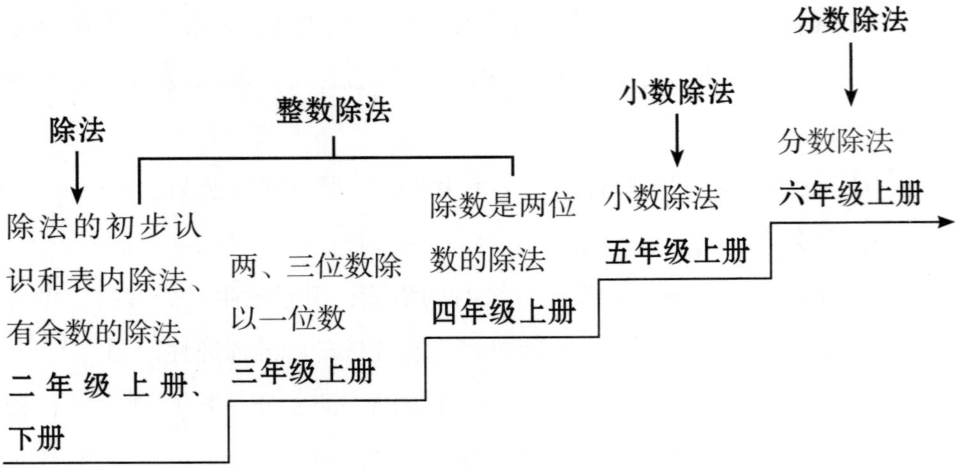

2. 横向分析

青岛版、人教版和北师大版的小学数学教材都借助分东西的方式让学生知道什么是平均分。经历平均分的过程让学生积累一定的数学活动经验，理解无论用哪种方法分（按份数分和按每份的个数分），平均分的结果都是每份分得同样多。此外，三个版本的小学数学教材都从平均分的两种分法抽象出除法算式，教导学生读写除法算式以及各部分的名称和意义，让学生理解除法是在又对又快平均分东西的过程中产生的，理解除法是解决生活实际问题的重要方法。

【学情分析】

我们根据前测题、测试结果统计、测试结果分析进行学情分析。

1. 前测题

（1）把 4 个○分成 2 堆，可以怎样分？请画一画。

（2）前面的分法中，你喜欢哪一种？为什么？

（3）6 个○，每 2 个圈成一份，可以圈出（　　）份。

○○○○○○○○

□○□=□（份）

2. 测试结果统计

对本班 37 人进行前测，测试结果统计如下。

题号	占比情况	具体情况分析
1	78%（29 人）	有 12 人画出 2 种分法：一堆 1 个，一堆 3 个；两堆都是 2 个。有 17 人画出 3 种分法，他们认为把“一堆 1 个，一堆 3 个”分法中的两堆交换位置是另一种分法
	22%（8 人）	有 3 人分成了 3 堆，没仔细读题。有 5 人画出 1 种分法，两堆都是 2 个
2	92%（34 人）	有 34 人喜欢两堆都是 2 个这种分法，因为这样分，每人都一样多
	8%（3 人）	有 3 人认为要看具体的情况而定
3	22%（8 人）	有 8 人会先圈一圈再填空，然后用除法算式表示出来
	78%（29 人）	有 25 人会先圈一圈再填空，然后用乘法算式表示。有 4 人会先圈一圈再填空，但不会写算式

3. 测试结果分析

学生此前已经学习了乘法的初步认识及表内乘法，在生活中也有分东西的生活经验。在此基础上，教师开展了本单元的教学。这是学生学习除法的开始，是学习除法概念的第一课。学生原有的知识结构中没有这方面的知识，而学生对除法意义的理解及对除法的兴趣将直接影响到后面的学习。因此，教师设计了以上测试题：（1）、（2）题是通过操作活动，从不同的分法中筛选出平均分；（3）题是平均分的一种分法，以及用除法算式表示平均分的分法。

根据前测结果，教师在教学中引导学生利用各种学具进行直观操作，鼓励他们主动参与“分”的过程，体验平均分的含义，逐步认识除法。在解决问题时，学生自然养成运用数形结合方法解决问题的习惯，让抽象的问题具体化，降低解题难度。

【单元学习目标】

1. 知识目标

（1）理解平均分的概念。

（2）理解除法算式中各部分的名称及意义。

（3）用除法解决生活中平均分东西的问题。

（4）理解“0 除以任何一个不为 0 的数都得 0”。

2. 技能目标

（1）又对又快地平均分东西。

（2）熟悉平均分的两种情况，即按份数平均分和按每份的个数平均分。

（3）用除法运算解决生活中平均分东西的实际问题，并会读写除法算式。

（4）解决“0 除以一个不为 0 的数”的实际问题。

3. 理解目标

（1）平均分是分东西的一种方法，平均分的结果是每份分得同样多。

（2）理解除法是在又对又快平均分东西的过程中产生的，除法是解决生活中平均分东西问题的数学方法。

4. 关键能力

动手操作能力、观察能力、基于证据的说理能力、团结协作能力。

【核心素养】

1. 符号意识

用除法算式表示平均分的过程和结果。

2. 数感

平均分的时候，从一个一个分到几个几个分。

3. 几何直观

利用从实物到图形再到算式这种数形结合的方法表达情境中的数量关系。

4. 应用意识

用除法能解决生活中的部分问题。

5. 模型意识

用除法计算的数学模型求解“每份有几个”和“可以分成几份”的问题。

6. 推理意识

通过分析 0÷5=0、0÷4=0、0÷3=0 等算式，推理出“0 除以任何一个不为 0 的数都得 0”的结论。

【单元探究性问题】

（1）说一说什么是平均分以及平均分的结果是什么。

（2）边动手边举例说明平均分包含的两种情况，以及这两种情况有什么联系和区别。

（3）除法运算可以解决什么类型的问题？如何判断一个问题是否应该列除法算式解答？

（4）0 为什么不能做除数？

【单元实施】

（1）该单元最终的任务可以表述为：小丽要在生日派对中把食物平均分给好朋友，并在派对的游戏过程中把参加的小朋友平均分组。基本问题：除法运算可以解决什么类型的问题？如何判断一个问题是否应该列除法算式解答？

（2）预设情境，学生参与生日派对活动，面临两大挑战：一是设计生日派对，使派对顺利、愉快地举行；二是清楚地呈现派对流程，使大家能据此开展派对。这需要用除法算式表示平均分的过程和结果。

（3）教师介绍表现性任务，学生以小组为单位完成生日派对方案。

（4）根据生日派对方案，学生以小组为单位提出本单元要研究的问题，确定本单元的探究性问题。

（5）学生通过分纸杯蛋糕，理解平均分的概念，能判断并举例说出什么是平均分。

（6）学生通过动手操作分棒棒糖、分樱桃，能按份数平均分和按每份的个数平均分，并能说出平均分的过程和结果。

（7）学生通过梳理平均分的两种情况，能说出平均分有两种情况，能借助实物图区分是按份数平均分还是按每份的个数平均分。

（8）学生通过分组游戏，借助学习支架，能准确写出、读出除法算式，并能正确说出除法算式表示的意义；能准确列出算式，并能正确说出除法算式中各部分的名称和表示的意义。

（9）在分鸡蛋问题探究中，学生能准确完成题目，能说清在什么情况下需要用除法解决问题。

（10）学生听完猴子捞月的故事后，能列出除法算式，并借助学习支架说出算式和结果的意义；能探究出 0 的除法运算规律，并应用规律解决实际问题。

（11）学生回顾并梳理生日派对流程，能把表格补充完整，并确保内容符合单元要求。

【单元评价】

1. 表现性任务

小丽快要过生日了，她想邀请自己的好朋友开一个生日派对。假如你是她最好的朋友，请你帮助小丽在生日派对中把食物平均分给每个人，并在派对的游戏过程中把参加的小朋友平均分组。

你将面临两大挑战：一是设计生日派对，使派对顺利、愉快地举行；二是清楚地呈现派对流程，使大家能据此开展派对。这需要用除法算式表示平均分的过程和结果。

最后，你要用数学日记的形式把生日派对的准备过程、平均分东西的过程记录下来，依次说明参加派对的人数、食物的数量以及你是怎么平均分食物的。

2. 评价量规

课题	任务	评价标准	评价星级	自我评价
单元起始课	制订生日派对方案	能把生日派对方案补充完整，内容符合表现性任务要求	☆☆	
		能补充生日派对方案，但是不完整	☆	
		不能补充生日派对方案		
	确定本单元的探究性问题	既能提出促进探究的问题，又能提出促进理解的问题	☆☆	
		能提出促进探究的问题，但不能提出促进理解的问题	☆	
		不能提出促进探究的问题，也不能提出促进理解的问题		
平均分及动手操作平均分	探究什么是平均分	既能举例说出什么是平均分，又能判断哪种情况是平均分	☆☆	
		不能举例说出什么是平均分，但是能判断哪种情况是平均分	☆	
		不能举例说出什么是平均分，也不能判断哪种情况是平均分		
	动手操作——“按份数平均分”	能又对又快地按份数进行平均分，能借助学习支架说出按份数平均分的过程和结果	☆☆	
		能正确地按份数进行平均分，但是不能用规范的语言说出按份数平均分的过程和结果	☆	
		不能按份数进行平均分		

续表

课题	任务	评价标准	评价星级	自我评价
平均分及动手操作平均分	动手操作——“按每份的个数平均分”	能又对又快地按每份的个数进行平均分，能借助学习支架说出按每份的个数平均分的过程和结果	☆☆	
		能正确地按每份的个数进行平均分，但是不能借助学习支架说出按每份的个数平均分的过程和结果	☆	
		不能按每份的个数进行平均分		
	梳理总结平均分的两种情况	能说出平均分有两种情况，能借助实物图区分是按份数平均分还是按每份的个数平均分	☆☆	
		能说出平均分有两种情况，但是不能借助实物图区分是按份数平均分还是按每份的个数平均分	☆	
		不能说出平均分有两种情况，也不能借助实物图区分是按份数平均分还是按每份的个数平均分		
用除法表示平均分	除法运算——“按每份的个数平均分”	能准确写出、读出除法算式，并能正确说出除法算式表示的意义	☆☆	
		能准确写出、读出除法算式，但是不能正确说出除法算式表示的意义	☆	
		不能准确写出、读出除法算式，也不能正确说出除法算式表示的意义		
	除法运算——“按份数平均分”	能准确列出除法算式，并能正确说出除法算式中各部分的名称及其表示的意义	☆☆	
		能准确列出除法算式，但是不能正确说出除法算式中各部分的名称及其表示的意义	☆	
		不能准确列出除法算式，也不能正确说出除法算式中各部分的名称及其表示的意义		

续表

课题	任务	评价标准	评价星级	自我评价
用除法表示平均分	用除法运算解决实际问题	既能准确完成填空，又能说清在什么情况下需要用除法解决问题	☆☆	
		能准确完成填空，但是不能说清在什么情况下需要用除法解决问题	☆	
		不能准确完成填空，也不能说清在什么情况下需要用除法解决问题		
二年级数学“有关0的除法”	除法运算——认识有关0的除法	能列出除法算式，并借助学习支架说出算式及其结果的意义	☆☆	
		能列出除法算式，但是不能借助学习支架说出算式及其结果的意义	☆	
		不能列出除法算式，也不能借助学习支架说出算式及其结果的意义		
	除法运算——有关0的除法算理和算法	能探究出0的除法运算规律，并应用规律解决实际问题	☆☆	
		不能探究出0的除法运算规律，但是能应用规律解决实际问题	☆	
		不能探究出0的除法运算规律，也不能应用规律解决实际问题		
单元整理课	回顾梳理	能补充完整表格，内容符合单元要求	☆☆	
		不能把表格补充完整	☆	

三年级语文　奇妙的世界

◆ 课文出处：统编版三年级下册

◆ 单元总课时：8—9 课时

◆ 设计者：袁彤彤、马昕、袁鑫华、孙锐、李芳、王玉莲、张华璋、李倩倩

【单元主题】

奇妙的世界。

【单元解读】

本单元的语文要素是“了解课文是从哪几个方面把事物写清楚的”，这是对本册第三单元“把一段话写清楚”的进一步提升。从怎么把一段话写清楚，到怎么把事物写清楚，体现了能力训练的梯度发展。本单元语文要素“写清楚”的内涵主要有以下两点：一是指文章主要写了事物的什么特点，二是了解文章是从事物的哪几个方面来写的。

【语文要素】

（1）了解课文是从哪几个方面把事物写清楚的。

（2）初步学习整合信息，介绍一种事物。

【单元整体目标】

1. 识字与汉字

（1）认识 28 个二类字，读准 3 个多音字，会写 36 个生字，会写多组词语。有初步的独立识字能力，会运用音序检字法和部首检字法查字典、词典。

（2）写字姿势正确，养成良好的书写习惯。能使用硬笔熟练地书写正楷字，做到规范、端正、整洁。

（3）能感知常用汉字的形、音、义之间的联系，初步建立汉字与生活中事物、行为的联系，初步感受汉字的文化内涵。

2. 阅读与鉴赏

（1）能用普通话正确、流利、有感情地朗读课文。

（2）能联系上下文，理解词句的意思，体会课文中关键词句表情达意的作用。能借助字典、词典和生活经验，理解生词的意义。

（3）能初步把握文章的主要内容，体会文章表达的思想感情。能对课文中不理解的地方提出疑问，乐于与他人讨论交流。

（4）积累课文中的优美词语、精彩句段。

3. 表达与交流

（1）乐于用口头或书面表达的方式与人沟通交流，愿意与他人分享自己的想法，增强自信心。

（2）观察周围世界，能不拘形式地写下自己的见闻、感受和想象，把自己觉得新奇有趣或印象最深、最受感动的内容写清楚。尝试在习作中运用自己平时积累的语言材料，特别是有新鲜感的词句。

（3）学习修改习作中有明显错误的词句。

4. 梳理与探究

（1）尝试分类整理学过的字词。尝试发现所学汉字的形、音、义和书写的特点，帮助自己识字、写字。

（2）结合语文学习，观察大自然，观察社会，积极思考，运用口头或书面表达的方式，呈现自己的观察与探究所得。

（3）能提出与学习、生活有关的问题，有目的地搜集资料，与伙伴共同讨论，尝试运用语文以及其他学科的知识解决问题。

【单元核心概念】

联系、观点。

【单元大观念】

介绍一种事物，需要整合信息，并从多方面把事物写清楚。

【单元概念关系图】

1. 纵向分析

借助关键语句理解一段话的意思 **三年级上册**

了解课文是怎么围绕一个意思把一段话写清楚的 **三年级下册第三单元**

了解课文是从哪几个方面把事物写清楚的 **三年级下册第七单元**

了解作者是怎样把事情写清楚的 **四年级上册**

体会文章是怎样围绕中心意思来写的 **六年级上册**

2. 横向分析

课题	《我们奇妙的世界》	《海底世界》	《火烧云》	《习作：国宝大熊猫》
哪几个方面	天空 大地	宁静、声音、动物、植物、矿产	颜色 形状	外形、食物、地区分布、活动特点……
	↓	↓	↓	↓
	时间 空间	代表性 典型性	特别的 典型的	特别的 典型的
学习梯度	提取旧知（三年级下册第三单元）初步接触 →	初步尝试 掌握方法 →	自主运用 内化技巧 →	整合信息 技巧运用

【单元学习目标】

1. 知识目标

（1）知道 28 个生字的读音。

（2）知道怎么围绕一个中心把一段话写清楚。

（3）知道用修改符号修改习作中有明显错误的词句。

2. 理解目标

（1）能联系上下文，理解词句的意思，体会课文中关键词句表情达意的作用。了解课文是从哪几个方面把事物写清楚的。

（2）初步理解课文的主要内容，感受大自然的奇妙。

3. 技能目标

（1）能够认读 28 个生字的读音，读准 3 个多音字，会写 36 个二类字，能借助字典灵活查字、识字，会写多组词语。

（2）能借助字典、词典和联系生活积累，理解生词的意义。

（3）能够通过抓关键词语、联系上下文、结合生活经验、想象画面等方法，理解课文的主要内容。

（4）能够用普通话正确、流利、有感情地朗读课文，背诵指定的自然段。

（5）能够说出课文分别从哪几个方面描写天空和陆地，从哪几个方面介绍海底世界，写了火烧云的哪些特点。

（6）能够选择恰当的方式、合适的语气劝告别人。

（7）能够自主查找资料，整合信息，围绕教师提示的问题完成作文——《国宝大熊猫》。

【核心素养】

1. 思维能力

思维具有一定的敏捷性、灵活性、深刻性和批判性。有好奇心、求知欲，崇尚真知。

2. 审美创造

通过感受、理解、欣赏、评价语言文字及作品，获得较为丰富的审美经验。

【单元探究性问题】

课文是从哪几个方面把事物写清楚的?

【单元实施】

1. 学习字词，扫清障碍

通过自学、小组交流、教师点评，借助字典、词典，认识 28 个生字，并能正确认读；读准 3 个多音字并组词，能在具体情境中正确运用；会写 36 个二类字，能正确拼读和组词，能按笔顺书写，注意汉字的间架结构；会写多组词语，并能在具体语境中正确运用。

2. 学习写一种事物可以从哪几方面来写

（1）回顾第三单元“围绕一个意思把一段话写清楚”的方法。

自由朗读《我们奇妙的世界》第 2—8 自然段，圈画出表示时间的词语或短语，借助关键词，进行小组交流，而后进行全班交流，教师总结。认识到课文是从时间、空间的维度整合信息，从天空和大地两个角度来描写的；在描写天空和大地时，又是按照时间顺序选取了有代表性的事物来具体描写的。

（2）自由朗读《海底世界》第 2—6 自然段，借助思维导图在文章中找一找、画一画、标一标，总结课文是从哪几个方面来表现海底世界的奇异景色和丰富物产的，而后进行全班交流，说一说自己是怎么找出来的，教师总结。认识到课文是通过选取具有代表性、典型性的事物来介绍海底世界的。

（3）自由朗读《火烧云》，运用在《我们奇妙的世界》和《海底世界》学到的方法，思考课文是从哪几个方面来描写火烧云的，并画出相关语句。自主学习，全班交流，教师总结，认识到课文是选取火烧云特别的、典型的方面来具体描写的。

3. 学习可以借助哪些方法把事物写清楚

先朗读课文，圈画出课文中的关键词句、优美语句；然后朗读圈画出的词句，通过同桌交流、小组讨论、想象画面等方法，知道可以借助关键词来表现事物的特点，进而把事物写清楚，也可以运用比喻、拟人、排比、夸张、列数字、做比较等方法把事物写清楚。

4. 能查找资料，整合信息，从几个方面把大熊猫写清楚

借助图表，收集资料。同桌交流，小组讨论，整合资料，确定从哪几个方面介绍大熊猫的特点。围绕关键句，按一定顺序，并运用比喻、拟人、排比等手法，把大熊猫的特点介绍清楚。

【单元评价】

1. 表现性任务

（1）课内阅读，方法回顾。

海里的动物，各有各的活动方法。海参靠肌肉伸缩爬行，每小时只能前进四米。有一种鱼身体像梭子，每小时能游几十千米，攻击其他动物的时候，比普通的火车还快。乌贼和章鱼能突然向前方喷水，利用水的反推力迅速后退。还有些贝类自己不动，却能巴在轮船底下作免费的长途旅行。

海底的植物差异也很大。它们的色彩多种多样，有褐色的，有紫色的，还有红色的。最大的海藻长达二三百米，最小的单细胞海藻，要用显微镜才能看清楚。

①根据选文第 1 自然段的内容连线并填空。

海参	巴在轮船底下作免费的长途旅行
梭子鱼	利用水的反推力迅速后退
乌贼和章鱼	每小时能游几十千米
贝类	靠肌肉伸缩爬行

我发现：选文第 1 自然段是按照________结构，围绕“______________”这一句进行说明的。

②选文第 2 自然段是围绕哪句话来写的？用“______”画出相关语句。围绕这句话，选段从____________和____________两个方面进行了介绍。

（2）方法总结，学法指导。

本单元语文要素：了解课文是从哪几个方面把事物写清楚的。

①如何概括出哪几个方面？

______：读懂课文是一切的基础。找出__________、__________。借助

关键词、关键句进行＿＿＿＿＿＿。

②如何写清楚？

把握＿＿＿＿＿＿的内容，围绕＿＿＿＿＿＿去写。尝试运用一些写作手法（＿＿＿＿＿、＿＿＿＿＿、＿＿＿＿＿等）把句子写得生动形象。

（3）拓展阅读，迁移运用。

神奇的鸟岛（节选）

踏上鸟岛，眼前的景色令人眼花缭乱。抬头望，天空中是一群群的飞鸟，红的、蓝的、白的、花的，组成一幅幅色彩夺目的锦绣画卷。低头看，满岛都是各种各样的鸟、鸟巢和鸟蛋，几乎没有我们插足的空地。湖水里，那披着彩色花衫的是斑头雁，小巧玲珑的是燕鸥，张着长长的嘴东张西望的是环嘴鸥，还有洁白的天鹅，美丽的凤头潜鸭，迈着长腿踱步觅食的黑颈鹤……我们大概数了一下，就有一百多种鸟呢！天上飞的是鸟，地上跑的是鸟，湖里游的是鸟，好一个鸟的乐园哪！

①用“＿＿＿＿＿”画出选段的中心句。

②本文段依次写了＿＿＿＿＿、＿＿＿＿＿和＿＿＿＿＿的鸟，作者观察的顺序是＿＿＿＿＿，观察的角度分是＿＿＿＿＿、＿＿＿＿＿，从词语“＿＿＿＿＿”和“＿＿＿＿＿”中可以体现出来。

（4）落地生根，自主运用。

大自然不仅有奇妙的海底世界、神奇的鸟岛，还有各种奇妙的事物需要你细心观察。请围绕下面的开头说一段话。

你可知道，这公园里的花有多香吗？

2. 评价量规

评价标准	评价星级	自我评价
能找出关键词，围绕中心意思至少从两个方面把一段话写完整，并运用合适的写作手法	☆☆☆	
能找出关键词，围绕中心意思至少从两个方面把一段话写完整	☆☆	
能找出关键词，围绕中心意思把一段话写完整	☆	

三年级数学　数据的收集与整理

- 课文出处：青岛版三年级下册
- 单元总课时：2 课时
- 设计者：闫金超、王清礼、张龙飞、李晓惠、徐洪杰

【单元主题】

数据的收集、整理与表达。

【单元解读】

本单元的核心概念是统计。学生此前已经学习了用不同的方法记录整理数据，能用画图、列表等方式呈现数据整理的结果。在此基础上，教师进行本单元的教学。本单元主要是让学生经历调查、测量等收集数据的过程，能用统计表来整理数据，能用条形图来描述数据，能对统计结果进行简单的分析，为后面进一步学习统计图表奠定基础。

【单元整体目标】

结合《义务教育数学课程标准（2022 年版）》，教师分别从内容要求、学业要求、教学提示等方面，分析与本单元相关的信息。

1. 内容要求

（1）经历简单的数据收集、整理、描述和分析的过程，了解简单的收集数据的方法，会呈现数据整理的结果。

（2）通过对数据的简单分析，认识到数据中蕴含着信息，体会运用数据进行表达与交流的作用。

2. 学业要求

能收集、整理具体实例中的数据，并采用合适的方式描述数据，分析与表达数据中蕴含的信息。

3. 教学提示

数据的收集、整理与表达的教学。教师创设真实情境，引导学生经历简单的数据收集和整理，学习和感悟收集数据的方法和意义，用数学语言表达数据蕴含的信息，形成初步的数据意识。

4. 学什么

经历收集、整理、描述、分析数据的过程。本单元主要学习这四个过程，知道每个过程所用的方法。

5. 学到什么程度

学生能收集生活中的真实数据，并能用统计表进行整理，利用条形图准确规范地描述数据，最后根据图表分析数据。

6. 怎么学

（1）本单元主要通过创设“营养师”的真实情境，引导学生从身高增长情况统计的活动中，提出本单元促进探究和促进理解的探究性问题。

（2）通过真实调查和测量获得自己的身高增长情况的数据。

（3）小组合作整理身高增长情况的数据。

（4）利用整理出的统计表将身高增长情况的数据制作成条形图。

（5）利用统计表和条形图对同学们的身高增长情况进行分析。

【单元核心概念】

形式、功能、原因、联系、反思。

【单元大观念】

以条形图统计是解决数量分析类问题的统计方式。

【单元概念关系图】

1. 纵向分析

孕伏铺垫阶段：学生在掌握了认数、计算以及把物体简单分类的基础上，接触统计知识，经历分一分、数一数、画一画的过程，学会了简单收集和整理数据的方法，初步体会用简单的扇形统计图和表格统计表来整理数据，学会简单地分析数据。

初步感知阶段：学生初步学习了用不同的方法记录和整理数据，能用画图、填表格等方式呈现整理数据的过程，并学会分析数据，切实感受统计的意义和作用。

认知阶段：学生经历调查、测量等收集数据的过程，能用填统计表、涂条形图来表示统计的结果，能对统计结果进行简单分析，为后面进一步学习统计图奠定基础。

拓展应用阶段：学生在初步认识简单条形统计图的基础上，再系统地学习。知道 1 格可以代表一个或多个单位，更进一步深入学习复式统计图，从而学会选择适当的方法收集数据，绘制简单的统计图。

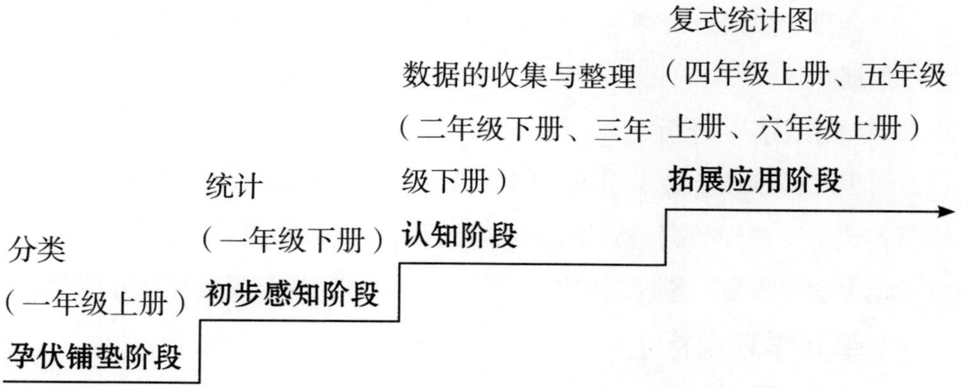

2. 横向分析

本单元主要让学生经历收集数据的过程，能用填统计表、涂条形图来表示统计结果，能对统计结果进行简单分析。教师在教学中借助贴近学生实际的情境，激发学生参与统计活动的兴趣，培养他们树立统计的意识，逐步了解调查、测量等简单的收集数据的方法，体验收集数据、整理数据、涂条形图、填统计表、分析解决问题的全过程。

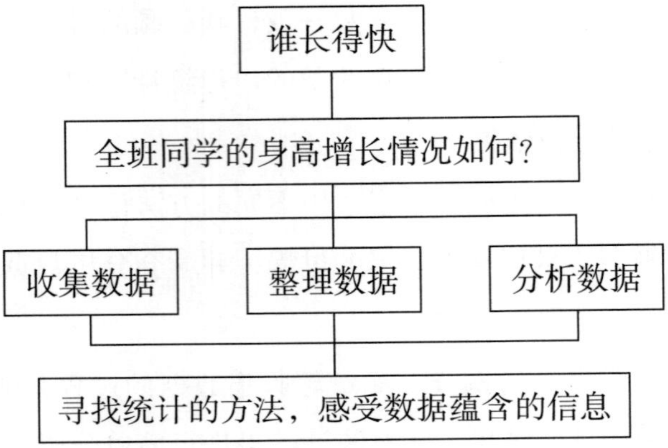

【学情分析】

我们根据前测题、测试结果统计、测试结果分析进行学情分析。

1. 前测题

询问学生知道哪些整理数据的方法。

2. 测试结果统计

对全班学生进行前测，测试结果表明，全班都会运用画正字的方法来统计数据。

3. 测试结果分析

学生此前已经学会了用不同的方法记录和整理数据，能用画图、填表格等方式呈现整理数据的结果，再学习起来难度就降低了。教学关键在于引导学生学会收集、整理、描述、分析数据，利用统计来解决实际问题。

【单元学习目标】

1. 知识目标

（1）经历简单的数据收集和整理的过程，了解调查、测量等简单的收集数据的方法，能用表格和条形图表示数据整理的结果。

（2）通过对数据的简单分析，体会运用数据进行表达交流的作用，感受数据蕴含的信息。

2. 技能目标

能够用统计表和条形图表示数据整理的结果，能够读出统计表和条形图中的信息并进行分析，能够与同伴合作进行统计。

3. 理解目标

初步理解统计的意义，从整体上反映和分析事物数量特征，观察事物的本质和发展规律，作出正确的判断。

4. 关键能力

动手操作能力、观察能力、基于证据的说理能力、团结协作能力。

【核心素养】

1. 符号意识

用符号（例如画正字）来整理数据。

2. 几何直观

利用条形图得出信息。

3. 应用意识

用统计能解决生活中的一些实际问题。

4. 模型意识

明确统计的流程为收集数据、整理数据、描述数据、分析数据。

5. 推理意识

对数据进行整理和分析，进而推理出原因。

【单元探究性问题】

（1）如果要了解我们全班同学的身高增长情况，需要怎么做?

（2）怎样进行数据的收集与整理?

（3）为了更清楚地呈现统计结果，还可以怎样整理?

（4）从条形图中你发现了什么?

【单元实施】

（1）该单元最终的任务可以表述为收集整理、描述分析学生的身高增长情况，进而得出食堂菜品搭配是否合理的判断。基本问题：如何统计数据？如何分析数据从而作出决策？

（2）学生将参与“统计一年身高增长情况”活动。他们面临四大挑战：

一是如何收集数据，使数据更加准确；二是如何整理数据，面对杂乱的数据能否自主依据国家营养标准进行分类，以便看出数据中包含的信息；三是如何描述数据，能否根据统计表绘制条形图；四是如何分析数据并得出结论，能否通过观察条形图分析全班同学的身高增长情况，同时对照国家标准，判断本班同学身高增长情况是否正常，并推断餐厅的膳食营养搭配是否均衡。

（3）收集数据。收集全班同学的身高增长情况（课前完成），能够得出自己增长的身高。根据学法指导，能够说出自己是怎样得知身高增长情况的。

（4）整理数据。整理全班同学的身高增长情况，能说出教师分类的依据，能不重不漏地把数据分类整理到表中。

（5）描述数据。把全班同学的身高增长情况在条形图中进行描述，能对准列涂，涂正确格数，从下往上涂，规范制作条形图。

（6）分析数据。分析全班同学身高增长情况并作出推断，能说出 1—2 个发现。推断合理，叙述时有理有据。最后，谈一谈如果自己是一名营养师会给同学们什么建议。

（7）学生回顾、梳理数据收集与整理的流程，明确每一步分别是什么。

【单元评价】

1. 表现性任务

假如你是学校的营养师，为了能更好地搭配菜品，帮助学生合理膳食、健康长高，你需要按照给定的格式写一份关于全班同学身高增长情况的统计报告。这份报告需要你运用合适的统计数据的方法，保证统计数据的准确性。最后对数据进行分析，进而得出结论。

2. 评价量规

任务	评价标准	评价星级	评价	
			自评	互评
任务一	根据学法指导，能够说出自己是怎样得知身高增长情况的	☆☆		
	能够得出自己增长的身高	☆		

续表

任务	评价标准	评价星级	评价	
			自评	互评
任务二	能不重不漏地把数据分类整理到表中	☆☆		
	能说出教师分类的依据	☆		
任务三	能对准列涂，涂正确格数，从下往上涂，条形图制作规范	☆☆☆		
	能对准列涂，涂正确格数，从下往上涂，但是条形图的制作不规范	☆☆		
任务四	能根据条形图说出 1—2 个发现	☆☆		
	推断合理，叙述时有理有据	☆		

三年级英语　Animals

- 课文出处：外研社版（三年级起点）三年级下册
- 单元总课时：5 课时
- 设计者：韩丽丽、任艳华、李文珠、孙月、孟田

【单元主题】

动物（Animals）。

【单元解读】

本模块单元主题是 Animals，教学内容及学习重点是运用“What's this？”“It's a/an...”“What are they？”“They are...”的语言结构进行有关动物名称的问答，运用“This monkey is + 形容词”“They are + 形容词”的语言结构描述动物的形态特征。

在新语言点的学习过程中，教师要尽可能创造良好的语言环境，让学生充分感受语言、学习语言和正确地运用语言，从而培养学生在实际情境中使用英语介绍动物名称和描述动物名称的能力。

【单元整体目标】

根据《义务教育英语课程标准（2022 版）》目标，提出以下目标。

（1）感知并模仿说英语，体会单词的重音和句子的升调与降调。

（2）根据视觉或听觉提示，如图片、动作、动画、声音等，说出单词和短语。

（3）在语境中感知、体会常用简单句的表意功能。

（4）简单介绍自己喜欢的动物，如其外形特征和生活环境等。

（5）根据图片或语境，仿写简单的句子。

（6）知道单词由字母构成。

【单元核心概念】

功能。

【单元大观念】

“What's this？”“It's a/an...”“What are they？”“They are...”是问答动物名称的语言结构，“This monkey is + 形容词”“This man is + 形容词”“They are + 形容词”是描述形态特征的语言结构。

【单元概念关系图】

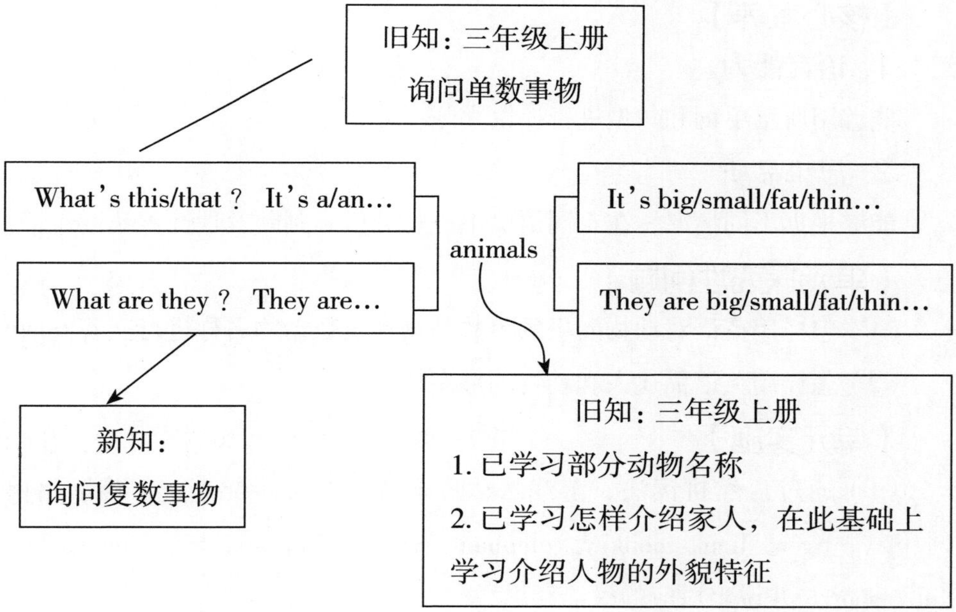

【单元学习目标】

1. 知识目标

学习动物名词 tiger，lion，monkey，elephant；其他单词 zoo，baby，all；描述形态特征的形容词 short，big，small，fat，thin 的发音、含义和书写。

2. 技能目标

（1）运用“What's this？”“It's a/an...”“What are they？”“They are...”

来问答动物园里不同动物的名称。使用“This man /monkey is + big/small/fat/thin”等描述人或动物的形态特征。

（2）能够流利地朗读课文。

3. 理解目标

（1）运用句型“What's this？”“It's a/an...”询问回答单数事物；运用句型“What are they？”“They are...”询问回答复数事物。

（2）了解单复数动物的问答方式的区别。

（3）运用句型“This man /monkey is + big/small/fat/thin”“They are + big/fat/thin”等描述人或动物形态特征。

【核心素养】

1. 语言能力

能够用所学单词和句型进行谈论交际。

2. 思维品质

能够根据不同情况，在不同语境中进行分析、判断及理性表达。

【单元探究性问题】

（1）怎样用英语对动物园里的单数动物和复数动物名称进行问答？

（2）怎样用英语描述人和动物的形态特征？

【单元实施】

（1）通过自然拼读法、游戏法、听录音、图文匹配等，正确读出单词 they，tiger，lion，monkey，elephant，zoo，baby，all，big，small，fat，thin，short，并说出对应的汉语意思。

（2）通过板书示范、单词卡拼读、四线三格练笔等，能正确书写单词 they，tiger，lion，monkey，elephant，big，small，fat，thin，short。

（3）通过观看课文动画、听录音、课文填空、组内角色扮演、pair work、小游戏等，能熟练朗读课文，模仿运用句型“What's this？”“It's a/an...”询问回答单数事物；运用句型“What are they？”“They are...”询问回答复数事物；运用句型“This man /monkey is + big/small/fat/thin”“They are + big/fat/thin…”描述人或动物的形态特征。

（4）通过创设“Welcome to the zoo”的主题情景，自制宣传册并开展小组探究，在真实的情景中正确书写并口头运用“It's a/an + 动物名称单数…”“They are + 动物名称复数…”“This monkey is + big/small/fat/thin”“They are + big/small/fat/thin…”等句型来描述动物园里动物的名称和形态特征，做到书写工整、词句正确。在口头表达时与其他同学有眼神交流，表情自然，发音标准，声音洪亮，大胆自信。

【单元评价】

1. 表现性任务一

（1）制作一本动物园宣传册，完成内页并介绍可爱的动物，可手绘，可粘贴。

（2）假设你是导游，请带你的同伴游览动物园，仿照课本书写并运用句型“This is a/an…”“They're…”介绍动物的名称，用“It's red…“They're red…”介绍动物的颜色。

（3）评价量规。

评价标准	评价星级	自我评价
正确书写“This is a/an…”和“They're…”，并口头用来介绍动物的名称，运用句型“It's red…”“They're red…”介绍动物的颜色，且不少于6句话。能做到书写工整、词句正确。在口头表达时与其他同学有眼神交流，表情自然，发音标准，声音洪亮，大胆自信	☆☆☆	
正确书写“This is a/an…”和“They're…”，并口头用来介绍动物的名称，运用句型“It's red…”和“They're red…”介绍动物的颜色，且不少于3句话。能做到书写工整，但是词句有少量错误。在口头表达时发音标准，声音洪亮	☆☆	
能写出1—2句话，并能在教师的提示下运用“This is a/an…”和“They're…”介绍动物的名称	☆	

2. 表现性任务二

（1）完善你的动物园宣传册。在介绍这些动物的基础上，补充运用“This/That…is big/small/tall/short.”“They are big/small/tall/short.”等句型描述动物的外貌特征。

（2）评价量规。

评价标准	评价星级	自我评价
在小练笔的基础上，正确书写“It’s fat…”“They are fat…”，并口头用来介绍动物的特征，且不少于4句话。能做到书写工整、词句正确。在口头表达时与其他同学有眼神交流，表情自然，发音标准，声音洪亮，大胆自信	☆☆☆	
在小练笔的基础上，正确书写“It’s fat…”“They are fat…”，并口头用来介绍动物的特征，且不少于3句话。能做到书写工整，但是词句有少量错误。在口头表达时发音标准，声音洪亮	☆☆	
在小练笔的基础上，在帮助下能正确书写“It’s fat…”和“They are fat…”，并口头用来介绍动物的特征	☆	

四年级语文　自然奇观

- 课文出处：统编版四年级下册
- 单元总课时：8 课时
- 设计者：杨子慧、王延花、孙幸、孙华宁、单宝润、任丽杰、曹颖颖

【单元主题】

自然奇观。

【单元解读】

学生此前已经学习了如何通过观察描写一处景物、介绍一个景点，而按照游览的顺序描写景物则是第一次接触，该方法强调有顺序地写多处景物。描写景物的顺序有时间顺序、空间方位顺序、按景物的类别分别观察和描写等。本单元通过学写游记，继续培养学生描写景物的能力，同时学习按一定顺序写景物的方法，引导学生观察自然，留心身边的美。

【语文要素】

（1）了解课文按一定顺序写景物的方法。

（2）学习按游览的顺序写景物。

【单元整体目标】

1. 识字与汉字

（1）对学习汉字有浓厚的兴趣，养成主动识字的习惯。

（2）写字姿势端正，养成良好的书写习惯。能用硬笔熟练地书写正楷字，做到规范、端正、整洁。

（3）能感知常用汉字的形、音、义之间的联系，初步建立汉字与生活中的事物、行为的联系，初步感受汉字的文化内涵。

2. 阅读与鉴赏

（1）用普通话正确、流利、有感情地朗读课文。学会默读，做到不出声、不指读。学习略读，粗晓文章大意。

（2）能联系上下文，理解词句的意思，体会课文中关键词句表情达意的作用。能借助字典、词典和生活经验，理解生词的意义。

（3）能初步把握文章的主要内容，体会文章表达的思想感情。学习圈点、批注等阅读方法。

（4）积累课文中的优美词语和精彩句段。

3. 表达与交流

（1）乐于用口头或书面的表达方式与人沟通交流，愿意与他人分享自己的想法，增强自信心。

（2）观察周围世界，能不拘形式地写下自己的见闻、感受和想象，注意把自己觉得新奇有趣或印象最深、最受感动的内容写清楚。尝试在习作中运用自己平时积累的语言材料，特别是有新鲜感的词句。

（3）学习修改习作中有明显错误的词句。

4. 梳理与探究

（1）尝试分类整理学过的字词。尝试发现所学生字的形、音、义和书写的特点，帮助自己识字、写字。

（2）结合语文学习，观察大自然，观察社会，积极思考，运用书面或口头方式，呈现自己的观察与探究所得。

（3）能提出与学习和生活有关的问题，有目的地搜集资料，与伙伴共同讨论，尝试运用语文以及其他学科的知识解决问题。

【单元核心概念】

变化、联系。

【单元大观念】

描写好自然奇观，要按顺序，要有重点，并写出其特点。

【单元概念关系图】

1. 纵向分析

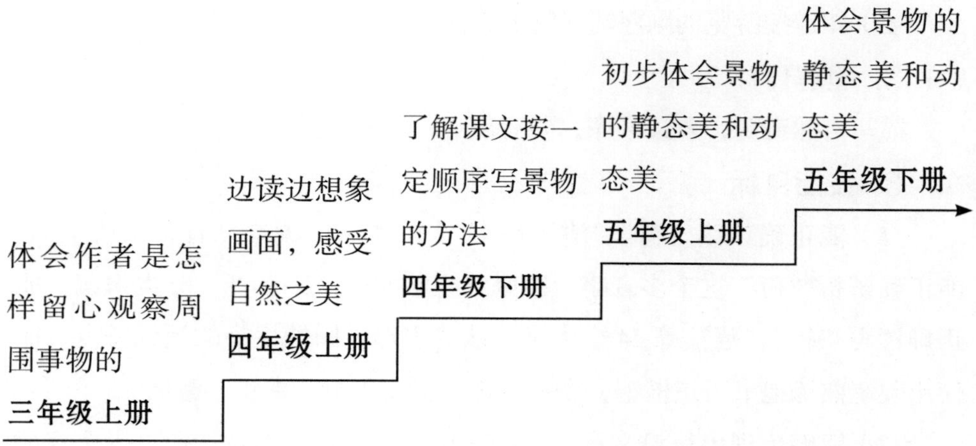

2. 横向分析

本单元教学梯度解读

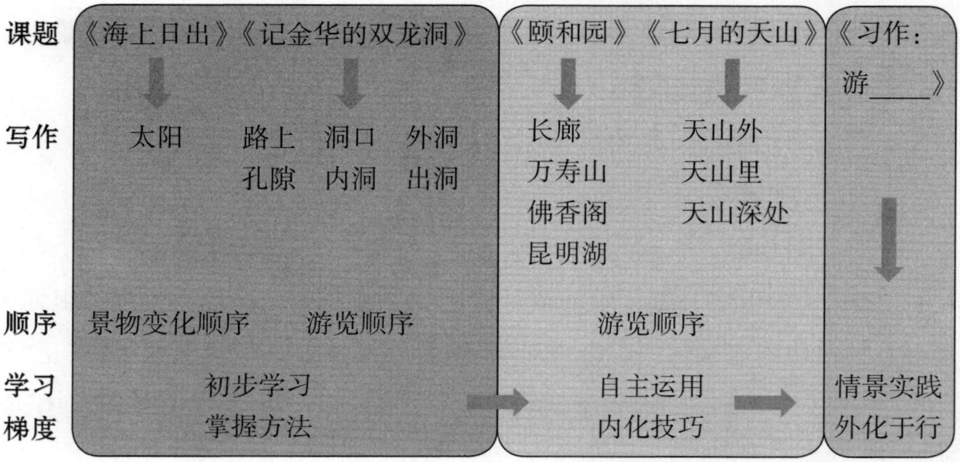

【单元学习目标】

1. 知识目标

（1）知道24个生字的音、形、义和组词，知道10个二类字的读音，2个多音字的读音和组词。

（2）知道按游览的顺序写景物的方法。

2. 理解目标

描写自然奇观，要按顺序，要有重点，并写出其特点。

3. 技能目标

（1）能正确认读“荷”“漆”等10个二类字，读准字音，认清字形。能正确辨析“荷”这个多音字，能联系生活实际区别读音，分类识记。能正确读写“扩”“范”等24个生字，认清字形，归纳生字的笔画特点。能使用硬笔熟练地书写正楷字，姿势正确，做到规范、端正、整洁。

（2）能够梳理出每篇文章各自的写作顺序，体会作者如何写出重点部分的特点。

（3）模仿课文，按游览的顺序和景物变化的顺序描写自己的生活实际和游览经历，主动地观察记录或回忆游览过程。重点介绍景物的特点，用顺序方位词将特点写清楚、写明白。运用准确、生动、优美的语言描绘景物。

【单元探究性问题】

如何按一定顺序写景物?

【单元实施】

1. 字词基础

认识24个生字，能正确认读；读准2个多音字，能说出读音并组词，能在具体情境中正确运用；会写24个生字，能正确拼读并组词，能按正确的笔顺书写，注意汉字的间架结构；会写多组词语，并能在具体语境中正确运用。

学法指导：

①学生借助字典、词典，自主学习汉字。

②同桌、小组交流讨论，纠正错误读音及书写。

③小组交流、汇报学习成果，教师点评，强调易错点，总结巩固知识。

④通过同桌互读、教师点读、“开火车”读、课文朗读，检测学生的生字认读情况，通过看拼音写词语卡检查书写、默写情况。

2. 落实“大观念”——描写自然奇观，要按顺序，要有重点，并写出其特点

（1）学习《海上日出》，把握课文内容，理清文章写作顺序，抓住重点段落，并分析作者是如何将景物写清楚的。

学法指导：

①通过朗读课文，初步了解课文的主要内容，说出文章重点写了什么。

②默读课文，借助作业任务单、关键字词，组内互助交流，理出文章的写作顺序——太阳变化的顺序。

③借助关键语句、图表，分析作者是如何把晴天时的日出写清楚的。

④课堂小结：《海上日出》是按照太阳变化的顺序来写的，重点写了晴朗天气下的海上日出。

（2）学习《记金华的双龙洞》，把握文章的主要内容，通过关键语句，补充完成作者游览双龙洞的路线图。聚焦由外洞进入内洞的部分，分析作者是如何把这部分写清楚的。

学法指导：

①默读课文，在文中画出作者游览双龙洞经过的地点的关键句，圈出关键句中的地点。借助双龙洞示意图，按顺序说出作者游览双龙洞的路线，并把路线图补充完整。

②朗读外洞进内洞的部分，找找表现孔隙狭小的句子，用线画出，读一读。圈画关键词，想一想这句话是怎样表现出孔隙狭小的特点的，在相应句子旁批注，分享交流。

③课堂小结：《记金华的双龙洞》是按照游览的顺序来写的，印象深刻的地方重点写，写出其特点。

（3）自主学习《颐和园》《七月的天山》，将路线图补充完整，分析令自己印象最深的景点。

学法指导：

①默读课文，学生借助课本上的路线图，自主画出《颐和园》中起过渡作用的句子，圈出表示位置的词语，把路线图补充完整。

②通读习作例文，找出自己最喜欢的一个游览地点，说出其特点。借助从《记金华的双龙洞》中习得的方法，主动说出作者是如何把这个特点写清楚的。

（4）单元总结：写游览过的一个地方，可以按照游览顺序写，可以把吸引人的景物作为重点来写。如果景物发生了变化，可以按照变化的顺序来写。把自己看到的、听到的、感受到的写清楚。

3. 书写最美景点，展评佳作

借助单元作业任务单，梳理按一定顺序写景物的方法，并完成习作《游__________》。习作能按顺序写出游览路线，重点介绍两处景物，突出其特点。

学法指导：

①回顾按一定顺序写景物的方法。

②确定写作对象，完成习作。

③根据评价表及教师建议，修改习作。

④将作品结集成册。

【单元评价】

1. 表现性任务

（1）方法回顾，学法指导。

本周日是潍坊滨海鲲城学校校园开放日，届时会有很多游客参观学校。身为鲲城学子，你将作为导游，为游客设计参观路线。请你提前做好准备，模拟一下。

①标出校内的主要景点。

②在上图中画出参观路线，并将其用文字写下来。

③说清参观顺序。

从一处景点到另一处景点，怎样才能说清楚？试着根据自己的设计图，说清参观路线。（例如，进入学校后，沿着小路往南走，就来到了体育馆。）

④你觉得哪些景点会给大家留下深刻印象呢？为什么？请你给大家详细推荐一下吧！（至少 2 个）

（2）迁移运用，落地生根。

我们的校园多么美丽，但仍有很多人不了解她的美，请你为我们的校园写一篇游记，扩大我校的知名度，吸引更多游客。

2. 评价量规

评价标准	评价星级	自我评价	教师评价
能把印象深刻的景物作为重点来写，至少写两个，并从看到的、听到的、闻到的、想象到的、感受到的等方面写出景物的特点	☆☆☆		
能使用过渡句衔接景点之间的转换，包含方向词、转换动词、景点等，使景物的转换更自然	☆☆		
书写认真，语言生动流畅，错别字少于 3 个，病句不多于 2 个	☆		

四年级数学　平均数

◆ 课文出处：青岛版四年级下册

◆ 单元总课时：4 课时

◆ 设计者：陈风雪、武新红、杨效华、赵娜、张子民

【单元主题】

数据的收集、整理与分析。

【单元解读】

本单元是在学生学习了简单的统计图和统计表的基础上进行的。本单元学习一种新的统计量——平均数，这是学习选择统计量描述数据特征知识的开始。此外，本单元还会涉及单式分段统计表和复式分段统计表，为学生进一步学习统计知识打牢基础。

【单元整体目标】

结合《义务教育数学课程标准（2022 年版）》，教师分别从内容要求、学业要求、教学提示等方面，分析与本单元相关的信息。

1. 内容要求

（1）探索平均数的意义。

（2）能在实际情境中合理应用统计图表和平均数，形成初步的数据意识和应用意识。

2. 学业要求

（1）知道用平均数可以反映一组数据的集中状况，知道平均数的统计意义。

（2）知道平均数是介于最大数与最小数之间的数，能描述平均数的含义。

（3）能用平均数解决简单的实际问题，形成初步的数据意识和应用意识。

3. 教学提示

教师在教学中要设计熟悉的情境来引导学生理解平均数具有的代表性，通过刻画一组数据的集中程度表达总体的集中状况。例如，通过某篮球运动员平均每场得分、某地区玉米或水稻的平均亩产、某班级学生的平均身高等，理解平均数的意义。也可以让学生体验收集反映社会发展或科技进步的数据的过程，初步体会平均数的统计意义，形成初步的数据意识。

4. 学什么

（1）平均数的意义。

（2）运用平均数解决简单的实际问题。

（3）运用分段统计表整理数据。

（4）形成初步的数据意识和应用意识。

5. 学到什么程度

（1）知道平均数的意义。

（2）知道平均数的取值范围。

（3）会用平均数解决有关的实际问题。

6. 怎么学

（1）设计真实情境。

（2）让学生经历收集数据的过程，初步体会平均数的统计意义。

【单元核心概念】

形式、功能、变化、联系。

【单元大观念】

平均数和分段统计表是统计学的重要组成因素，是描述和分析数据、作出合理预测和决策的一种手段。

【单元概念关系图】

1. 纵向分析

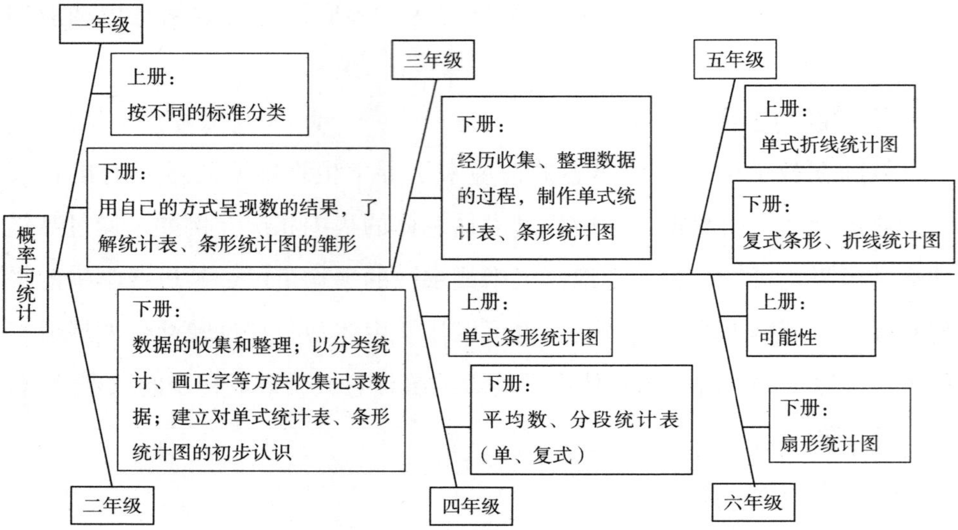

2. 横向分析

从学习内容看，这一单元的教学是在学生学习了简单的条形统计图、单式统计表的基础上开展的。平均数是学习选择统计量描述数据特征的开始，为今后学习众数、中位数等统计量奠定了基础。本单元还涉及系统地学习单式分段统计表和复式分段统计表，此后，小学阶段不再深入学习统计表，五年级开始系统学习统计图的认识。

从逻辑起点看，平均数是在学生已经理解了平均分及除法运算含义的基础上进行教学的。而平均数的概念与过去学过的平均分的意义不完全一样，它是借助平均分的意义通过计算得到的。因此，教师在设计教学时，既要以平均分为依托引出平均数，又要注意概念之间的区分。

学生通过这一单元的学习，能用平均数描述一组数据的整体水平，比较两组数据的整体情况，经历统计的过程，树立数据分析的观念。在具体的统计活动中，学生能整理数据、分析数据、比较数据，并根据结果作出简单的判断和预测，提高自身运用数据分析问题、解决问题的能力。

【学情分析】

我们根据前测题和测试结果分析进行学情分析。

1. 前测题

（1）你是怎样理解“平均”的？可以列式、举例或画图表达自己的看法。

（2）你听说过平均数吗？你认为什么是平均数？平均数的价值是什么？

2. 测试结果分析

在平均数的学习中，学生很容易掌握计算平均数的方法，却很难真正理解平均数的意义。如何理解平均数的意义就成了教学的难点。教师要帮助学生树立数据分析的概念，最有效的方法是使他们投入到数据分析的过程中去。分段统计中，理解分段标准等值和学会不重复、不遗漏地统计信息也是学生面临的难点。

【单元学习目标】

1. 知识目标

（1）知道什么是平均数。

（2）认识单式分段统计表和复式分段统计表。

2. 技能目标

（1）会用不同的方法求平均数，能运用平均数分析与解决简单的实际问题。

（2）在具体统计活动中，对两种数量同时进行数据统计，能用单式分段统计表和复式分段统计表作出简单的判断和预测。

3. 理解目标

（1）平均数能反映一组数据的整体水平，是描述数据集中状况的统计量。

（2）平均数的本质是移多补少，平均数介于最大数和最小数之间，是一个虚拟值，平均数易受极端数据的影响。

（3）分段统计表是整理数据的一种综合统计手段，有利于对统计结果作出预判。复式分段统计表是同时对两种数量进行数据统计比较的分段整理方法。

4. 关键能力

观察能力、运算能力、数据分析能力、说理表达能力。

【核心素养】

1. 数感

预估平均数的取值范围。

2. 应用意识

用平均数和分段统计表能解决生活中一些简单的实际问题。

3. 运算能力

正确计算平均数。

4. 推理意识

通过分析一组数据，推出平均数的取值范围、大小，以及数据的整体情况。

5. 数据意识

根据一组数据，能感悟其蕴含的信息，比如预估平均数及分段统计后的整体情况。

【单元探究性问题】

（1）平均数是什么？

（2）怎样理解平均数？它跟二年级学的平均分一样吗？

（3）怎样理解“平均数是一个虚拟值”？

（4）平均数一定能描述一组数据的特征吗？

（5）怎样进行单式分段统计表和复式分段统计表的数据整理？

（6）如何利用分段统计表解决实际问题？

【单元实施】

（1）本单元最终的任务有两个：一是会用平均数分析数据，并根据分析结果作出简单的判断和预测；二是会用分段统计表整理和分析数据，并作出简单的判断和预测。

（2）学生将根据篮球比赛中蓝队教练准备换人的情境以及两名运动员的成绩表，对7号运动员和8号运动员“该换谁上场”作出预判；根据两个小队立定跳远的成绩表，分段整理数据，并对两个小队的立定跳远成绩作出大体的分析。

（3）通过分析7号运动员和8号运动员的出场次数和成绩列表，学生意识到，用总分数作为判断依据不合理，应该选择用平均每场得分作为判断依据。

（4）借助条形统计图，让学生采用画一画、移一移的方法找出平均数。

（5）结合旧知，引导学生采用“先求总分，再除以场次”即先合后分的方法计算出平均数。引导学生说出自己的计算过程和计算方法。

（6）通过观察平均数，发现它不是8号运动员哪一场的得分，它表示的是8号运动员多场比赛投篮的整体水平，具有虚拟性。

（7）通过观察、分析，得出平均数的范围——在最小数和最大数之间。

（8）小组合作，交流怎样整理立定跳远的成绩。借助国家四年级小学生立定跳远标准，对第1小队的成绩进行分段整理，并说一说分段整理的好处。

（9）经历了第1小队成绩的分段整理，学生尝试对第2小队的成绩进行分段整理，并认识单式分段统计表。

（10）把分段整理好的两队成绩表合并成一个表，认识复式分段统计表，并能说出复式分段统计表的好处是能让人清楚地看出哪个队的成绩更好。

【单元评价】

1. 表现性任务

四年级三个班的学生开展一分钟跳绳比赛，教师需要各班的平均跳绳成绩。如何设计一个分段统计表以整理数据？

2. 评价量规

基本问题	评价标准		单元起始课	探究课 1	探究课 2	实践应用课	单元整理课
平均数的认识	通过具体事例，感受平均数产生的必要性						
	通过移多补少的方法知道平均数是什么						
	能用计算的方法求出一组数据的平均数						
	通过具体事例理解平均数的意义（能较好地反映一组数据的整体水平）						
	通过平均数与原数据的对比分析，理解平均数是一个虚拟数						
	通过具体事例理解平均数的范围在一组数据中的最小数与最大数之间（数据都相同的除外）						
分段统计表	单式分段统计表	对数据进行分段整理，填写分段统计表					
		知道只有一组统计项目的分段统计表叫单式分段统计表					
		能对单式分段统计表的数据进行分析、判断					
		能根据实际生活问题制作单式分段统计表，并能进行分析、判断					

续表

基本问题	评价标准		单元起始课	探究课1	探究课2	实践应用课	单元整理课
分段统计表	复式分段统计表	知道由两个或者两个以上的单式分段统计表组成的统计表叫复式分段统计表					
		能对复式分段统计表的数据进行分析、比较、判断					
		能感受到复式分段统计表的优点（便于对不同范围的数据进行对比）					
		能利用复式分段统计表对实际生活问题进行整理、分析，作出比较、判断					

评价等级：A. 已做到；B. 不确定；C. 做不到。

四年级英语　Plans

- 课文出处：外研社版（三年级起点）四年级下册
- 单元总课时：5 课时
- 设计者：杨雪梅、李敏、郑露秋、文圣真、单文静

【单元主题】

计划（Plans）。

【单元解读】

本模块单元主题是 Plans，教学内容是谈论未来的计划及天气状况。

本模块的学习重点是“will”的一般疑问句结构，教学重点是培养学生用“will”的一般疑问句结构谈论未来的计划或者天气情况的语言运用能力。

【单元整体目标】

根据《义务教育英语课程标准（2022 年版）》学段目标，提出以下目标。

1. 语言能力学段目标

（1）感知与积累：能有意识地通过模仿学习发音。

（2）表达与交流：在书面表达中，能根据图片或语境，仿写简单的句子。

2. 文化意识学段目标

调适与沟通：能大方地与人接触，主动问候。

3. 思维品质学段目标

归纳与推断：能根据标题、图片、语篇信息或个人经验等进行预测。

4. 学习能力学段目标

（1）乐学与善学：乐于学习和模仿。

（2）选择与调整：能在教师帮助和指导下，制订简单的英语学习计划。

（3）合作与探究：能在学习活动中尝试与他人合作，共同完成学习任务。

【单元核心概念】

功能。

【单元大观念】

“will”的一般疑问句是谈论未来计划或者天气情况的语言结构。

【单元概念关系图】

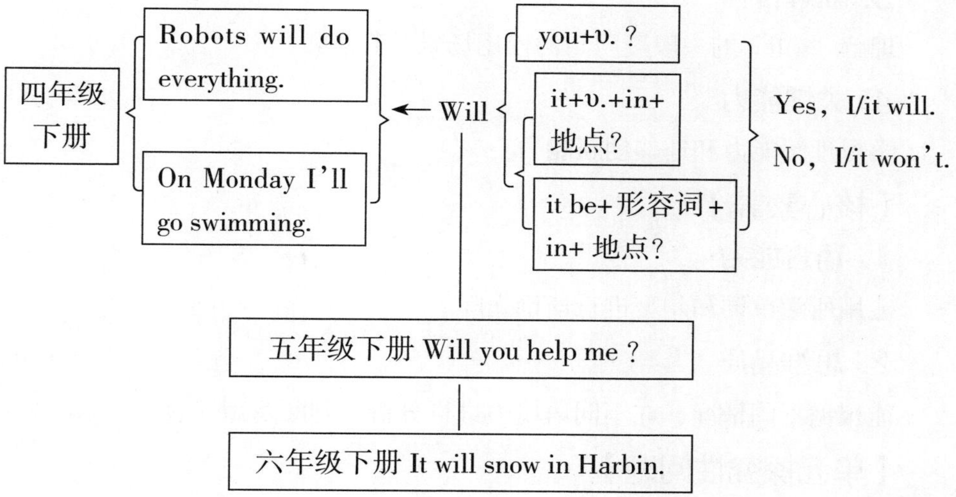

【单元学习目标】

1. 知识目标

（1）掌握单词 take，fly，great，why，picnic，because，so 以及与天气相关的单词 weather，cloudy 的发音及意义。

（2）掌握谈论计划的句型“Will you…？”“Yes，I will./No，I won't.”。

（3）掌握谈论未来的天气状况的句型“Will it be + 表示天气状况的形容词 +in+ 地点？”，或者“Will it + 表示天气状况的动词 + in + 地点？”及其回答“Yes，it will./No，it won't.”。

2. 技能目标

（1）能认读、理解、运用、拼写 take，fly，great，why，picnic，because，so 以及与天气相关的单词 weather，cloudy。

（2）能用“Will you…？”“Yes，I will./No，I won't.”谈论未来计划。

（3）能用“Will it be + 表示天气状况的形容词 + in + 地点？”，或者“Will it + 表示天气状况的动词 + in + 地点？”及其回答“Yes，it will./No，it won't.”谈论未来的天气状况。

3. 理解目标

理解“will”的一般疑问句的使用场景及其意义。

4. 关键能力

学习理解能力和迁移创新能力。

【核心素养】

1. 语言能力

能用所学单词和句型进行谈论交际。

2. 思维品质

能根据不同情况，在不同语境中进行分析、判断及理性表达。

【单元探究性问题】

（1）如何用“Will you…？”“Yes，I will./No，I won't.”谈论计划？

（2）如何用“Will it be + 表示天气状况的形容词 + in + 地点？”，或者“Will it + 表示天气状况的动词 + in + 地点？”及其回答“Yes，it will./No，it won't.”谈论未来的天气状况？

【单元实施】

（1）①通过跟读单词卡，结合自然拼读法学习 take，fly，great，why，picnic，because，so，weather，cloudy 的发音及意义，学生能够做到发音正确、理解词意。

②学生能够正确拼写 take，fly，great，why，weather，cloudy。

③在根据天气类单词绘制出相应的天气符号的活动中，学生能做到图

文匹配。

（2）通过学习课文、角色扮演等活动，学习谈论未来计划的句型“Will you…？”及其回答“Yes，I will./No，I won't.”，学习谈论天气情况的句型“Will it be + 表示天气状况的形容词 + in + 地点？”，或者“Will it + 表示天气状况的动词 + in + 地点？”及其回答“Yes，it will./No，it won't.”。

（3）①同桌利用“Will you…？”对 PPT 图片进行问答来练习谈论计划的句型。

②完成课本活动三的练习，同桌之间用“It will…”来描述天气情况，练习谈论天气情况的句型。

（4）①创设“我的假期我做主”的情境任务，通过小组合作的方式制订五一假期计划，并用“Will you…？”及其回答来谈论计划。

②创设“小小天气播报员”的情境任务，在山东省天气图的导学案上绘制各城市的天气符号。小组内用“Will it be + 表示天气状况的形容词 + in + 地点？”，或者“Will it + 表示天气状况的动词 + in + 地点？”及其回答“Yes，it will./No，it won't.”来谈论天气情况。

【单元评价】

1. 表现性任务一

（1）五一国际劳动节即将到来，请同学们制订一份为期 5 天的计划表，可以列表格或者写句子，然后互相用“Will you…？”“Yes，I will./No，I won't.”来谈论彼此的计划。

（2）评价量规。

评价标准	评价星级	自我评价
能独立制订 4—5 天的计划，书写工整认真，词句正确；能用所学句型与同伴进行流利的问答；在口头表达时与其他同学有眼神交流，表情自然，发音标准，声音洪亮，大胆自信	☆☆☆	

续表

评价标准	评价星级	自我评价
能独立制订不少于2—3天的计划，书写认真，词句错误少于3处；能用所学句型与同伴进行正确的问答交流，在口头表达时发音标准	☆☆	
仅能制订1天的计划或能在他人帮助下制订计划，并能在他人提示下用所学句型与同伴进行问答交流	☆	

2. 表现性任务二

（1）请同学们利用山东省天气图的导学案给各个城市绘制天气符号，用“It will...”句型写出对应的天气状况，然后与同伴用本课所学句型“Will it be + 表示天气状况的形容词 + in + 地点？”，或者“Will it + 表示天气状况的动词 + in + 地点？”及其回答“Yes，it will./No，it won't.”谈论未来天气状况。

（2）评价量规。

评价标准	评价星级	自我评价
能独立绘制不少于5个正确的天气符号，并能正确书写对应的天气状况。能用正确句型与同伴进行流利的问答交流。在口头表达时与其他同学有眼神交流，表情自然，发音标准，声音洪亮，大胆自信	☆☆☆☆	
能独立绘制3—4个正确的天气符号，并能正确书写对应的天气状况。能用所学句型与同伴进行问答交流	☆☆☆	
能独立绘制1—2个正确的天气符号，并能正确书写对应的天气状况。能用所学句型与同伴进行问答交流	☆☆	
能在他人帮助下绘制天气符号，能在他人提示下用所学句型与同伴进行问答交流	☆	

五年级语文　责任

- 课文出处：统编版五年级下册
- 单元总课时：11—16 课时
- 设计者：王俊男、张晓真、张颖、王莉花、王文晖、李青、翟昊

【单元主题】

责任。

【单元解读】

四年级时，学生已经掌握了通过人物的动作、语言、神态体会人物的心情，感受人物品质。本单元的学习既包括体会人物的感情，也包括体会人物的心理活动及变化，角度更多元，需要学生对人物的内心活动体会得更丰富、细腻、深入。

【语文要素】

（1）通过课文中动作、语言、神态的描写，体会人物的内心。

（2）尝试运用动作、语言、神态描写，表现人物的内心。

【单元整体目标】

1. 课标分析

（1）具有独立阅读的能力，注重情感体验，有较丰富的积累，形成良好的语感。学会运用多种阅读方法。

（2）能初步理解、鉴赏文学作品，受到高尚情操与趣味的熏陶，发展个性，丰富自己的精神世界。

2. 识字与汉字

（1）有较强的独立识字能力。

（2）用硬笔书写楷书，行款整齐，力求美观，有一定速度。

（3）写字姿势正确，有良好的书写习惯。

3. 阅读与鉴赏

（1）能用普通话正确、流利、有感情地朗读课文。

（2）能联系上下文和自己的积累，推想课文中有关词句的意思，辨别词语的感情色彩，体会其表达效果。

（3）阅读叙事性作品，能了解事件梗概，简单描述自己印象最深的场景、人物和细节，说出自己的喜爱、憎恶等感受。

（4）背诵优秀诗文。

（5）拓展阅读面。

4. 表达与交流

（1）养成留心观察周围事物的习惯，有意识地丰富自己的见闻，珍视个人的独特感受，积累习作素材。

（2）能写简单的纪实作文和想象作文，内容具体，感情真实。

【单元核心概念】

形式、联系。

【单元大观念】

人的动作、语言、神态等细节，是体会和表现人物内心的关键要素。

【单元概念关系图】

1. 纵向分析

册序	单元	阅读训练要素
四年级上册	第六单元	学习用批注的方法阅读。通过人物的动作、语言、神态体会人物的心情
四年级下册	第七单元	从人物的语言、动作等描写中感受人物的品质

续表

册序	单元	阅读训练要素
五年级上册	第六单元	注意体会作者描写的场景、细节中蕴含的感情
五年级下册	第四单元	通过课文中动作、语言、神态的描写，体会人物的内心
六年级下册	第四单元	阅读时，关注神态、言行的描写，体会人物品质

2. 横向分析

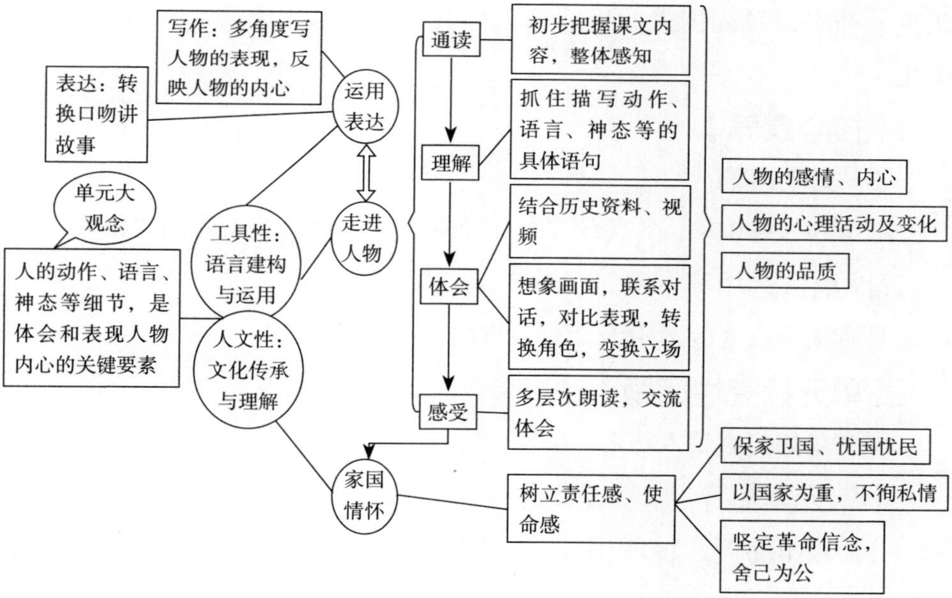

【单元学习目标】

1. 知识目标

（1）知道35个生字的字、音、义及组词，2个多音字的读音。

（2）知道“通过课文中动作、语言、神态的描写，体会人物的内心”的阅读方法和表达方法。

2. 理解目标

（1）理解动作、语言、神态等描写是表现人物内心的关键要素。人物的内心世界包括人物的感情、心理活动及其变化。

（2）理解先辈们崇高的爱国情感、责任感和使命感，以及革命先烈们坚定的革命信念和精神。

3. 技能目标

（1）能够正确书写 35 个生字，能够背诵并默写 3 首古诗。

（2）能从文中的动作、语言、神态等细节描写，梳理人物的心理活动历程，体会人物的内心情感，学习其中的表达方法。

（3）能够根据人物在特定情境中的面部表情，不同寻常的举动、语言、语气、神态以及周围人的反应等，写出人物的内心活动，并尝试写出其变化。

【核心素养】

1. 文化自信

继承和弘扬中华优秀传统文化、革命文化、社会主义先进文化。

2. 语言运用

具有正确、规范运用语言文字的意识和能力。

【单元探究性问题】

课文是如何表现人物内心的？

【单元实施】

1. 习作前置，梳理旧知，关联、提取学习过的描写人物的方法

学法指导：

①互动游戏。教师播放不同的表情片段，进行“表情猜猜猜”。

②比较判断小游戏。教师出示表达一定情境和不同表情的句子，学生仔细观察。

③出示情境片段，练笔。教师出示运用词句的情境画面，鼓励学生用描写人物语言、动作、神态的方法，表现人物的内心世界。

④创设情境，习作初创。回忆生活中感动、生气、伤心的场景，想象画面，用描写人物的方法，把人当时的样子写具体，并且表现其内心活动。

2. 落实“大观念”——聚焦动作、语言、神态等描写，体会人物的内心

（1）学习《古诗三首》，把握诗文主要内容，能够结合诗中描写诗人言行的关键词句和插图，用自己的语言描述情境，与诗人“对话”，感受不同时代的诗人的情怀和厚重、深沉的爱国之情。

学法指导：

①初读诗文，扫清障碍，读准字音，划分停连重音，能用恰当的语气、语调朗读诗句。

②再读古诗《从军行》，借助文本和背景资料，抓住关键词句走进诗境，领悟诗意。

③能够结合文中插图，通过小组创设情境，把想象中的战士们的形象，用声音传递给大家，走近诗人，读懂人物内心。

④熟读古诗，把握古诗的景与情。配乐读，师引读，情景再现，读出诗中环境的恶劣及战士杀敌时的奋勇，深入体会先烈们誓死报国的豪壮爱国之情。

（2）学习《青山处处埋忠骨》，把握课文的主要内容，能够从毛主席的动作、语言、神态等细节描写中，感受毛主席的内心活动轨迹，体会毛主席的内心情感，并学习表达人物内心的方法。

学法指导：

①初读课文，整体感知，介绍背景，概括课文两部分的内容。

②再读课文，圈画描写毛主席的语言、动作、神态的语句，体会毛主席作为一名父亲痛失爱子的悲痛之情以及毛主席为了革命不徇私情的伟人胸襟。

③结合课文及其他抗美援朝故事，说说对“青山处处埋忠骨，何须马革裹尸还”的理解。

（3）学习《军神》，把握课文内容，通过对刘伯承及沃克医生的动作、语言、神态的描写，体会人物内心，感受“军神”形象，学习表达人物内心的方法。

学法指导：

①初读课文，整体感知，理清文章写作顺序。

②再读课文，找出描写刘伯承动作、语言、神态的句子，结合故事背景以及相关的材料体会他的内心，感受“军神”形象。

③提炼、概括出沃克医生在救治刘伯承的过程中的内心变化，从侧面感受“军神”形象。

④以沃克医生的口吻讲述故事，加深对“军神”的理解。

（4）学习《清贫》，把握课文的主要内容，能够从对方志敏和两个国方兵士动作、语言、神态等一系列的对比描写中，体会方志敏和国方兵士的内心，感悟人物的品质，学习表达人物内心的方法。

学法指导：

①学生课前搜集资料，介绍人物和历史背景，初步解题。

②读课文，整体感知，梳理文章脉络。

③再读课文，分别圈画描写方志敏和两个国方兵士动作、语言、神态的语句，让学生通过对比，体会方志敏身为共产党人矜持不苟、舍己为公的革命精神和国方兵士的自私贪婪、穷凶极恶。

④让学生分角色朗读课文，加深对人物内心以及形象的理解。

⑤结合搜集到的历史资料以及课文内容，说说自己对于“清贫”的进一步理解。

3. 展评习作，创建文集，运用所学表达方法，修改初稿

学法指导：

①教师出示例句，学生交流、总结，提取大观念。

②根据表格，提出修改建议。

③根据建议，结合单元大观念，运用动作、语言、神态等描写，表现人物的内心，修改习作。

④将作品结集成册。

【单元评价】

1. 表现性任务

（1）阅读方法回顾。

①通过本单元的学习，我们发现人物的内心是可以从动作、神态、语言等描写中感知的。在阅读时要抓住关键的词句去体会人物的内心。

②体会人物内心的方法：抓住人物描写的关键词，联系上下文，联系自己的生活体验。

（2）我体会。读下面的句子，体会人物的内心。

①从见到这封电报起，毛主席整整一天没说一句话，只是一支接着一支地吸着烟。

我从____________中体会到毛主席当时内心________________。

②将军看了看他们桌子上的罐头，喉咙哽了一下，说："同志们……"停了一下，又说："孩子们，我给大家分菜，每人一筷子。"

我从________________________中感受到________________________。

（3）我学写。从下列情境中选择一个，仿写一段话。

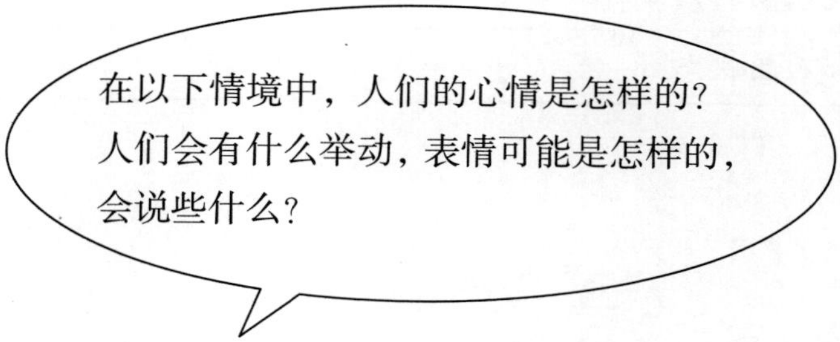

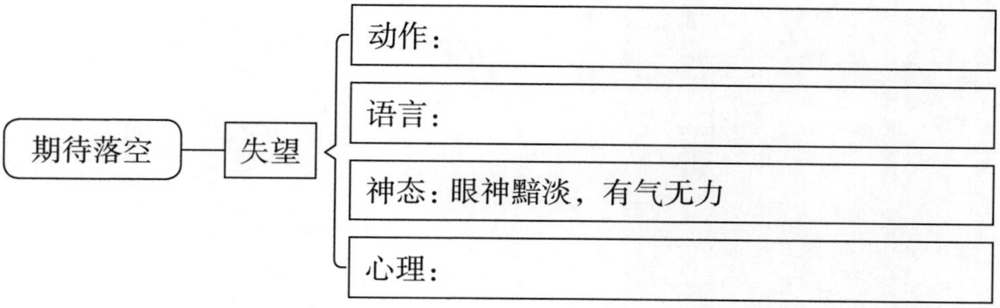

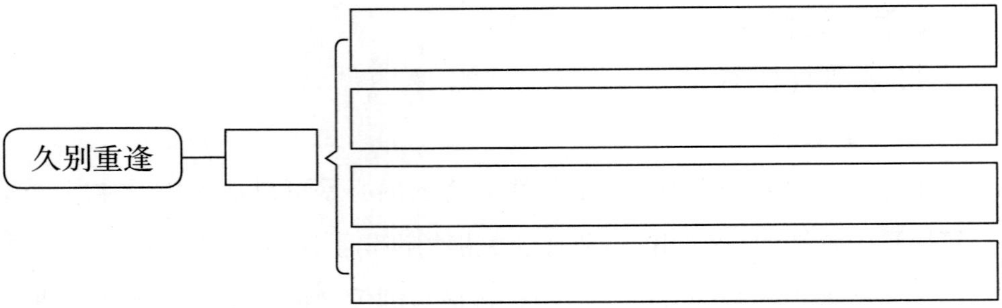

2. 评价量规

评价标准	评价星级	自我评价
符合以上行为表现，且语句通顺，情境符合生活实际	☆☆☆☆☆	
在符合情境和人物状态的基础上，加入动作、语言、神态描写，表现人物的内心	☆☆☆☆	
在符合情境和人物状态的基础上，加入动作和语言描写，表现人物的内心	☆☆☆	
在符合情境和人物状态的基础上，加入动作描写，表现人物的内心	☆☆	
符合情境和人物状态	☆	

五年级数学　长方体和正方体

- 课文出处：青岛版五年级下册
- 单元总课时：6 课时
- 设计者：候丽梅、王延京、杨丽君、王国栋、门婷玉

【单元主题】

图形的认识与测量。

【单元解读】

本单元的主要内容是图形的认识与测量。图形的认识主要是对立体图形的抽象。学生经历从实际物体抽象出几何图形的过程，认识图形的特征，感悟点、线、面、体的关系；积累观察和思考的经验，逐步形成空间观念。图形的认识与图形的测量有密切关系。图形的测量重点是确定图形的大小。学生经历统一度量单位的过程，感受统一度量单位的意义，基于度量单位理解长度、角度、周长、面积、体积。在推导一些常见图形的周长、面积、体积计算方法的过程中，感悟数学度量方法，逐步形成量感和推理意识。

【单元整体目标】

结合《义务教育数学课程标准（2022 年版）》，教师分别从内容要求、学业要求、教学提示等方面，分析与本单元相关的信息。

1. 内容要求

能够根据物体特征抽象出几何图形，根据几何图形想象出所描述的实际物体；空间观念有助于理解现实生活中空间物体的形态与结构，是形成

空间想象力的基础。

2. 学业要求

认识长方体、正方体，能说出这些图形的特征，能辨认这些图形的展开图，会计算这些图形的体积和表面积。能用相应公式解决简单的实际问题，形成空间观念和初步的应用意识。能说出体积单位立方米、立方分米、立方厘米，以及容积单位升、毫升，能进行单位换算，能选择合适的单位描述实际问题。

3. 教学提示

教师应该引导学生通过对立体图形的测量，从度量的角度认识立体图形的特征；理解长度、面积、体积都是相应度量单位的累加；通过对平面图形性质的认识，感知数学说理的过程。借助现实生活中的实物，引导学生通过观察、操作等活动，认识长方体、正方体等立体图形的特征，沟通立体图形之间的联系，如平面图形和立体图形之间的关系，增强空间想象能力。引导学生经历体积单位的确定过程，通过操作、转化等活动，探索立体图形的体积和表面积的计算方法。让学生借助折叠纸盒等活动经验，认识立体图形的展开图，建立立体图形与展开后的平面图形之间的联系，培养空间观念和空间想象能力。

4. 学什么

（1）长方体、正方体的特征以及这些图形的展开图。

（2）长方体和正方体的体积和表面积的计算公式。

（3）体积（或容积）的意义，体积（或容积）的度量单位，单位之间的换算。

（4）不规则物体体积的测量方法。

5. 学到什么程度

（1）能多维度阐述长方体和正方体的特征，比较分析长方体和正方体特征的异同。

（2）能对长方体和正方体的不同属性测量进行探究。能推导出长方体和正方体的表面积、体积计算公式，能运用公式解决简单的实际问题。

（3）能说出体积单位立方米、立方分米、立方厘米，以及容积单位升、毫升，能进行单位换算，能选择合适的单位描述实际问题。

6. 怎么学

（1）充分利用实物和模型，理解长方体和正方体的特征，建立清晰的几何表象。

（2）通过观察、操作，独立探究，寻找表面积和体积的计算方法，并说一说算理。

（3）充分激活原有认知，促进方法迁移。在学习体积单位时，先回忆面积单位的产生过程，再通过方法的迁移来学习新知识。

（4）利用思想方法的迁移，在测量不规则物体的体积时渗透转化的思想。探究长方体体积时，渗透不完全归纳法和猜想验证等数学方法。

【单元核心概念】

联系、形式、功能、反思。

【单元大观念】

可以概括为通过图形的认识与测量，从整体上理解二维图形到三维图形的新增特征以及测量物体表面和空间大小。

【单元概念关系图】

通过对教材的分析，可以理清单元整体知识脉络，明确本单元的地位和作用。

1. 纵向分析

从图形的测量方面来说，一年级接触的是简单的长度单位厘米和米；二年级则接触更多的长度单位，比如分米；三年级学习的是长方形和正方形的面积与周长，从简单的长度拓展到了二维面；四年级学习角的度量；五年级学习多边形的面积，长方体和正方体的表面积、体积；六年级学习圆的周长、面积，圆柱的表面积，圆柱、圆锥的体积。从图形的认识方面来说，一年级初步认识长方体与正方体和球、长方形和正方形、三角形；二年级初步认识角，探究长方形和正方形的特征；四年级认识线段、直线和射线，认识平行、相交和垂直，进一步认识了三角形、平行四边形和梯形；五年级再次认识长方体和正方体，探究其特征；六年级再次认识圆，认识圆柱、圆锥。

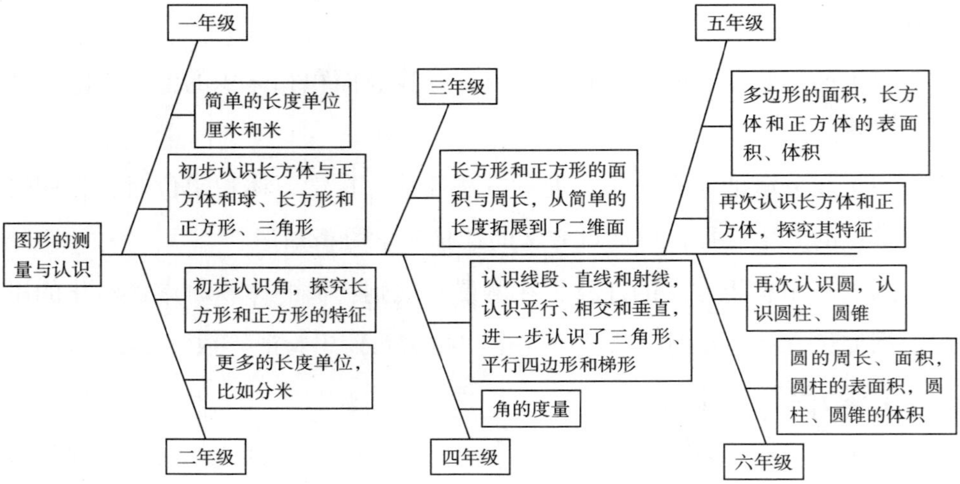

2. 横向分析

青岛版、人教版、北师大版的小学数学教材均要求教师引导学生通过对立体图形的测量，从度量的角度认识立体图形的特征；理解长度、面积、体积都是相应度量单位的累加；通过对平面图形性质的认识，感知数学说理的过程。

【学情分析】

我们根据前测题和测试结果分析进行学情分析。

1. 前测题

（1）找一找生活中的长方体和正方体。

（2）长方体、正方体是由什么组成的？

（3）长方体、正方体有什么特征？

（4）表面积是指什么？

（5）你认为应该怎么计算长方体、正方体的表面积？

（6）体积指什么？

（7）你认为体积应该如何计算？

2. 测试结果分析

同学们回答问题非常积极。对于第一题，每个同学都可以举出例子；对于第二题，有 15 个同学可以说出自己的观点；对于第三题，有大部分同学可以说出 1 至 3 个特征；对于第四题，大部分同学回答得不准确；对于第五题，只有极少数同学回答正确；对于第六题，情况比较理想，同学们基本都能说出体积就是物体所占空间的大小；对于第七题，全班只有 3 个同学说出结果。

根据前测结果，教师在教学中引导同学们积极回顾旧知，在已有的基础上再来学习本单元知识。让学生对图形进行测量，并对图形有所认识，在此基础上学习长方体、正方体的表面积和体积的计算。在解决问题时，让学生养成运用数形结合解决问题的习惯，培养空间思维，降低解题的难度。

【单元学习目标】

1. 知识目标

（1）能说出长方体各部分的名称。

（2）能说出长方体和正方体的特征、联系和区别。

（3）认识长方体和正方体的展开图。

（4）知道什么是表面积、体积和容积。

（5）能说出常见的体积单位和容积单位。

2. 技能目标

（1）会按顺序数出面、棱、顶点的数量，会求长方体和正方体的棱长和，能解决简单的实际问题。

（2）会求长方体和正方体的表面积，能解决简单的实际问题。

（3）会求长方体和正方体的体积、容积，能解决简单的实际问题。

（4）会进行体积单位、容积单位的换算，能选择合适的单位描述实际问题。

（5）会求不规则物体的体积。

3. 理解目标

（1）面动成体是立体图形形成的原理。

（2）长方体和正方体的表面积就是所有面的面积，其大小是面积单位的累加。

（3）长方体和正方体体积的大小是体积单位的累加。

（4）体积单位和容积单位的换算是对体积、容积用不同的单位进行表述，是相等量的不同表述。

（5）求不规则物体体积的过程是等积变形的转化过程。

4. 关键能力

空间想象能力、动手操作能力、观察能力。

【核心素养】

量感、空间观念、模型意识。

【单元探究性问题】

（1）观察身边的实物和模型，说说它们是什么图形的，分别有怎样的特点。

（2）经过测量得到所需数据，分析计算方法，给电脑制作包装箱。

（3）观察预留空间大小，理解体积含义，测量并计算所选冰箱的体积。

（4）在已有经验的基础上进行知识迁移，通过测量计算出鱼缸的容积。

（5）小组讨论，找出不同的方法计算鱼缸中假山石的体积。

【单元实施】

（1）该单元的整体任务可以表述为购买新家的家具家电，在购买过程中需要通过测量、计算、分析来选购合适商品。

（2）基本问题：怎样认识和测量几何图形？对几何图形的认识和测量需要解决什么问题？

（3）选购过程中，家具家电呈现了大量不同的形状，进行选择时，会发现不同形状的新增特征，由此可以确定三维图形相比二维图形的面新增的特征。

（4）根据对几何图形中长方体和正方体的认识，提出本单元要研究的问题，确定本单元的探究性问题。

（5）通过观察实物和模型，学生能借助学习支架说出长方体和正方体各部分的名称和特征，能不重复、不遗漏地数出面、棱、顶点的数量并说出数的方法，说清楚各个面的形状和大小关系及棱的长度关系。

（6）学生通过制作家用电脑包装箱，借助长方体的表面展开图，知道什么是表面积，能推导出长方体和正方体的表面积公式。

（7）学生借助实物和模型，能举例并描述物体的体积，并说出有体积的原因。

（8）通过比较不同的物体，判断物体体积大小并说出原因。能迁移比较面积大小的学习方法，找出比较两个立体图形大小的方法。

（9）学生举出实例说明 1 立方厘米、1 立方分米、1 立方米分别有多大，并能正确说出体积单位之间的进率，熟练运用进率转化。

（10）学生根据教师展示容积的实验，说出什么是物体的容积和容积单位，说出容积单位和体积单位之间的关系，用容积单位估计实物的容积。

（11）学生为新家选购冰箱时，能借助模型展开验证，会用类推的方法推导出长方体和正方体的体积公式，并用公式解决实际问题。

【单元评价】

1. 表现性任务

你和爸爸妈妈马上就要搬新家了。在搬家之前，你们需要做很多准备来装饰新家，例如购买家具家电，在购买过程中会遇到关于长方体和正方体的知识。请通过测量、计算、分析，选购合适商品。

2. 评价量规

课题	任务	评价标准	评价星级	自我评价
单元起始课	发现三维图形相比二维图形的面新增的特征	能说出三维图形相比二维图形的面新增的特征	☆☆☆	
长方体和正方体的认识	说出长方体和正方体各部分的名称	能根据长方体、正方体学具准确地指出各部分的名称	☆☆☆	
	掌握长方体和正方体各部分的特征	能说出从哪几个方面研究长方体、正方体的特征；能不重复、不遗漏地数出面、棱、顶点的数量并说出数的方法；能说清楚各个面的形状和大小关系及棱的长度关系	☆☆☆	
长方体和正方体的表面积	认识长方体和正方体的展开图	能借助长方体的表面展开图，说出什么是表面积	☆☆☆	
	求长方体和正方体的表面积，能解决简单的实际问题	能借助模型展开验证，计算长方体和正方体的表面积并总结方法	☆☆☆	
	长方体和正方体的表面积就是所有面的面积，其大小是面积单位的累加	能借助长方体的表面积推导过程，进行知识的迁移，独立思考正方体表面积与长方体表面积的区别与联系	☆☆☆	

续表

课题	任务	评价标准	评价星级	自我评价
体积、体积单位及容积、容积单位	观察实物和模型，探究什么叫作物体的体积	能说出什么是物体的体积；能列举有体积的物体（固体、液体、气体），说出它们有体积的原因；能判断哪个物体体积大，说出原因	☆☆☆	
	探究体积单位	能迁移比较面积大小的学习方法，找出比较两个立体图形大小的方法；能说出体积单位的作用是什么，常用的体积单位有哪些；举出实例说明 1 立方厘米、1 立方分米、1 立方米分别有多大	☆☆☆	
	相邻体积单位之间的进率是多少	能说出体积单位之间的进率；能熟练运用进率转化的知识完成专项训练，解决实际问题，完成课本第 94 页第 4、5 题	☆☆☆	
	知道什么是物体的容积，容积单位有哪些	能说出什么是物体的容积，容积单位有哪些；能说出容积单位和体积单位之间的关系；能用容积单位估计实物的容积	☆☆☆	
长方体和正方体的体积	知道什么是长方体和正方体的体积	能说出长方体和正方体体积是它们所占空间的大小	☆☆☆	
	求长方体和正方体的体积，能解决简单的实际问题	能进行知识迁移，运用面积的计算知识合理猜想体积的计算；能运用体积公式求出冰箱体积	☆☆☆	

五年级英语　Features

- 课文出处：外研社版（三年级起点）五年级下册
- 单元总课时：4 课时
- 设计者：姜真真、袁燕妮、刘晗潇、张荣悦

【单元主题】

特征（Features）。

【单元解读】

本模块的单元主题是 Features，教学内容是描述事物的特征，表达自己的看法。

本模块的学习重点是用句型“主语 +be+ 形容词”“It's + 形容词 + for+...”描述物品特征。学生在学过相关形容词 light，hard，easy，big，light，nice 的基础上，继续描述事物的特征，表达自己的看法。

【单元整体目标】

根据《义务教育英语课程标准（2022 年版）》学段目标，提出以下目标。

1. 语言能力学段目标

（1）感知与积累：能领悟基本语调表达的意义。

（2）表达与交流：在书面表达中，能围绕图片内容或模仿范文，写出几句意思连贯的话。

2. 文化意识学段目标

比较与判断：能用简短的句子描述所学的与中外文化有关的具体事物。

3. 思维品质学段目标

观察与辨析：能对获取的语篇信息进行简单的分类和对比，加深对语篇意义的理解。

【单元核心概念】

功能、观点。

【单元大观念】

“主语 +be+ 形容词”“It's + 形容词 +for+...”是描述物品特征，表达自己对物品看法的语言结构。

【单元概念关系图】

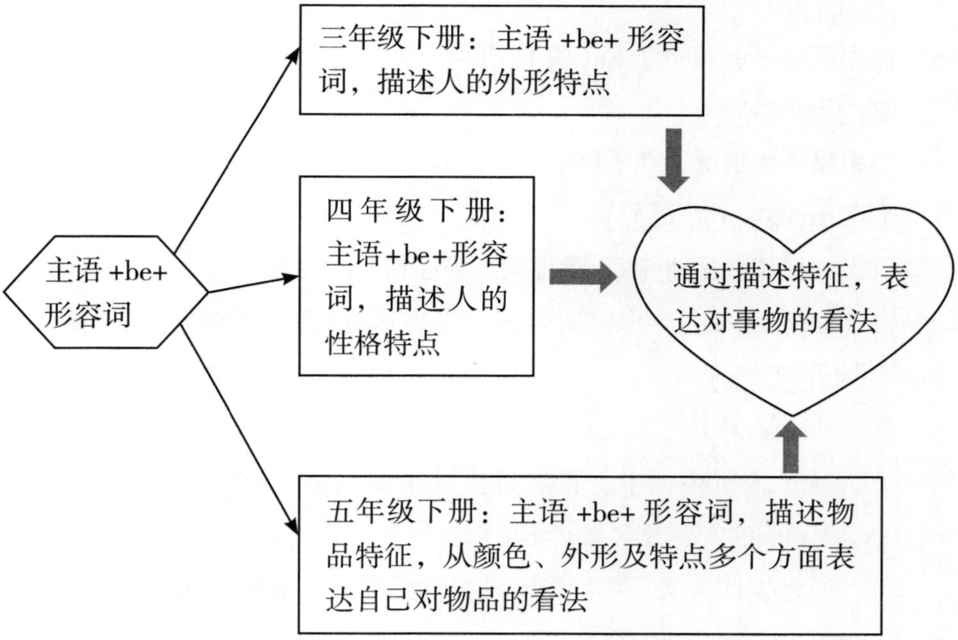

【单元学习目标】

1. 知识目标

（1）用“主语 +be+ 形容词”描述物品特征。

（2）用“It's + 形容词 +for+...”从颜色、外形等多个方面表达自己对物品的看法。

2. 技能目标

（1）能认读、理解、运用和拼写单词 light，broken，hard，department store，pocket，umbrella，sales assistant，wheel，easy，take。

（2）能用“主语 +be+ 形容词”描述物品的特征。

（3）能用句型“It's + 形容词 +for+…”表达对某物的看法。

3. 理解目标

理解关键句型的构成、使用场景和意义。

【核心素养】

1. 语言能力

能用所学单词和句型进行谈论交际。

2. 思维品质

能根据不同情况，在不同语境中进行分析、判断及理性表达。

【单元探究性问题】

（1）如何用“主语 +be+ 形容词”描述物品的特征？

（2）如何用“It's + 形容词 +for+…”表达对某物的看法？

【单元实施】

1. 单词学习

（1）通过跟读单词卡、自然拼读法学习 light，umbrella，easy，take，too，try，lovely 的发音及含义，学生能够做到发音正确、理解含义。

（2）通过根据含义写单词的活动，学生能够正确拼写 light，umbrella，easy，take，too，try，lovely。

（3）通过图片提示，抓住描述物品主要特征所需形容词，学生能做到图文匹配。

2. 句型学习

学习描述物品特征的句型、表达对某物的看法的句型。

3. 及时练习

（1）同桌合作利用“主语 +be+ 形容词”对 PPT 图片进行问答来练习谈论特征的句型。

（2）完成课本活动三的练习，同桌互相用“主语 +be+ 形容词”“It's+形容词 +for...”来描述物品的特征，表达对某物的看法。

【单元评价】

1. 表现性任务一

（1）创设“Showtime”的情景任务。介绍你最喜欢的一件物品，描述其特征以表达你的喜爱之情，例如“It's big/beautiful/small...”“It's got a/some...”。

（2）评价量规。

评价标准	评价星级	自我评价
能独立描述事物的特征，能表达对某物的看法并用 3 句及以上所学句型与同伴进行流利的问答交流。能做到书写工整、词句正确。在口头表达时与其他同学有眼神交流，表情自然，发音标准，声音洪亮，大胆自信	☆☆☆	
能独立描述事物的特征，能表达对某物的看法并用 1—2 句所学句型与同伴进行正确的问答交流。能做到认真书写，词句错误少于 3 处。在口头表达时发音标准	☆☆	
能在他人帮助下描述事物的特征，能表达对某物的看法，并能在他人提示下用所学句型与同伴进行问答交流。在书面表达时能做到词句错误少于 5 处	☆	

2. 表现性任务二

（1）创设“Do and say”的情景任务，学生为自己的朋友挑选生日礼物。

（2）评价量规。

评价标准	评价星级	自我评价
能独立描述事物的特征，能表达对某物的看法并用 3 句及以上所学句型与同伴进行流利的问答交流。能做到书写工整、词句正确。在口头表达时与其他同学有眼神交流，表情自然，发音标准，声音洪亮，大胆自信	☆☆☆	
能独立描述事物的特征，能表达对某物的看法并用 1—2 句所学句型与同伴进行正确的问答交流。能做到书写工整，词句错误少于 3 处。在口头表达时发音标准	☆☆	
能在他人帮助下描述事物的特征，能表达对某物的看法，并能在他人提示下用所学句型与同伴进行问答交流。在书面表达时能做到词句错误少于 5 处	☆	

五年级音乐　爱国歌曲

- 课文出处：湘文艺版五年级下册
- 单元总课时：2课时
- 设计者：王伟浩、张莹、杨丹妮、王子凡、贾国涛

【单元主题】

学唱与欣赏爱国歌曲。

【单元解读】

本单元的核心概念是责任与反思，教学内容是学唱和欣赏抗战时期歌曲，唤醒学生的爱国之情。

本模块的学习重点是学唱爱国主义歌曲《卢沟谣》，通过学唱歌曲，学生初步了解中华民族的一段历史，体悟中国人民不屈不挠的斗争精神；欣赏抗战歌曲《松花江上》《长城谣》，了解“九一八”事变以后，国破家亡、民众流离失所的历史，体会歌曲创作者对父老乡亲和故土的思念之情和誓要恢复河山的决心。教师应该把教学重点放在情感体验上。

【单元整体目标】

结合《义务教育艺术课程标准（2022年版）》，教师分别从内容要求、学业要求、教学提示等方面，分析与本单元相关的信息。

1. 内容要求

（1）在与音乐作品的情感共鸣中萌发爱党、爱国、爱社会主义的情感；感知、体验、了解音乐的感性特征和审美特质，养成良好的欣赏习惯；能对音乐作品和音乐活动进行简单评价；增加对音乐的兴趣。

（2）能自信、自然地演唱歌曲，乐于表达自己独特的感受和想法。

（3）增进对中国音乐文化的了解和喜爱之情。

2. 学业要求

（1）通过听故事，看视频，教师范读、范唱的方式焕发学生的情感。

（2）通过齐唱、小组演唱、独唱等形式熟练演唱歌曲《卢沟谣》。

（3）了解相关历史，观看视频资料，激发爱国情感。

（4）结合作品本身的内容和形式，采用各种方法体会歌曲蕴含的情感。

3. 教学提示

教师通过故事和视频等创设简单的情境，提出合适的问题，用范读、范唱激发学生的情感，而后引导学生以齐唱、小组演唱、独唱等形式，熟练演唱歌曲。

4. 学什么

（1）了解歌曲创作的历史背景。

（2）熟知前倚音、渐强、结束句等音乐记号。

（3）演唱歌曲《卢沟谣》。

（4）哼唱歌曲《松花江上》《长城谣》。

5. 学到什么程度

（1）能通过齐唱、小组演唱、独唱等形式，用正确的姿势和方法，自然地、自信地、有感情地演唱歌曲《卢沟谣》。

（2）随音乐轻声跟唱歌曲《松花江上》《长城谣》。

（3）听辨男女二重唱的演唱形式，并能准确划分歌曲《长城谣》的乐句。

（4）能体会歌曲中蕴含的对父老乡亲和故土的思念之情，以及誓要恢复河山的决心，激发爱国热情。

6. 怎么学

（1）学生看图片，听歌曲，通过教师介绍歌曲，感受卢沟桥的美丽景色。教师有感情地朗读第一段歌词，学生跟读歌词，读出感情。学生随钢琴伴奏演唱第一段歌词，正确运用前倚音、渐强的唱法，唱出卢沟桥的美。

（2）看图片，听歌曲，教师介绍卢沟桥事变。教师有感情地朗读第二段歌词，学生跟读。学生随钢琴伴奏演唱第二段歌词，唱出决心，唱出气概。最后的结束句唱出对祖国的美好祝愿。

（3）小组练习，唱出音乐的情感。

【单元核心概念】

责任、反思。

【单元大观念】

了解歌曲的历史背景，并用恰当的速度、力度有感情地演唱是表达爱国主义情感的方式。

【单元概念关系图】

1. 纵向分析

第一学段（1—2 年级）：在音乐体验中唤起爱党、爱国、爱家乡的情感，通过演唱歌曲，对“祖国”这个词语有一个简单的认识，如《国旗国旗真美丽》《祖国，祖国，我们爱你》。

第二学段（3—5 年级）：在与音乐作品的情感共鸣中强化爱党、爱国、爱社会主义的情感，体会中国人民不屈不挠的斗争精神，如《只怕不抵抗》《歌唱二小放牛郎》《卢沟谣》《松花江上》。

第三学段（6—7 年级）：增强爱党、爱国、爱社会主义的情感，树立乐观的态度，在具体的音乐作品中逐步加深对祖国的热爱之情，如《大中国》《在灿烂阳光下》。

第四学段（8—9 年级）：理解作品中蕴含的爱国主义、集体主义，感悟民族精神、时代精神等，增强国家认同感、归属感、责任感和使命感，如《歌唱祖国》《当兵的人》《爱我中华》《今天是你的生日，中国》。

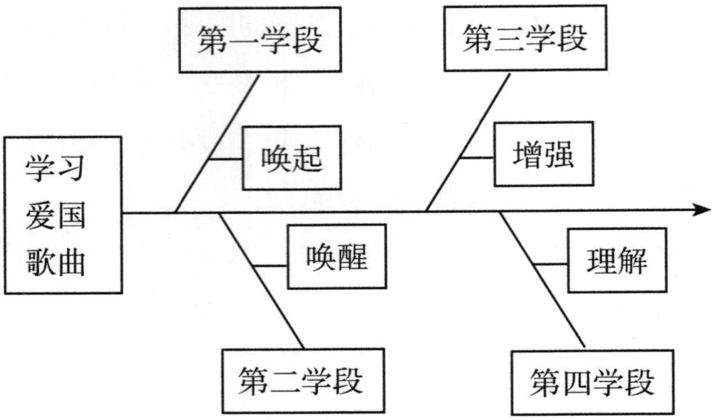

2. 横向分析

本单元由演唱和欣赏两个板块组成，分别是演唱《卢沟谣》和欣赏《松花江上》《长城谣》。通过学唱和欣赏这几首歌曲，让学生初步了解中华民族的一段历史。歌曲歌颂了中国人民在这段艰苦卓绝的历史中的斗争精神和民族意志，激发了同学们同仇敌忾的爱国热情。

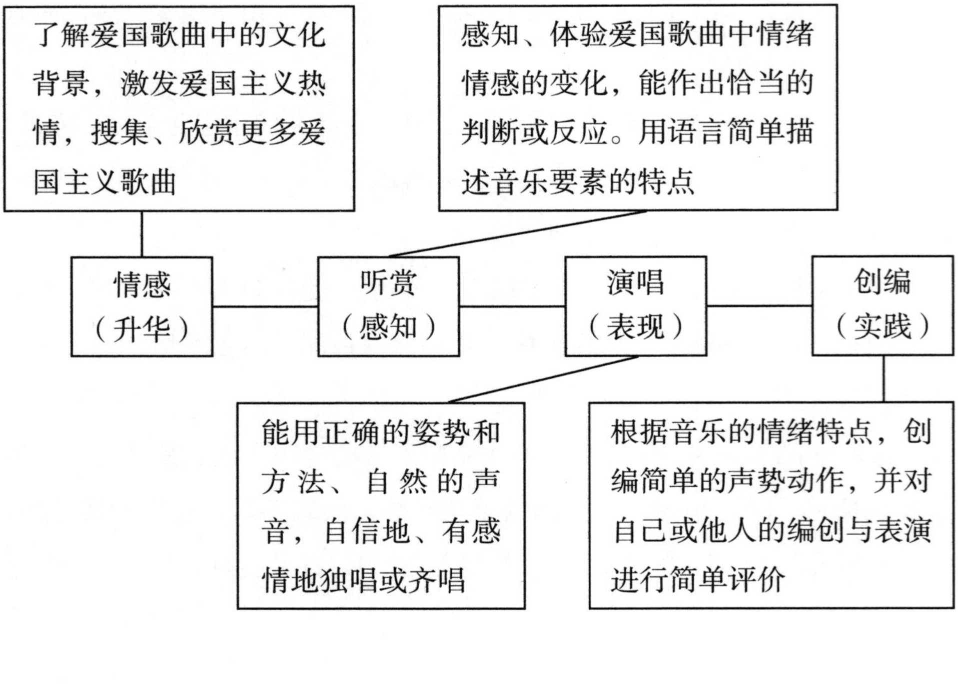

【单元学习目标】

1. 知识目标

（1）了解歌曲创作的历史背景。

（2）熟知前倚音、渐强、结束句等音乐记号。

2. 技能目标

（1）能通过齐唱、小组演唱、独唱等形式，用正确的姿势和方法，自然地、自信地、有感情地演唱歌曲《卢沟谣》。

（2）随音乐轻声跟唱歌曲《松花江上》《长城谣》。

（3）听辨男女二重唱的演唱形式，并能准确划分歌曲《长城谣》的乐句。

3. 理解目标

能体会歌曲中蕴含的对父老乡亲和故土的思念之情，以及誓要恢复河山的决心，激发爱国热情。

【单元探究性问题】

怎样才能更好地表达爱国情感？

【单元实施】

（1）通过听故事，看视频，教师范读、范唱的方式焕发学生的情感。

（2）通过齐唱、小组演唱、独唱等形式，熟练演唱歌曲《卢沟谣》。

（3）了解相关历史，观看视频资料，激发爱国情感。

（4）结合作品本身的内容形式，采用各种表现手段感知歌曲情感。

【单元评价】

1. 表现性任务一

（1）学唱歌曲《卢沟谣》第一段。

（2）评价量规。

评价标准	评价星级	自我评价
能正确地、有节奏地、自信地、有感情地齐唱歌曲第一段	☆☆☆	

续表

评价标准	评价星级	自我评价
能正确地、有节奏地齐唱歌曲第一段	☆☆	
能按节奏完整地齐唱歌曲第一段	☆	

2. 表现性任务二

（1）学唱歌曲《卢沟谣》第二段。

（2）评价量规。

评价标准	评价星级	自我评价
能正确地、有节奏地、自信地、有感情地齐唱歌曲第二段	☆☆☆	
能正确地、有节奏地齐唱歌曲第二段	☆☆	
能按节奏完整地齐唱歌曲第二段	☆	

3. 表现性任务三

（1）小组练习，唱出音乐的情感。

（2）评价量规。

评价标准	评价星级	自我评价
小组能正确地、有节奏地、自信地、有感情地演唱歌曲	☆☆☆	
小组能正确地、有节奏地演唱歌曲	☆☆	
小组能按节奏完整地演唱歌曲	☆	

六年级语文　科学精神

- 课文出处：统编版六年级下册
- 单元总课时：13—14 课时
- 设计者：李雅新、李玉洁、刘安娜、高铭尉、王宏民

【单元主题】

科学精神。

【单元解读】

本单元围绕“科学精神”的主题编排了四篇课文，有的是对自然现象的独特认识和解释，有的是对日常生活中司空见惯的现象或身边的事物展开的探究，有的则是对未来科技展开的奇特想象，呈现了人们不同的思考和探索领域。学习本单元课文时，要帮助学生重点体会用具体事例说明观点的方法，引导学生初步了解论说类文章常见的表达方法，鼓励学生不仅要敢于表达自己的观点，还要有理有据地论证观点。教学时，教师可通过精读课文的学习引导学生体会用具体事例说明观点的方法，再结合小练笔，让学生联系的生活经验迁移运用，加深认识。

【语文要素】

（1）体会文章是怎样用具体事例说明观点的。

（2）展开想象，写科幻故事。

【单元整体目标】

1. 识字与汉字

（1）认识并会写 22 个生字，会写多组词语。有较强的独立识字能力。

感受汉字的构字组词特点，体会汉字蕴含的智慧。

（2）写字姿势正确，养成良好的书写习惯。用硬笔书写楷书，行款整齐，力求美观，有一定的速度。

2. 阅读与鉴赏

（1）用普通话正确、流利、有感情地朗读课文。

（2）能联系上下文和自己的积累，推想课文中有关词句的意思，辨别词语的感情色彩，体会其表达效果。

（3）在阅读中了解文章的表达顺序，体会作者的思想感情，初步领悟文章的基本表达方法。

3. 表达与交流

（1）表达有条理，语气、语调适当。积极参与讨论，敢于发表自己的意见，说清自己的观点。能根据对象和场合，稍做准备，进行简单的发言。

（2）懂得写作是为了自我表达和与人交流。养成留心观察周围事物的习惯，有意识地丰富自己的见闻，珍视个人的独特感受，积累习作素材。

（3）能写简单的纪实作文和想象作文，内容具体，感情真实。能根据内容表达的需要，分段表述。

（4）修改自己的习作，并主动与他人交换修改，做到语句通顺，行款整齐，书写规范、整洁。

4. 梳理与探究

（1）分类整理学过的字词。发现所学汉字的形、音、义和书写的特点，发展独立识字能力和写字能力。

（2）策划简单的校园活动和社会活动，对所策划的主题进行讨论和分析，学写活动计划和活动总结。

【单元核心概念】

联系、观点。

【单元大观念】

论证一个观点，需要列举事例并按一定顺序来论证观点。

【单元概念关系图】

1. 纵向分析

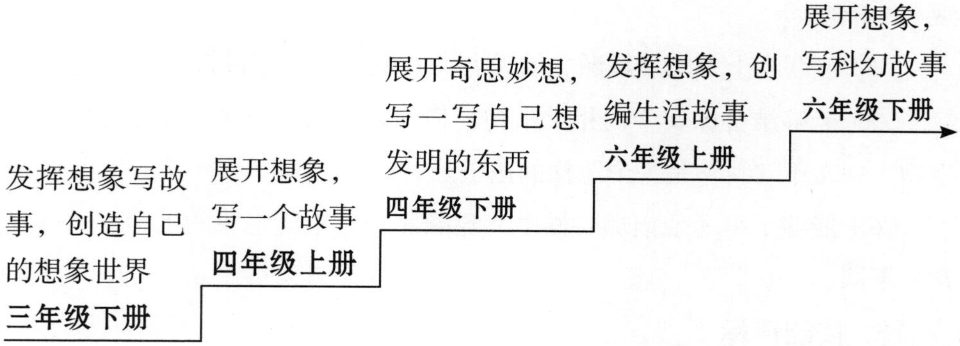

2. 横向分析

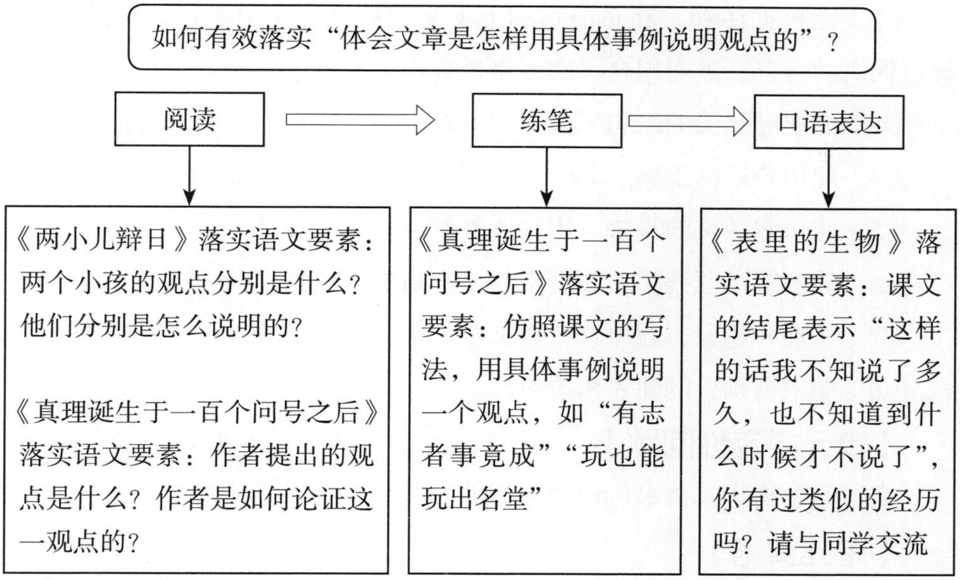

【单元学习目标】

1. 知识目标

（1）知道 22 个生字的读音。

（2）知道课文怎么用具体事例说明观点。

2. 理解目标

（1）能体会引用的好处，并在习作中尝试运用。

（2）能根据相关语句体会人物形象，感受探索精神。

（3）能了解《两小儿辩日》中两个小孩各自的观点，并知道他们各自观点的依据。

（4）能联系上下文理解课文的观点，并说出自己受到的启发。

（5）能够结合课文中的相关语句，借助人物描写方法，体会《表里的生物》一文中“我”是一个怎样的孩子。

（6）能够了解《他们那时候多有趣啊》一文中所想象的上学方式与现在的不同。

3. 技能目标

（1）能够认读22个生字的读音，会写22个生字并组词，会写多组词语。

（2）能根据注释，联系旧知和上下文理解文言文里学过的字的意思，推想词语的意思，进而用自己的话概括故事的内容。

（3）能通过抓关键语句来概括文中事例，了解每一个事例的表达顺序。

（4）能用普通话正确、流利、有感情地朗读课文，背诵《文言文二则》。

（5）能仿照课文的写法，用具体事例说明一个观点。

（6）能围绕辩题搜集、整理资料，清晰地表达自己的观点。

（7）能展开想象，写出奇特而又令人信服的科幻故事。

（8）能根据别人的建议修改习作。

【单元探究性问题】

文章是怎样用具体事例说明观点的？

【单元实施】

1. 字词基础

通过自学、小组交流、教师点评，借助字典、词典，认识22个生字并正确认读；会写22个生字，能正确拼读并组词，能按笔顺正确书写，注意汉字的间架结构；会写多组词语，并能在具体语境中正确运用。

学法指导：

①学生借助拼音、字典、词典，自主学习。

②同桌、小组交流讨论，纠正错误读音及错误书写。

③教师点评，强调易错点，总结巩固相关知识。

④学生在具体情境中自主、灵活运用相关知识。

2. 落实语文要素，学习文章如何用事例论证观点

（1）了解故事内容，明白《两小儿辩日》中两个小孩的观点各是什么，懂得他们是怎样说明自己的观点的。

学法指导：

①自由朗读课文，借助表格，从文中找出两个小孩各自的观点和理由。

②小组分角色朗读课文，读出辩论语气。小组内交流，两个小孩分别是从哪个角度来表达自己的观点的。

（2）说说《真理诞生于一百个问号之后》这篇课文的作者为了证明自己的观点，列举了哪几个事例，每个事例是按怎样的顺序写的。

学法指导：

①默读第3—5自然段。

②小组讨论，填写表格，找到三个事例的共同点。

（3）拓展运用，迁移写法。仿照课文《真理诞生于一百个问号之后》的写法，用具体事例说明一个观点，如“有志者事竟成”“玩也能玩出名堂”。

学法指导：

①确定自己想要说明的观点。

②拆分观点，给观点下定义。

③围绕观点选取合适的事例。

④按照一定顺序用事例说明观点。

3. 品读文句，交流感受

（1）理解《学弈》中蕴含的道理。

学法指导：

①自读课文，找出两人最终的学习结果。

②再读课文，找出造成两人学习结果不同的原因。

③情境朗读，揭示道理。（结合课本中的插图，边读边想象。两人在学习中截然不同的表现，导致了完全不同的结果，这带给你什么启发？）

（2）说说你从《真理诞生于一百个问号之后》中受到的启发，感悟科学精神。

学法指导：

①回顾本课学习内容。

②默读课文，找出文中含有启示的相关语句，在文中画出来。

③说一说你感受到的科学精神，并谈一谈受到的启发。

（3）能结合课文中的相关语句，说出《表里的生物》一文中“我”是一个怎样的孩子。

学法指导：

①默读课文，找出描写“我”的相关语句（人物语言、动作、神态、心理描写），圈画出关键词。

②朗读圈画出的句子，并将它们联系起来思考，全面、深入地感受“我”是一个怎样的孩子。

【单元评价】

1. 表现性任务

（1）题目出示。

小练笔：仿照课文的写法，用具体事例说明一个观点，如“有志者事竟成”“玩也能玩出名堂”。

（2）写法指导。

①确定自己想要说明的观点。

②拆分观点，给观点下定义。

③围绕观点选取合适的事例。

④按照一定顺序用事例说明观点。

（3）小练笔。（两个观点任选其一即可。）

①有志者事竟成。

志：

成：

有志者事竟成：

事例	人物志向	努力过程	结果
事例一			
事例二			
事例三			

②玩也能玩出名堂。

玩：

名堂：

玩也能玩出名堂：

事例	玩什么	怎么玩	名堂
事例一			
事例二			
事例三			

2. 评价量规

评价标准	评价星级	自我评价
在以上标准的基础上，语言流畅，表述准确	☆☆☆	
具体事例的叙述有一定顺序	☆☆	
选取事例与观点一致，能够说明观点	☆	

六年级数学　扇形统计图

- 课文出处：青岛版六年级下册
- 单元总课时：4 课时
- 设计者：桑可、王萌、王海瑛

【单元主题】

扇形统计图的结构特点。

【单元解读】

学生此前已经学习了常见的收集与整理数据的方法，认识了统计表、条形统计图和折线统计图，能对简单数据进行分析和解释。在此基础上，学生学好扇形统计图，可以进一步了解一些常用的描述数据的方法，体会数据分析的一般过程，获得丰富的统计活动经验，发展数据分析观念，基本完成第一、第二学段“统计与概率”的学习任务。

本单元的教学重点是认识扇形统计图的结构特点，能根据扇形统计图对数据进行一些简单分析，提出或解决一些实际问题。教学难点是能根据数据的特点以及解决问题的需要，选择合适的描述数据的方法，能对简单数据进行合理的分析和解释。

【单元整体目标】

结合《义务教育数学课程标准（2022 年版）》，教师分别从内容要求、学业要求、教学提示等方面，分析与本单元相关的信息。

1. 内容要求

（1）认识扇形统计图。

（2）结合具体情境，探索百分数的意义，能解决与百分数有关的实际问题，感受百分数的统计意义。

（3）在简单的实际情境中，应用统计图表或百分数，形成数据意识和初步的应用意识。

2. 学业要求

（1）知道扇形统计图的功能，会解释扇形统计图表达的意义，能根据结果作出简单的判断和预测。

（2）能在真实情境中理解百分数的统计意义，解决与百分数有关的简单问题。

（3）能在认识及应用统计图表和百分数的过程中，形成数据意识，发展应用意识。

3. 教学提示

建议教师利用现实问题中的随机数据引入百分数的学习，帮助学生了解百分数的统计意义。引导学生了解扇形统计图可以更好地表达和理解百分数，体会百分数中部分与整体的关系。

4. 学什么

认识扇形统计图主要是指了解扇形统计图的意义、特点及作用。扇形统计图用整个圆表示总数，用圆内大小不同的扇形表示各部分占总数的百分比。扇形统计图可以清楚地表示各部分数量与总数量之间的关系。

5. 学到什么程度

（1）学生能读懂扇形统计图并能从中获取必要信息。

（2）学生能根据需要，结合不同统计图的特点，选择合适的统计图来进行数据描述和分析。

（3）学生能根据统计图呈现的信息作出简单的判断和预测。

6. 怎么学

（1）本单元主要通过创设“汇报金牌情况”的真实情境，引导学生扮演中国体育代表团的团长，汇报奥运会奖牌情况，在此过程中提出本单元促进探究和理解的探究性问题。

（2）通过收集信息、分类整理信息、观察比较等活动，探究扇形统计图的意义、功能及其与条形统计图、折线统计图的不同点。

（3）教师设置不同情境，如“想知道中国代表团在第 27—30 届奥运会金牌数”“想知道第 27—30 届奥运会中美两国金牌变化情况”，以及“第 30 届奥运会中国获得金、银、铜牌数量与金牌总数的关系”，学生能根据需要，结合不同统计图的特点，选择合适的统计图进行数据描述和分析。

【单元核心概念】

形式、功能、原因、联系、反思。

【单元大观念】

根据问题背景，选择合适的统计方法。

【单元概念关系图】

1. 纵向分析

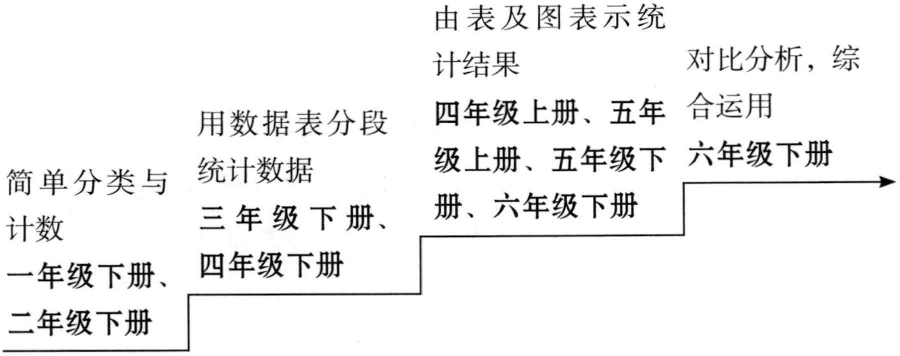

已经学过的相关内容	本单元的主要内容	后续学习的相关内容
·简单数据的收集与整理 ·统计表 ·条形统计图 ·折线统计图 ·圆和扇形的认识（六年级上册） ·百分数的意义（六年级上册）	·认识扇形统计图 ·选择统计图描述数据	·数据的收集、整理与描述（第三学段）

2. 单元学习纵向分析

本单元学习可分为四个阶段。

第一阶段：根据给定的标准或者自己选定的标准，对具体事物或数据进行分类，感受分类与标准的关系。

第二阶段：①经历简单的数据收集和整理过程，并运用自己的方式（文字、图画、表格等）呈现数据整理的结果。②简单分析数据，感受数据蕴含的信息。

第三阶段：这一阶段学生要经历完整的数据整理过程，并学会使用这些方法。①经历简单的收集、整理、描述和分析数据的过程，能根据实际问题设计简单的调查表，选择适当的方法（如调查、试验、测量）收集数据。②认识条形统计图、扇形统计图、折线统计图，能根据分析问题的需要，选择适当的统计图。③能从报纸、杂志、电视等媒体中，有意识地获得数据信息，并能读懂简单的统计图表。

第四阶段：针对具体的案例，选择合适的统计图表进行分析。

【学情分析】

我们根据前测题、测试结果统计和测试结果分析进行学情分析。

1. 前测题

（1）条形统计图的特点有哪些？

（2）折线统计图的特点有哪些？

（3）你知道扇形统计图吗？它是什么样子的？你认为它有什么特点？

2. 测试结果统计

根据以上问题对本班 36 人进行前测，测试结果统计如下。

题号	占比情况	具体情况分析
1 题	19%（7 人）	能大体描述条形统计图的样子，但不能说出主要特点
	81%（29 人）	能够精准描述出条形统计图的主要特点
2 题	6%（2 人）	能大体描述折线统计图的样子，但不能说出主要特点
	94%（34 人）	能够精准描述出折线统计图的主要特点
3 题	78%（28 人）	只能说出扇形统计图大体的样子，无法说出扇形统计图的功能和特点
	22%（8 人）	既能说出扇形统计图的样子，也能大体说出扇形统计图的功能和特点

3. 测试结果分析

学习本单元前，学生已经具备了一定的统计知识，掌握了百分数的相关知识，认识了扇形。这两方面的内容为学生学习本单元知识打下了坚实的基础。但在教学过程中仍存在一些困难。

（1）对于条形统计图的特点和折线统计图的特点多有遗忘，需要对照具体情境具体分析，复习条形统计图和折线统计图的特点。

（2）少数学生只能简单描述扇形统计图的样子，不能说出主要特点。

【单元学习目标】

1. 知识目标

（1）知道扇形统计图的意义。

（2）知道扇形统计图的作用。

（3）知道统计表、条形统计图、折线统计图和扇形统计图不同的特点和作用。

2. 技能目标

（1）能读懂扇形统计图并能从中获取必要信息。

（2）能根据需要，结合不同统计图的特点，选择合适的统计图进行数据描述和分析。

3. 理解目标

（1）理解扇形统计图是数据表达与应用的一种图表形式，反映的是部分数量和总数的百分比关系。

（2）理解统计是科学研究中一种常用的方法，通过对数据的整理分析能发现数据中蕴含的信息。同样的数据可以有多种分析方法，需要根据问题的背景选择合适的分析方法，合适的方法就是好的。

4. 关键能力

数据分析、推理能力、模型思想、数形结合、应用意识。

5. 必备品格

专注、有序、勤奋、团结。

【核心素养】

1. 数据分析观念

数据分析是统计的核心。明白要解决现实生活中的许多问题，应先做调查研究，收集数据，然后通过分析作出判断，从而体会扇形统计图中蕴含的信息；了解对于同样的数据可以有多种分析方法，需要根据问题背景选择合适的统计图；通过数据分析体验随机性。

2. 推理能力

推理能力的发展应贯穿整个数学学习的过程。学生在选择合适的统计图时锻炼了推理能力。

3. 模型思想

建立模型思想是学生体会和理解数学与外部世界联系的基本途径。在本单元中，应用意识的培养应贯穿全过程。

【单元探究性问题】

（1）简单描述什么是扇形统计图。

（2）观察扇形统计图，说出扇形统计图中的信息。

（3）观察条形统计图和扇形统计图，对比两者的特点，说出自己的发现。

（4）根据具体的情境，选择合适的统计方法。

（5）你能补充完整条形统计图、折线统计图和扇形统计图吗？

【单元实施】

（1）该单元最终的任务可以表述为安排学生扮演中国体育代表团的团长，根据不同的要求，选择合适的统计方式汇报奥运会奖牌情况。

（2）学生将满足教师不同的需求，选择合适的统计方式进行汇报。

（3）教师介绍真实性表现型任务，学生以小组为单位，选择合适的统计方法，确定汇报的方式。

（4）学生以小组为单位提出本单元要研究的问题，确定本单元的探究性问题和理解性问题。

（5）通过参考课本中的概念及观察扇形统计图，解释什么是扇形统计图，并说出扇形统计图中的信息。

（6）学生通过观察、对比条形统计图和扇形统计图的特点，说出自己的发现，进而梳理、总结扇形统计图中每个扇形与整圆的关系。

（7）学生根据教师给定的不同情境，选择合适的统计方法，并说出选择的理由。

（8）学生回顾、梳理统计方法的选择过程，能够准确、完整地完成单元作业单，内容符合单元要求。

【单元评价】

1. 表现性任务

第30届奥运会上，中国的体育健儿获得了优异的成绩。假设你是中国体育代表团的团长，请你汇报第27—30届奥运会中国体育代表团获得奖牌的情况。你能根据各类需求，选择合适的统计方式吗？

第30届奥运会中国体育代表团金牌榜

金牌序号	得主	项目		金牌序号	得主	项目	
1	易思玲	射击	女子10米气步枪	14	罗玉通、秦凯	跳水	男子双人3米跳板
2	王明娟	举重	女子48公斤级	15	李晓霞	乒乓球	女子单打
3	孙杨	游泳	男子400米自由泳	16	吕小军	举重	男子77公斤级
4	叶诗文	游泳	女子400米个人混合泳	17	焦刘洋	游泳	女子200米蝶泳
5	郭文珺	射击	女子10米气手枪	18	张继科	乒乓球	男子单打
6	何姿、吴敏霞	跳水	女子双人3米跳板	19	董栋	蹦床	男子
7	曹缘、张雁全	跳水	男子双人10米跳台	20	张楠、赵芸蕾	羽毛球	混合双打
8	李雪英	举重	女子58公斤级	21	李雪芮	羽毛球	女子单打
9	陈一冰、冯喆等	竞技体操	男子团体	22	田卿、赵芸蕾	羽毛球	女子双打
10	陈若琳、汪皓	跳水	女子双人10米跳台	23	陈定	田径	男子20公里竞走
11	雷声	击剑	男子花剑个人	24	孙杨	游泳	男子1500米自由泳
12	叶诗文	游泳	女子200米个人混合泳	25	李娜、骆晓娟等	击剑	女子重剑团体
13	林清峰	举重	男子69公斤级	26	林丹	羽毛球	男子单打

续表

金牌序号	得主	项目		金牌序号	得主	项目	
27	邹凯	竞技体操	男子自由体操	34	李晓霞、郭跃等	乒乓球	女子团体
28	蔡赟、傅海峰	羽毛球	男子双打	35	吴静钰	跆拳道	女子 49 公斤级
29	周璐璐	举重	女子 75 公斤级	36	张继科、马龙等	乒乓球	男子团体
30	吴敏霞	跳水	女子单人 3 米跳板	37	陈若琳	跳水	女子单人 10 米跳台
31	徐莉佳	帆船激光镭迪尔级	女子单人艇	38	邹市明	拳击	男子轻量级 49 公斤级
32	冯喆	竞技体操	男子双杠	39	切阳什姐	田径	女子 20 公里竞走
33	邓琳琳	竞技体操	女子平衡木				

第 27 届奥运会奖牌榜

国家	金牌	银牌	铜牌	总计
美国	39	25	33	97
俄罗斯	32	28	28	88
中国	28	16	15	59
澳大利亚	16	25	17	58

第 28 届奥运会奖牌榜

国家	金牌	银牌	铜牌	总计
美国	35	40	26	101
中国	32	17	14	63
俄罗斯	28	26	37	91
澳大利亚	17	16	17	50

第 29 届奥运会奖牌榜

国家	金牌	银牌	铜牌	总计
中国	51	21	28	100
美国	36	38	36	110
俄罗斯	23	21	28	72
英国	19	13	15	47

第 30 届奥运会奖牌榜

国家	金牌	银牌	铜牌	总计
美国	46	29	29	104
中国	38	27	23	88
英国	29	17	19	65
俄罗斯	24	25	33	82

2. 评价量规

基本问题	自主评价学习目标	单元起始课	探究课 1	探究课 2	单元整理课
认识扇形统计图	能按照收集数据—整理数据—分析数据的过程，制订汇报方式，内容符合表现性任务				

续表

基本问题	自主评价学习目标	单元起始课	探究课 1	探究课 2	单元整理课
认识扇形统计图	既能提出探究性问题，也能提出礼节性问题				
	知道什么是扇形统计图				
	能说出扇形统计图的圆和扇形各表示什么				
	能说出扇形统计图中的信息				
	知道扇形统计图中的百分比是怎么求的				
	能说出扇形统计图中每个扇形和圆的关系				
综合运用统计知识解决问题	知道条形统计图的特点				
	知道折线统计图的特点				
	知道扇形统计图的特点				
	能根据不同的情境，选出合适的统计方法				
	能绘制出或补充完整条形统计图、折线统计图和扇形统计图				
	能够准确完成单元作业单且内容完整				

评价等级：A. 能做到；B. 不太确定；C. 不能做到。

* 第二编 *

单课教学设计（课堂实录）案例

一年级语文　动物儿歌

【学习目标】

1. 知识目标

认识“蜻”“蜓”等12个二类字，知道“间”“迷”等7个字的读音、偏旁、间架结构和笔顺。

2. 技能目标

正确、流利、有节奏地朗读儿歌，并在熟读儿歌的基础上，联系教材中的彩图和生活经验，读准字音。

3. 理解目标

了解小动物的部分生活习性，产生观察小动物、了解小动物的兴趣。

【评价任务】

（1）通过整体识字、归类识字、熟字加偏旁等识字方法，准确识记12个二类字。通过学习半包围结构、生字结构及书写规则，正确书写5个半包围结构生字，规范书写7个生字。

（2）通过多种朗读方式，如你问我答、对读、生生合作、师生合作等方式，将课文朗读正确，读出韵味，读出趣味。

（3）通过图文对照、动作表演、展开想象等方法，理解儿歌，感受动物的特点，说出动物的习性，对其产生一定的兴趣。

【学习过程】

1. 课前预习

（1）数数课文一共有几个小节，用铅笔标上序号。

（2）读准生字音。借助拼音准确认读课后二类字，多读几遍。

（3）读通、读顺课文。课文最少读三遍，读到正确、流利为止。

（4）学生提前观察生活中常见的、容易接触到的小动物，如蚂蚁、蜘蛛、知了、麻雀，并在安全范围内，了解它们的生活习性。

2. 课中学习

任务一：初读课文，认读生字

（1）我能把课文读好，做到读准字音，读通句子。

（2）这些词语我会读。

蜻蜓　迷路　蚂蚁　食粮　打造　干粮　藏书　食品　上网　捉迷藏　造宫殿　蜘蛛网

①同桌互读互评。

②“开火车”认读词语。

（3）评价量规。

评价标准	评价星级	自我评价	同桌互评
正确、流利地朗读课文，准确、流利地认读词语	☆☆☆		
可以借助拼音独立朗读课文，可以借助拼音认读词语	☆☆		
课文朗读不流利，词语朗读不通畅	☆		

（4）这些词语我会写。

时间　中间　迷人　入迷　造字　运动　水池　欢乐　上网　运用　欢快　造句

①与同桌交流每个字在书写时要注意什么。

②为强化巩固，请挑选几个词语写一写。

③教师实物投影学生作业，引导学生讨论、评议：你觉得哪些字写得好？好在哪里？哪些地方还要改进？

④这些词语我会写。

任务二：语境识字，诵读儿歌

（1）采用多种形式朗读课文，自主汇报读书的快乐感受。

①通读课文，自主画出 6 种动物，即“蜻蜓”“蝴蝶”“蚯蚓”“蚂蚁”“蝌

蚪”“蜘蛛”。

②通读课文，用符号标出表示地点的词语，即“半空”“花间”“土里”“地上”“池中”“房前”，并进行交流汇报。

③自主读课文，并与同桌交流表示动物活动的词语，即“展翅飞”“捉迷藏”“造宫殿”“运食粮”“游得欢”“结网忙”。

④同学们表演动作，展开想象：蝴蝶在花丛中飞来飞去就像小朋友在玩捉迷藏；把蚯蚓想象成建筑师，感受蚯蚓的勤劳；等等。

（2）词语对对碰。

学生手持词语卡片，分组展开游戏活动，最快的小组获胜，得到背诵课文的展示机会。如：词卡“蜻蜓”“半空”“展翅飞”是一组好朋友。

（3）课文内容连线。

蜻蜓	花间	捉迷藏
蝴蝶	半空	展翅飞
蚯蚓	地上	造宫殿
蚂蚁	土里	运食粮
蝌蚪	房前	游得欢
蜘蛛	池中	结网忙

任务三：实践活动，了解小动物

（1）观察

学生在预习过程中收集资料，集体分享图片，同学们仔细观察，了解小动物的外观特点，培养观察小动物的兴趣。

（2）介绍

把观察到的小动物的生活习性讲给同学们听，在倾听和交流中，加深对小动物习性的认识。

（3）编儿歌

通过观察，模仿“谁在哪里干什么”的句式，再编几句儿歌，读给同学们听。

（4）评价量规

评价标准	评价星级	自我评价
能够熟练、有节奏地背诵全文	☆☆☆	
充分了解小动物及其习性，能够准确连线	☆☆☆	
能够准确认读生字词语，并正确书写	☆☆☆	

小结：本课学习、了解了6种小动物的名称和生活习性。这些动物的名字都是带有虫字旁的生字，左形右声，左边的虫字旁表义，右边的部件表音，可通过归类识字来发现形声字的规律，提高识字效率。

【检测与作业】

（1）集体听写本课生字词语。

（2）流利背诵本课课文。

（3）说出不同小动物的生活习性。

（4）课文内容我能背，课文生字我会认。

________展翅　　________飞舞　　________松土

________搬家　　________游水　　________结网

【学后反思】

学生通过学习本课，更清晰地认识到形声字左形右声的造字方法，这为今后的自主阅读与理解带来很大的便利。以后针对此类不认识的字，学生可以采用读一读、猜一猜的方式，再联系上下文进行自主识字，自主阅读。

本课出现了6种小动物，学生通过充分朗读课文、角色扮演、你问我答等方式，明确了不同小动物的习性，能说出它们的生活方式，表现出对大自然的热爱。

一年级语文　古对今

【学习目标】

1. 知识目标

（1）会读会认“圆”“严”“寒”“酷”等12个二类字。

（2）能指出“古”“凉”“细”“夕”等7个字的读音、笔顺、间架结构、组词，并正确书写。

（3）了解“晨”“暮”“和风”“细雨”等词的意思，积累由课文延伸出来的“和风细雨”“鸟语花香”“夕阳”等7个词语的意思。根据文中插图理解儿歌内容。

（4）学生想象韵歌中描绘的画面，知道四季轮回、昼夜交替、万物生长的规律，感受自然之美、生命之美。

2. 理解目标

（1）认识常用汉字，掌握汉字的基本笔画和常用的偏旁部首，能用硬笔按笔顺规则书写，注意间架结构。

（2）结合上下文和生活实际，了解课文中词句的意思，在阅读中积累词语。借助读物中的图画阅读。

（3）诵读儿歌、儿童诗和浅近的古诗，展开想象，获得初步的情感体验，感受语言的优美。

【评价任务】

（1）通过看图、教师范读、借助拼音拼读等活动，学生能够准确说出12个二类字的读音；通过观察字形、交流、书空、范写等手段，学生能够准确地说出7个生字的字形、间架结构、笔顺及部首，并正确书写。

（2）学生通过音频范读，师生、生生之间配合读，男女生读，小组合作读，拍手读等方式，读准句子的节奏，注意停顿，实现朗读课文时不丢字、不添字、读音准确。

（3）学生通过反复诵读、观看教师出示的图片和视频、讲解近义词、联系生活等方式，理解课文中“晨”“暮”“和风”“细雨”等词的意思，积累“夕阳”“严寒”“朝霞”等7个词语，感受自然之美。

（4）学生通过图文对照、联系生活的方式，知道四季轮回、昼夜交替、万物生长的规律，读出节奏和谐、音韵和谐的韵味，表达对大自然的喜爱之情。

【学习过程】

任务一：初读课文，认读字词

（1）我能把课文读好，争取做到读准字音，读通句子。

（2）这些字我会读。

圆　严　寒　酷　暑　凉　晨　细　朝　霞　夕　杨

①读给同桌听，请同桌评价。

②小组认读词语。

（3）这些词语我会写。

古老　冰凉　细心　夕阳　姓李　语文　香气

①与同桌交流容易写错的字。

②小组交流彼此不理解的词语。

③这几个词语容易写错，我再写一写。

任务二：整体感知，梳理结构

（1）自由朗读课文，根据文中插图理解儿歌内容。

（2）全班交流。

（3）借助关键词，说一说课文用了哪几个词语来写自然之美和四季之美。

任务三：理解关键语句

（1）有感情地朗读第2小节，读出自然之美的特点，互相交流评价。

（2）比较阅读第2、第3小节，读出自然之美与生命之美，学生互评。

（3）有感情地朗读。

（4）全班展示交流。

（5）说说从朗读中你感受到了什么。

（6）评价量规。

评价标准	评价星级	自我评价
朗读课文不添字，不漏字，读音准确，读好轻声词语，学会停顿，语速得当，读好节奏与韵味	☆☆☆	
朗读课文不添字，不漏字，读音准确，读好轻声词语，学会停顿，语速得当	☆☆	
朗读课文不添字，不漏字，读音准确，语速得当	☆	

任务四：拓展练习

小组交流：你知道四季轮回、昼夜交替、万物生长的规律吗？

小结：识字是本单元的教学重点，本节课运用多种方法识字，例如汉语拼音、结合插图、联系生活经验等。学生采用对韵歌的形式识字，通过联系生活经验想象四季美景，感受自然之美。

【检测与作业】

（1）同桌互相听写课文中的生字词。

（2）读一读，记一记。

和风细雨　夕阳　严寒　鸟语花香　朝霞　古今　酷暑

（3）有感情地读出自然之美与生命之美，分享自己朗读后的感受，学生互评。

【学后反思】

本节课力争使识字教学呈现趣味性和文化性。

（1）从“识字”到“方法”，形态灵活，妙趣横生。针对本课生字较多的特点，教学中把汉字按照结构分类梳理，采用编字歌、猜字谜、加一加、换一换、编故事等丰富多彩的识字方法，引领学生遨游汉字的美妙世界。这样既使学生习得了识字方法，又激发了学生学习汉字的兴趣。

（2）从“学文”到“传承”，且学且放且渗透。依据文本的特点，在初读基础上引导学生自主发现每句中都含有“对”字，并以此为节点，要求他们画出每句中相对的词。这样，在师生的交流中，学生可以很快发现文本的特点，并依据特点大胆寻找文中相对的词语，渗透“对子”这一传统文化形式，感受中华文化的博大精深，汲取中华民族的文化智慧。

一年级语文　操场上

【学习目标】

1. 知识目标

借助汉语拼音、课文插图和生活经验，认识课文中“操”“场”等 12 个二类字和火字旁 1 个偏旁，会写“打”“拍”等 7 个字，写好足字旁。

2. 理解目标

通过对应插图、联系生活实际等方法，了解文中的各项体育活动。

3. 技能目标

朗读课文要灵活运用对读等多种方式，正确、流利、有节奏地朗读儿歌。

【评价任务】

（1）能够读准字音，充分利用已有的识字经验，采取多种方式识记生字。规范书写 7 个字，注意字的结构及书写规则。

（2）学习与体育活动有关的词语，上台做一做。观察说出“打”“拔”“拍”都是提手旁，这些动作与手有关;“跳”“跑”“踢”都是足字旁，这些动作与脚有关。

（3）能够正确朗读课文，读准字音，注意轻声和停顿，读出节奏，读出韵味。

（4）讨论交流自己喜欢的体育活动，制作打卡卡片，坚持每天运动，养成热爱运动、锻炼身体的好习惯。

【学习过程】

任务一：初读课文，认读生字

（1）我能把课文读好，做到读准字音，读通句子。

（2）这些词语我会读。

操场　拔河　拍皮球　跑步　踢足球　铃声　热闹　锻炼　身体

①读给同桌听，请同桌评价。

②小组互读。

（3）这些词语我会写。

打听　快跑　声音　拍打　立足　身体

①小组交流不理解的词语。

②教师提示："声"上面的是"士"不是"土"，"身"第六笔右边不出头，"足"最后一笔是捺。

任务二：朗读课文，整体感知，了解文中体育活动

（1）在课文中找出带有提手旁和足字旁的字，并圈起来。

（2）表演相应的动作，边做边说出这些字和什么有关。

任务三：准确朗读课文，读好轻声词语，有节奏地读好句子

（1）读词语时注意字的连贯，不要一字一顿。读好两处轻声"下课了（le）"和"热闹（nao）"。

（2）读好句子的停顿：跳绳 / 踢毽 / 丢沙包，天天锻炼 / 身体好。

（3）小组互读，同学展示读。

（4）评价量规。

评价标准	评价星级	自我评价
朗读课文不添字漏字，读音准确，语速得当，能读好轻声词，读好停顿，读出节奏和韵味	☆☆☆	
朗读课文不添字漏字，读音准确，能读好轻声词，语速得当，读好停顿	☆☆	
朗读课文不添字漏字，读音准确，语速得当	☆	

任务四：交流讨论你喜欢的体育活动

（1）积极参加体育活动对我们的身体有什么好处？

（2）你喜欢什么体育活动？和同学说一说。

教师提前准备课外体育活动词语卡片，如"扔沙包""踢毽子""跳绳”“跨栏”，并在学生说到时出示词卡让学生认读，最后让学生给词卡分类。

小结：识字是本单元的教学重点。本节课运用多种方法识字，例如汉语拼音、结合插图、联系生活经验等，引导学生总结概括词语中的动词，带提手旁的和手有关，带足字旁的和脚有关。在字形教学上以整体识记为主，采用多种方式灵活识记生字，如熟字加偏旁、偏旁归类、形声字规律等，让学生在新的语境中巩固识记生字。

【检测与作业】

（1）正确拼写课文中的生字。

（2）同桌合作。一个说词语，一个准确表演相应动作。然后，说一说与手有关的动词短语和与脚有关的动词短语。

（3）同桌对读儿歌。

（4）小组分享自己最喜欢的体育活动。

【学后反思】

（1）充分利用教材优势，让学生在轻松自由的氛围中愉快地学习。

教学时，教师先让学生说说自己平时喜欢做什么体育活动，学生的积极性马上就被调动起来了，他们争着发言，都想分享自己喜欢的体育活动。这时教师让学生观察课文插图上的小朋友在操场上做什么，学生边说边学习了词语。这就把观察图画、认识事物、学习汉字有机地结合了起来。这个过程有效地激发了学生的学习兴趣，使学生在轻松自由的学习氛围中愉快地学习。

（2）重视学生的自主发展，在教学中创设自主学习的时间，学生在自主合作、探究中快乐识字。

一是合作识字，体验乐趣。合作识字就是指学生在小组学习、同伴相互学习中识字。在教学中，教师让学生同桌组成学习小组，交流自学情况。这样既让学生学得快乐，记得轻松，又让学生体验到与同伴合作的乐趣。

二是探究识字，培养能力。探究识字就是在识字过程中让学生自主识字，寻找汉字的规律，培养自主认字能力。在教学时，教师根据教材特点让学生做“打球”“拔河”“拍皮球”“跳高”“跑步”“踢足球”等动作。学生在实践中发现“打”“拔”“拍”这些动作是跟手有关的，所以用了提手旁；而“跳”“跑”这些动作是跟脚有关的，所以用了足字旁。学生在学习的过程中不断发现问题，找出解决问题的办法，这样既培养了学生观察、分析、解决问题的能力，又提高了学生的识字效率，增强了学生的自信心。

一年级语文　人之初

【学习目标】

1. 知识目标

正确认读本课“之”“初”等13个二类字，会写“相”“近”等7个生字。

2. 理解目标

①正确、流利地朗读原文，熟读成诵，积累语言，感受儒学经典，弘扬民族文化。

②明白读书学习对人生的重要性，要打好坚实的知识根基，长大以后才能为社会作出贡献。

【评价任务】

（1）能正确认读本课生字词，正确书写7个生字，并能正确默写。能正确、流利、有感情地朗读课文，做到读准字音，不漏字添字，语速合理。

（2）能借助关键词，通过小组交流、师生对话，正确、流利地朗读原文，熟读成诵，积累语言。

（3）能在小组探讨的基础上，结合自己的生活经验，用自己的话说说课文的含义。

（4）通过学习本课，学生能明白读书学习对人生的重要性。

【学习过程】

任务一：初读课文，认读字词

（1）我能把课文熟读成诵，读准字音，读通句子，并熟练地背诵课文。

（2）这些字我会读。

之　初　性　善　习　教　迁　贵　专　幼　玉　器　义

①读给同桌听，请同桌评价。

②小组认读字词。

（3）这些生字我会写。

之　相　近　习　远　玉　义

①和同桌交流容易写错的字。

②小组交流彼此不理解的词语。

③这几个生字容易写错，我再写一写。

任务二：整体感知，梳理结构

（1）先学后教，理解第一节韵文大意。

①多媒体出示第一节内容，学生朗读理解。

A. 同桌一人一句对读。要求注意字音，读得流利、标准。

B. 选择喜欢的句子，与同伴交流自己的理解。

②教师口述韵文大意，学生认真听。

③拓展《孟母三迁》的故事。

（2）先教后学，理解第二节韵文大意。

①引导学生采用多种形式朗读第二节。（例如，师生对读，拍手读，齐读等。）

②多媒体出示第一句，抓关键词，引导学生理解意思。

A. 在“幼不学，老何为”中，请你找出一组反义词。

B. “幼不学，老何为”的意思是：小时候不好好学习，长大以后不懂做人的道理，又没有知识，能有什么用？小朋友们，读了这一句，你明白了什么？

③多媒体出示第二句，结合图片理解意思。

A. 教师出示玉石和玉器的图片，理解“玉不琢，不成器”的意思是指玉石不经过打磨雕琢，就不能成为精美的玉器。

B. 请你和同桌一起说说这一句的完整意思。

（3）齐读课文，并试着背诵课文。

（4）评价量规。

评价标准	评价星级	自我评价
能深刻意识到读书、学习的重要性，懂得做人的道理	☆☆☆	
能理解课文含义，选择自己喜欢的句子交流，说出自己的理解	☆☆	
能熟读课后字词、课文，并背诵课文	☆	

小结：识字是本单元的教学重点。本节课通过汉语拼音、结合插图、联系生活经验等方法来识字。学生通过反复朗读与理解课文来识字，在学习的过程中，明白读书学习的重要意义。

【检测与作业】

（1）同桌互相听写课文中的生字词。

（2）这节课你有什么收获？聪明的小朋友们回家给爸爸妈妈背诵这篇课文吧！比一比谁背诵的内容最多。

（3）读一读，记一记。

初始　初夏　天性　性格　专心　专门　善良　友善

【学后反思】

教师在教学中将识字与读文作为教学重点，把朗诵与理解视为难点，并将两者结合起来，借助多媒体巧妙地降低学生学习的难度，激发了学生的学习兴趣。

教师将学生的识字愿望与课程标准理念结合，引导学生学习独立识字，获得识字的丰富体验。因为学生对这篇《人之初》都很熟悉，平时背得滚瓜烂熟，所以读起来都很流利，这节课以朗读和理解意思为主。开课时，通过复习生字导入，将学生的兴趣和注意力完全集中在识字和朗读上，达到事半功倍的教学效果。在低年级学习中，理解文本大意虽然不是重点，但是适当理解文本，感悟传统文化魅力是十分必要的。教师采用先学后教的方法降低学习难度，引导学生轻松理解文本大意。

课堂上，教师从学生实际出发，鼓励学生自主识字，灵活运用各种识字方法，掌握教学重点。让学生理解韵文意思是有些难度的，教师通过讲故事、出示图片、具体讲解等多种方式开展教学。只有吃透文本，才能真正地理解文本。

这节课的课堂纪律不错，但是教师的节奏有些快，学生朗读的时间还是少了些。在师生配合方面还要再磨合，才能达到更好的效果。这节课留给学生练习生字的时间还是很充裕的，但是在反馈点评的环节，课堂组织纪律还有待加强。

一节好课，需要教师用心准备教学设计，熟悉教学流程，对学情有所了解，还需要多次磨课。

一年级数学　单元起始课

【学习目标】

1. 知识目标

回顾20以内的加减法，说出计算过程。

2. 技能目标

能根据情境图发现数学信息，提出数学问题。

【评价任务】

前测题

16+3=	30+9=	20+60=
9+5=	8+3=	48−40=
99−9=	14−6=	16−7=

【学习过程】

1. 课前准备

教师准备：前测题、课件。

2. 课中学习

任务一：回顾梳理

（1）学习指南

独立完成测试题目，并说说自己是如何计算的。

（2）学习支架

完成100以内的加减法前测题。

（3）评价量规

评价标准	评价星级	自我评价
能准确计算并说出计算方法	☆☆	
能准确计算并在他人帮助下说出计算方法	☆	
不能准确计算，也不知道正确的计算方法		

（4）设计说明

根据任务了解学生的认知水平，为接下来的教学提供参考。

任务二：确定本单元的探究性问题

（1）学习指南

①观察情境图，交流找到的数学信息。

②全班确定本单元的探究性问题。

（2）学习支架

（3）评价量规

评价标准	评价星级	自我评价
能独立发现数学信息并提出用加法解决的数学问题	☆☆	
在他人帮助下能发现数学信息并提出数学问题	☆	

（4）设计说明

学生通过自己提出数学问题，感受到数学就在自己的生活中，与自己的生活息息相关。

【检测与作业】

请完成下面的计算题。

18+5=	20+9=	10+70=
6+5=	7+4=	44−40=
89−9=	14−7=	26−7=

【学后反思】

课堂上，教师从学生实际出发，鼓励学生多说、多练、多运用，掌握方法策略，为接下来探究课学习做准备。教学中存在的不足表现为教师还是以说教为主，缺少与学生的互动，应该给学生留足表现的时间。接下来教师将继续精心准备教学设计，多多磨课。

一年级数学　两位数加一位数（不进位）、两位数加整十数的口算

【学习目标】

1. 知识目标

知道100以内两位数加一位数（不进位）、两位数加整十数的口算方法。

2. 技能目标

（1）能说出100以内两位数加一位数（不进位）、两位数加整十数的口算方法。

（2）能准确、熟练地进行100以内两位数加一位数（不进位）、两位数加整十数的口算。

（3）能运用100以内两位数加一位数（不进位）、两位数加整十数的运算解决生活中的有关问题，并对结果的实际意义作出解释。

3. 理解目标

（1）100以内两位数加一位数（不进位）的口算实际上是先把几个一和几个一相加，再与几个十合起来。

（2）100以内两位数加整十数的口算实际上是先把几个十和几个十相加，再与几个一合起来。

4. 关键能力

运算能力、合作能力、说理能力、解决问题能力。

【评价任务】

（1）亮亮和东东一共浇了多少棵花？

（2）亮亮和芳芳一共浇了多少棵花？

（3）想一想：计算 26+3 和 26+30 时，有什么不同？

【学习过程】

1. 课前准备

教师准备：多媒体课件、计数器、磁力小棒、磁力小圆片等。

学生准备：小棒、计数器。

2. 课中学习

任务一：探究两位数加一位数（不进位）的口算方法

◎探究性问题一：亮亮浇了 26 棵花，东东浇了 3 棵花，亮亮和东东一共浇了多少棵花？

（1）学习指南

学生能把生活问题转化成数学问题来思考，理解“亮亮和东东一共浇了多少棵花”就是把亮亮浇的 26 棵花和东东浇的 3 棵花合起来的加法模型，并能列出加法算式。

（2）学习支架

①求亮亮和东东一共浇了多少棵花，也就是把（　　）和（　　）合起来。

②列式：(　　　　　　　　)。

（3）评价量规

评价标准	评价星级	自我评价
能准确说出求“亮亮和东东一共浇了多少棵花”就是把亮亮浇的 26 棵花和东东浇的 3 棵花合起来的加法模型，并列出加法算式	☆☆	
能准确说出求“亮亮和东东一共浇了多少棵花”就是把亮亮浇的 26 棵花和东东浇的 3 棵花合起来的加法模型，但不能正确列出加法算式	☆	
不能准确说出求“亮亮和东东一共浇了多少棵花”就是把亮亮浇的 26 棵花和东东浇的 3 棵花合起来的加法模型，也不能正确列出加法算式		

（4）设计说明

学生先思考探究性问题，教师再引导学生把生活问题转化成数学问题来思考。通过找数学信息，运用加法模型，学生进一步理解加法的意义，列出加法算式。

◎探究性问题二：26+3 等于多少呢？

（1）学习指南

学生独立思考，利用摆小棒、拨计数器、迁移数的组成说出自己的计算方法。

（2）评价量规

评价标准	评价星级	自我评价
能正确计算，并能准确说出自己的计算方法	☆☆	
能正确计算，但不能准确说出自己的计算方法	☆	
不能正确计算，也不能准确说出自己的计算方法		

（3）设计说明

引导学生自主探索，培养学生勇于探索的精神。借助小棒和计数器展示计算过程，为学生搭建从直观算理到抽象算法的桥梁，促进算理和算法的有效结合。培养学生的问题意识和合作交流的能力。由学具操作提升算法并进行沟通，突出算理的教学，渗透数形结合和转化的思想。

任务二：探究两位数加整十数的口算方法

◎探究性问题一：亮亮浇了 26 棵花，芳芳浇了 30 棵花，亮亮和芳芳一共浇了多少棵花？

（1）学习指南

学生能把生活问题转化成数学问题来思考，理解“亮亮和芳芳一共浇了多少棵花”就是把亮亮浇的 26 棵花和芳芳浇的 30 棵花合起来的加法模型，并能列出加法算式。

（2）学习支架

①求亮亮和芳芳一共浇了多少棵花，也就是把（　　）和（　　）合起来。

②列式：(　　　　　　　　)。

（3）评价量规

评价标准	评价星级	自我评价
能准确说出求“亮亮和芳芳一共浇了多少棵花”就是把亮亮浇的 26 棵花和芳芳浇的 30 棵花合起来的加法模型，并列出加法算式	☆☆	

续表

评价标准	评价星级	自我评价
能准确说出求“亮亮和芳芳一共浇了多少棵花”就是把亮亮浇的 26 棵花和芳芳浇的 30 棵花合起来的加法模型，但是不能正确列出加法算式	☆	
不能准确说出求“亮亮和芳芳一共浇了多少棵花”就是把亮亮浇的 26 棵花和芳芳浇的 30 棵花合起来的加法模型，也不能正确列出加法算式		

（4）设计说明

学生先思考探究性问题，教师再引导学生把生活问题转化成数学问题来思考。通过找信息，运用加法模型，学生进一步理解加法的意义，列出加法算式。

◎探究性问题二：26+30 等于多少呢？

（1）学习指南

学生独立思考，运用摆小棒、拨计数器、迁移数的组成等方法，说出自己的计算方法。

（2）评价量规

评价标准	评价星级	自我评价
能正确计算，并能准确说出自己的计算方法	☆☆	
能正确计算，但不能准确说出自己的计算方法	☆	
不能正确计算，也不能准确说出自己的计算方法		

（3）设计说明

引导学生自主探索，培养学生勇于探索的精神。借助小棒和计数器展示计算过程，为学生搭建从直观算理到抽象算法的桥梁，促进算理和算法的有效结合。培养学生的问题意识和合作交流的能力。由学具操作提升算法并进行沟通，突出算理的教学，渗透数形结合和转化的思想。

任务三：对比分析，总结算理

想一想：计算 26+3 和 26+30 时，有什么不同？

（1）学习指南

学生观察、对比分析两组算式，说出异同点。

（2）评价量规

评价标准	评价星级	自我评价
能独立说出两位数加一位数（不进位）的口算实际上是先把几个一和几个一相加，再与几个十合起来；两位数加整十数的口算实际上是先把几个十和几个十相加，再与几个一合起来	☆☆	
在别人的帮助下，能说出两位数加一位数（不进位）的口算实际上是先把几个一和几个一相加，再与几个十合起来；两位数加整十数的口算实际上是先把几个十和几个十相加，再与几个一合起来	☆	
即使在别人的帮助下，也不能说出两位数加一位数（不进位）的口算实际上是先把几个一和几个一相加，再与几个十合起来；两位数加整十数的口算实际上是先把几个十和几个十相加，再与几个一合起来		

（3）设计说明

通过对比分析两组算式，让学生总结归纳出两位数加一位数（不进位）加法的特点，进一步理解算理。

【检测与作业】

（1）计算

33+4=　　42+3=　　21+6=　　72+2=

33+40=　　42+30=　　21+60=　　72+20=

（2）解决问题

大象和小象一共搬了多少根木头？

□ ○ □ = □（根）

（3）解决问题

□ ○ □ = □（个）

【学后反思】

教师在本课教学中创设真实情境和探究任务，串起整个教学过程，适应了学生的阶段特点，充分激发了学生主动参与、主动探索的热情，以及解决问题的兴趣和欲望，引导学生开展自主探索。此外，在激发学生学习兴趣的基础上，教师还应该注重算法的沟通和联系，关注学生计算的方法，引导学生从学习经历中反思数学方法，积累解决问题的策略，提升运用策略解决问题的能力，逐步将数学能力转变为数学素养。

一年级数学　两位数加一位数（进位）的口算

【学习目标】

1. 知识目标

知道100以内两位数加一位数（进位）的口算方法。

2. 技能目标

（1）能举例说出100以内两位数加一位数（进位）的口算方法。

（2）能准确、熟练地进行100以内两位数加一位数（进位）的口算。

（3）能运用100以内两位数加一位数（进位）的运算解决生活中的有关“一共有多少”“原来有多少”的实际问题，并对结果的实际意义作出解释。

3. 理解目标

（1）100以内两位数加一位数（进位）的口算实际上是先把几个一和几个一相加，再和几个十相加。

（2）“满十进一”指在进位加法中，个位满10需要向十位进1，即10个一换1个十。

4. 关键能力

运算能力、合作能力、说理能力、解决问题能力。

【评价任务】

（1）你能提出什么问题?

①一班一共要挂多少个牌子？

□○□=□（个）

②二班一共要挂多少个牌子？

□○□=□（个）

（2）对比分析：今天计算的题目和以前计算的两位数加一位数的题目有什么异同点？

【学习过程】

1. 课前准备

教师准备：多媒体课件、计数器、磁力小棒、磁力小圆片等。

学生准备：小棒、计数器。

2. 课中学习

任务一：探究两位数加一位数（进位）的口算方法

◎探究性问题一：一班挂了27个牌子，还剩6个没挂，一班一共要挂多少个牌子？

（1）学习指南

学生通过分析问题，能把生活问题转化成数学问题来思考，理解求“一班一共要挂多少个牌子”就是把已经挂的27个牌子和没挂的6个牌子合起来的加法模型，进一步理解加法的意义，并能列出加法算式。

（2）学习支架

①求一共要挂多少个牌子，也就是把（　　）和（　　）合起来。

②列式：（　　　　　　）。

（3）评价量规

评价标准	评价星级	自我评价
能准确说出求“一共要挂多少个牌子”也就是把已经挂的27个和没挂的6个合起来的加法模型，并能正确列出加法算式	☆☆	

续表

评价标准	评价星级	自我评价
能准确说出求“一共要挂多少个牌子”也就是把已经挂的27个和没挂的6个合起来的加法模型，但是不能正确列出加法算式	☆	
不能准确说出求“一共要挂多少个牌子”也就是把已经挂的27个和没挂的6个合起来的加法模型，也不能正确列出加法算式		

（4）设计说明

学生先思考探究性问题，教师再引导学生把生活问题转化成数学问题来思考，通过找信息，运用加法模型，进一步理解加法的意义，列出加法算式。

◎探究性问题二：27+6等于多少呢？

（1）学习指南

学生独立思考，运用摆小棒、拨计数器、迁移数的组成等方法，说出自己的计算方法。

（2）评价量规

评价标准	评价星级	自我评价
能正确计算，并能准确说出自己的计算方法	☆☆	
能正确计算，但不能准确说出自己的计算方法	☆	
不能正确计算，也不能准确说出自己的计算方法		

（3）设计说明

在计算两位数加一位数（进位）时，要先将几个一和几个一相加，个位满10要向十位进1，再与几个十相加，这是进位加法计算的基本原理。在这个环节中，教师放手让学生在操作中思考，体验数学知识形成的过程。引导学生根据自己实践得出的摆法，合理整理出算法，在算法中体验算理，体验成功的快乐。通过小组交流和全班交流，既让学生了解到别人的计算方法，又能培养学生的数学语言表达能力。

任务二：独立解决两位数加一位数（进位）的加法问题

◎探究性问题：二班挂了22个牌子，还剩8个没挂，二班一共要挂多少个牌子？

（1）学习指南

①学生通过分析问题，能把生活问题转化成数学问题来思考，理解求“二班一共要挂多少个牌子”就是把二班挂了的22个牌子和没挂的8个牌子合起来，建立加法模型，寻找所需数学信息，并能列出正确的加法算式。

②迁移任务一中的算理，有序地说出算法并进行准确的计算。

（2）学习支架

①求二班一共要挂多少个牌子，实际上就是把（　　）和（　　）合起来。

②列式：(　　　　　　　)。

③我的算法是：(　　　　　　　)。

（3）评价量规

评价标准	评价星级	自我评价
能准确列出算式，有序地说出计算方法，并正确计算	☆☆	
能准确列出算式，不能有序地说出计算方法，也不能正确计算	☆	
不能准确列出算式，也不能有序地说出计算方法并正确计算		

（4）设计说明

学生已经有了计算“27+6”的经验，因此这个环节可以让学生独立探究“22+8”的口算方法，并从实物操作转化成平面图，逐渐由直观到抽象，让学生慢慢得出两位数加一位数（进位）的口算方法，并掌握“满十进一”的口算算理。

任务三：对比分析，总结算理

◎探究性问题：今天计算的题目和以前计算的两位数加一位数的题目有什么异同点？

（1）学习指南

学生观察、对比分析两组算式，说出异同点。

（2）评价量规

评价标准	评价星级	自我评价
能独立说出在计算两位数加一位数时，都要先将几个一相加，再与几个十相加，但是在进位加法中，个位满 10 要向十位进 1	☆☆	
在别人的帮助下，能说出在计算两位数加一位数时，都要先将几个一相加，再与几个十相加，但是在进位加法中，个位满 10 要向十位进 1	☆	
即使在别人的帮助下，也不能说出在计算两位数加一位数时，都要先将几个一相加，再与几个十相加，但是在进位加法中，个位满 10 要向十位进 1		

（3）设计说明

通过对比分析两组算式，让学生总结归纳出两位数加一位数（进位）的特点，进一步理解算理。

【检测与作业】

（1）计算

59+4=	3+68=	43+7=	6+48=
38+6=	46+5=	7+47=	85+8=
8+53=	76+9=	35+5=	9+52=

（2）解决问题

□○□=□（个）

（3）解决问题

你能提出什么问题？

【学后反思】

在探究两位数加一位数（进位）的口算时，教师要放手让学生自主探究，自己动脑、动手去解决进位加法。学生想出的多种方法其实反映了他们所理解的算理，这时候需要教师作为组织者，引导学生一起将正确的算理推理出来，进一步加深对两位数加一位数（进位）的理解。

一年级数学　两位数减一位数（不退位）和两位数减整十数的口算

【学习目标】

1. 知识目标

（1）知道两位数减一位数（不退位）、两位数减整十数的口算方法。

（2）知道“比一个数多（少）几”的数量关系。

2. 技能目标

（1）能说出100以内两位数减一位数（不退位）、两位数减整十数的口算方法。

（2）能准确、熟练地进行100以内两位数减一位数（不退位）、两位数减整十数的口算。

（3）能说出“谁比谁多（少）”实际上是从总数中减去同样多的部分，剩下的就是谁比谁多（少）的部分。能解决生活中的实际问题，并对结果的实际意义作出解释。

3. 理解目标

（1）100以内两位数减一位数（不退位）和两位数减整十数的口算实际上是几个一和几个一相减，几个十和几个十相减。

（2）“比多比少”问题实际上是从总数中减去同样多的部分，剩下的就是谁比谁多（少）的部分。

4. 关键能力

运算能力、合作能力、说理能力、解决问题能力。

【评价任务】

（1）一年级的小朋友们将平日里收集的易拉罐和塑料瓶放进了绿色回收车里，下面是每个班的统计情况。根据这份表格，你能提出什么问题？

班级	塑料瓶	易拉罐
一班	45	10
二班	20	15
三班	28	6

（2）三班捡的易拉罐比塑料瓶少多少个？

□○□=□（个）

（3）二班比一班少捡了多少个塑料瓶？

45−20=□（个）

【学习过程】

1. 课前准备

教师准备：磁力贴、小棒、课件。

学生准备：小棒、小方块、计数器。

2. 课中学习

任务一：探究“比一个数多（少）几”的问题的解决方法

◎探究性问题：二班捡了 15 个易拉罐，一班捡了 10 个易拉罐，二班比一班多捡了多少个易拉罐？一班比二班少捡多少？

（1）学习指南

①学生通过分析问题，能把生活问题转化为数学问题，理解求“一班比二班少捡多少”就是求 10 比 15 少多少，进一步理解减法的意义，并能列出减法算式。

②学生能结合具体情境进一步理解减法的意义，形成初步的应用意识，体会数学与生活的密切联系。

（2）学习支架

①“二班比一班多捡了多少个易拉罐”实际上是在求什么呢？

②你能用一一对应的方法摆一摆或者画一画来解决这个问题吗？

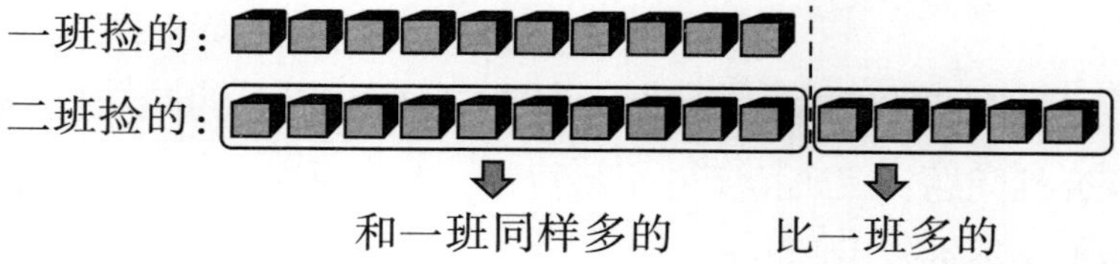

③你能根据你画或者摆的一一对应的图，列算式解决这个问题吗？为什么用减法？

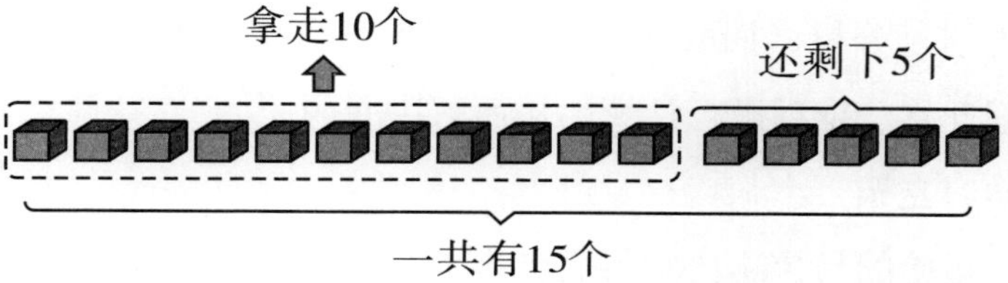

④学会计算二班比一班多捡了多少个易拉罐之后，那你知道一班比二班少捡多少个吗？这实际上是在求什么呢？为什么用减法？

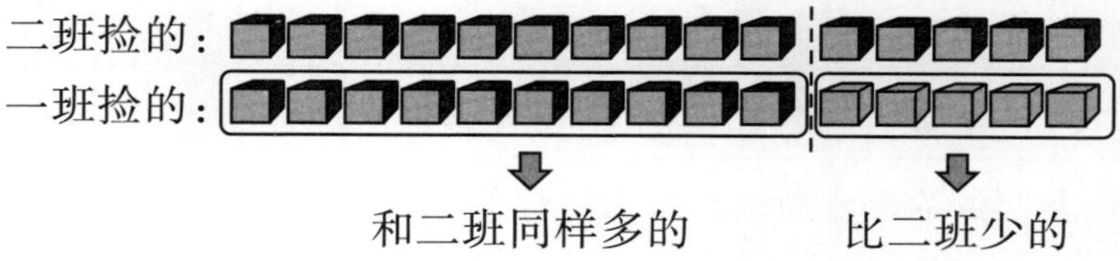

⑤观察对比刚刚解决的两个问题，你有什么发现？

（3）评价量规

评价标准	评价星级	自我评价
能准确说出“求比一个数多（少）几”的数量关系，能正确列出算式	☆☆	
能准确说出“求比一个数多（少）几”的数量关系，不能正确列出算式	☆	
不能准确说出“求比一个数多（少）几”的数量关系，不能正确列出算式		

（4）设计说明

学生先思考探究性问题，教师再引导学生把生活问题转化成数学问题来思考，利用画或者摆的方式转化为减法模型，列出减法算式从而解决问题。

任务二：独立解决两位数减一位数（不退位）的减法问题

◎探究性问题：三班捡了 6 个易拉罐，28 个塑料瓶，三班捡的易拉罐比塑料瓶少多少个？

（1）学习指南

①学生自主将生活问题转化为数学问题。

②学生通过分析、抽取数量关系，借鉴任务一，独立列出算式，根据所学的算理迁移、推理进行计算，从而解决问题。

（2）学习支架

①“三班捡的易拉罐比塑料瓶少多少个？”实际上是在求什么呢？

②怎样列式呢？你是如何计算的？

（3）评价量规

评价标准	评价星级	自我评价
能正确计算，并能准确说出自己的计算方法	☆☆	
能正确计算，但不能准确说出自己的计算方法	☆	
不能正确计算，也不能准确说出自己的计算方法		

（4）设计说明

首先根据探究性问题“三班捡的易拉罐比塑料瓶少多少个？”引导学生自主分析、抽取数量关系，借鉴任务一，独立列出算式，根据所学的算理迁移、推理进行计算，从而解决问题。

任务三：探究两位数减整十数的口算方法

◎探究性问题：二班捡了 20 个塑料瓶，一班捡了 45 个，二班比一班少捡了多少个塑料瓶？

（1）学习指南

①自主思考，合作交流。

②运用减法模型，列出减法算式，探究算法多样化。

（2）学习支架

①要解决这个问题，需要用到哪些数学信息？怎样列式？为什么用减法计算？

② 45−20 等于多少呢？

A. 借助小棒，摆一摆。

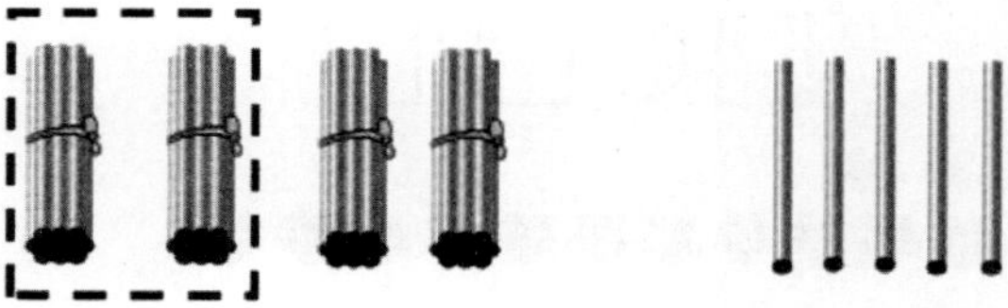

40−20=20　　　　20+5=25

B. 借助计数器，拨一拨。

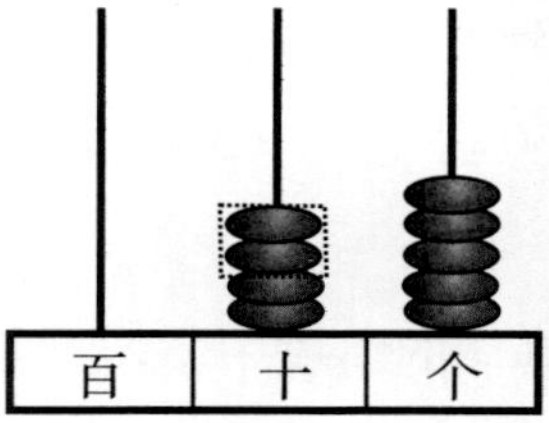

40−20=20　　　　20+5=25

C. 脱离直观学具，根据数的组成，直接抽象出算法。

（3）评价量规

评价标准	评价星级	自我评价
能正确计算，并能准确说出自己的计算方法	☆☆	
能正确计算，但不能准确说出自己的计算方法	☆	
不能正确计算，也不能准确说出自己的计算方法		

（4）设计说明

从实物到画面再到计算，逐步脱离情境，进一步抽象出解决一个数比另一个数多（少）几问题的方法模型。

【检测与作业】

（1）摆一摆，算一算

①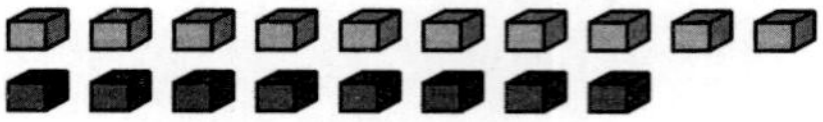

第一行比第二行多几个？

□○□=□（个）

②

第一行比第二行少几朵？

□○□=□（朵）

（2）计算

56−4=	37−3=	65−4=	98−8=
56−40=	37−30=	65−40=	98−80=

【学后反思】

一是引导学生在生动具体的情境中学习计算，培养学习兴趣和计算意识。比如，借助教材资源，鼓励学生提出数学问题，组织学生探讨计算方法。把计算置入有情境、有情节的探索中，使计算含有丰富、生动的具体内容。

二是引导学生独立思考与合作交流。教学时，结合教材，精心设计，创设有意义的问题情境或数学活动，激励每一个学生在动手实践中独立思考，在学习活动中逐渐领悟数学的真谛；鼓励学生发表自己的意见，并与同伴进行交流，开阔思路，培养合作精神。

三是组织练习，进一步培养学生的计算能力。除了让学生通过动手操作、主动探索、合作交流掌握算法，还需要组织好练习，培养学生的计算能力。

一年级数学　两位数减一位数（退位）的口算

【学习目标】

1. 知识目标

知道两位数减一位数（退位）的口算方法。

2. 技能目标

（1）能说出 100 以内两位数减一位数（退位）的口算方法。

（2）能准确、熟练地进行 100 以内两位数减一位数（退位）的口算。

（3）能运用 100 以内两位数减一位数（退位）的运算解决生活中有关“比一个数多（少）几”“还剩多少”的实际问题，并能对结果的实际意义作出解释。

3. 理解目标

（1）100 以内两位数减一位数（退位）的口算实际上是先把几个一和几个一相减，计算的结果再和几个十相加。

（2）理解“退一当十”。在退位减法中，被减数个位上的数小于减数个位上的数，个位不够减，需要向十位上借一个 10（即十位上退一当十），与个位上的数合成十几，再与减数个位上的数进行退位相减，计算的结果再和十位上的数相加。

4. 关键能力

运算能力、合作能力、说理能力、解决问题能力。

【评价任务】

（1）你能提出什么问题？

①二年级比一年级多展出多少幅画？

30–9=□（幅）

②二年级比三年级少来了多少人？

24–8=□（人）

（2）想一想，计算两位数减一位数（不退位）的口算和两位数减一位数（退位）的口算有什么异同点？

【学习过程】

1. 课前准备

教师准备：小木棒、计数器。

学生准备：小木棒或棉签、计数器。

2. 课中学习

任务一：探究整十数减一位数（退位）的口算方法

◎探究性问题一：一年级展出 9 幅画，二年级展出 30 幅画，二年级比一年级多展出多少幅画？解决这个问题，需要用到哪些数学信息？怎样列式？为什么用减法计算？

（1）学习指南

学生通过分析问题，能把生活问题转化成数学问题来思考，理解“二年级比一年级多展出多少幅画”就是求 30 比 9 多多少，从 30 中去掉 9，剩下的就是多出来的减法模型，并列出减法算式。

（2）学习支架

①理解题意：求二年级比一年级多展出多少幅画，就是求（　　）比（　　）多多少。

②数学算式：(　　　　　　)。

（3）评价量规

评价标准	评价星级	自我评价
能理解题意，准确说出求“二年级比一年级多展出多少幅画”就是求 30 比 9 多多少的减法模型，正确列出减法算式	☆☆	
能理解题意，准确说出求“二年级比一年级多展出多少幅画”就是求 30 比 9 多多少的减法模型，但是不能正确列出减法算式	☆	
不能理解题意，不能准确说出求“二年级比一年级多展出多少幅画”就是求 30 比 9 多多少的减法模型，也不能正确列出减法算式		

（4）设计说明

引导学生将生活问题转化成数学问题，借助数学信息和数学问题，理解数量关系，直接提出用减法计算的问题，建立有关减法的模型，列出减法算式，增强学生的问题意识和应用意识。

◎探究性问题二：30–9 等于多少呢？

（1）学习指南

①学生独立思考，运用摆小棒、拨计数器、迁移数的组成等方法来探究计算方法。

②回顾梳理，总结算法：计算两位数减一位数（退位）时，当被减数个位不够减时，需要向十位上借一个 10（即十位上退一当十），与个位上的数合成十几，再与减数个位上的数进行退位相减，计算的结果再和十位

上的数相加。

（2）评价量规

评价标准	评价星级	自我评价
能正确计算，并准确说出计算方法	☆☆	
能正确计算，但不能准确说出计算方法	☆	
不能正确计算，也不能准确说出计算方法		

（3）设计说明

本环节让学生摆小棒，手脑并用，主动探索，不仅进一步激发学生的学习兴趣，而且培养了学生的动手能力和思维能力。学生理解了个位不够减时，只有拆开一捆变成 10 根，才能相减的道理。学生借助摆小棒展示计算过程，搭建了从直观算理到抽象算法的桥梁，促进算理和算法的有效结合。

任务二：独立解决一般的两位数减一位数（退位）的口算方法

◎探究性问题：二年级来了 8 人，三年级来了 24 人，二年级比三年级少来了多少人？ 24–8 等于多少呢？说一说你的计算方法。

（1）学习指南

①通过分析问题，把生活问题转化成数学问题来思考，说出求“二年级比三年级少来了多少人”就是求 8 比 24 少多少，从 24 中减掉 8，剩下的就是少出来的减法模型，并列出减法算式。

②迁移任务一的算理，有序地说出算法，并进行准确的计算。

（2）学习支架

①理解题意：求二年级比三年级少来了多少人，就是求（　　）比（　　）少多少。

②数学算式：(　　　　　　　　)。

③计算方法：(　　　　　　　　)。

学生不再借助学具，而是通过分析数的组成，得到算法：被减数个位上的 4 减 8 不够减，向十位上借一个 10，个位上变成 14，先用 14 减 8，再和十位上剩下的一个 10 相加，即 14−8=6，10+6=16。对于理解有困难的学生，教师可以再次借助学具（小棒、计数器等）直观操作，帮助其理解算理，掌握算法，解决问题。

（3）评价量规

评价标准	评价星级	自我评价
能理解题意，解决生活中有关求“比一个数多（少）几”的实际问题；能准确说出计算方法，并正确计算	☆☆	
能理解题意，解决生活中有关求“比一个数多（少）几”的实际问题；不能准确说出计算方法并正确计算	☆	
不能理解题意，不能解决生活中有关求“比一个数多（少）几”的实际问题；不能准确说出计算方法并正确计算		

（4）设计说明

学生已经有了数学活动经验，能迁移任务一的算理，独立探究“24−8”的计算方法，并解决生活问题，这既是对知识的持续探索，又是对知识的巩固应用。在解决问题的过程中，发现个位不够减时，需要向十位上借一个 10（即十位上退一当十），与个位上的数合成十几，再与减数个位上的数进行退位相减的口算方法，从而理解“退一当十”。

任务三：对比分析，总结算理

◎探究性问题：想一想，计算两位数减一位数（不退位）的口算和两位数减一位数（退位）的口算有什么异同点？

（1）学习指南

学生观察、对比分析两组算式，说出在计算两位数减一位数（不退位）时，都要先将几个一相减，再与几个十相加，但是在退位减法中，被减数个位不够减时，向十位上借一个 10，与个位上的数合成十几，再与减数个位上的数进行相减。通过对两位数减一位数（不退位）口算和两位数减一位数（退位）口算的对比分析，帮助学生进一步理解退位的道理。

（2）评价量规

评价标准	评价星级	自我评价
能准确说出在计算两位数减一位数时，都要先将几个一相减，再与几个十相加，但是在退位减法中，被减数个位不够减时，向十位上借一个 10	☆☆	
能借助具体实例，准确说出在计算两位数减一位数时，都要先将几个一相减，再与几个十相加，但是在退位减法中，被减数个位不够减时，向十位上借一个 10	☆	
即使借助具体实例，也不能准确说出在计算两位数减一位数时，都要先将几个一相减，再与几个十相加，但是在退位减法中，被减数个位不够减时，向十位上借一个 10		

（3）设计说明

引导学生质疑互动，培养学生的问题意识。教师借助学具操作，突出算理，提升算法，渗透数形结合和转化的思想。在具体问题研究的基础上，教师引导学生抓住退位减法中的关键问题——十位数少 1，引导学生借助摆小棒，明白算理与算法之间的联系，进一步加深学生对算法的理解，从而实现算法的有效构建。

【检测与作业】

（1）拿小棒的游戏

摆出 42 根小棒，拿走 5 根，还剩几捆几根？

摆出 53 根小棒，拿走 9 根，还剩几捆几根？

（2）口算大比拼

30−7=	20−3=	60−5=	40−7=
60−6=	50−7=	45−5=	58−8=
44−7=	36−8=	27−9=	58−9=
62−6=	43−4=	52−3=	71−7=

（3）解决实际问题

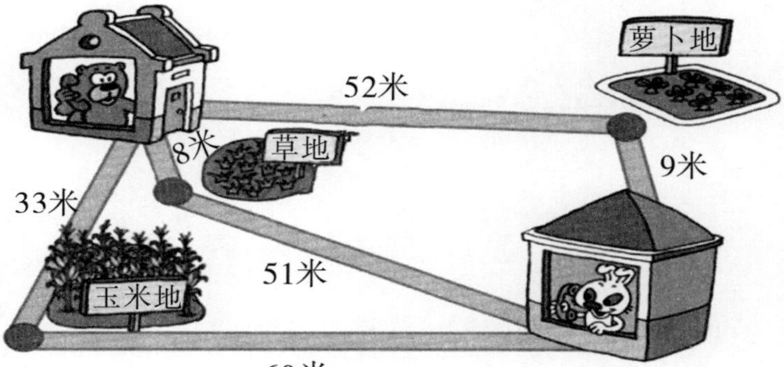

①  经过玉米地去  家一共要走多少米？

□○□=□（米）

②  家到萝卜地比  家到萝卜地远多少米？

□○□=□（米）

③你还能解决哪些问题？

【学后反思】

一是从实际出发创设情境。本节课以“如何让自己的校园更加美丽”话题入手，让学生互相交流，先听听别人怎样做，再投入到情境中，最后把其中出现的问题用学过的数学方法来解决。

二是在操作中体会算法。因为学生思考的方法不同，教师事先教学生运用摆小棒、拨计数器、迁移数的组成等方法解决问题，让学生自己算出结果，然后进行交流，引导学生用简洁的数学语言表达计算过程，借助学具理解算理，掌握算法。

三是在练习题中理解算理。学生独立解决剩余问题，并且加入两位数减一位数不退位口算和退位口算的对比和分析，让学生知道退位减法是被减数个位数不够减，向十位上借一个 10。让学生自己发现其规律，真正理解“退一当十”。

一年级数学　单元整理课

【学习目标】

梳理单元知识，经历复习整理的过程，能说出 100 以内加减法的算理和算法。

【评价任务】

能准确说出两位数加减一位数和两位数加减整十数的计算过程。

【学习过程】

1. 课前准备

教师准备：多媒体课件、探究单。

2. 课中学习

任务一：回顾整理

（1）学习指南

①以小组为单位思考并讨论本单元学习内容。

②全班展示交流。

（2）学习支架

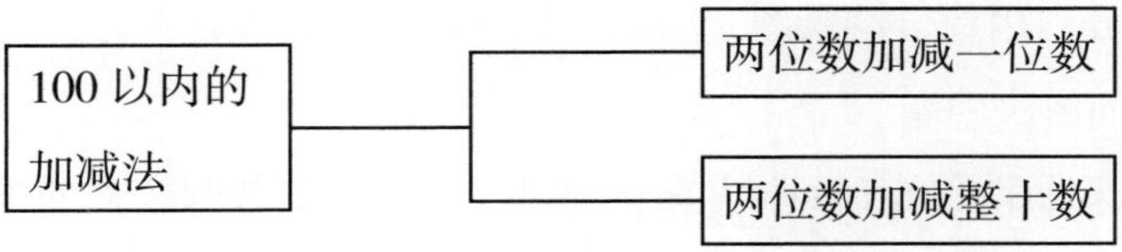

（3）评价量规

评价标准	评价星级	自我评价
能独立说出在计算两位数加减一位数时，都要先将几个一相加减，再与几个十相加；在进位加法中，个位满 10 要向十位进 1，退位减法中要退一当十	☆☆	

续表

评价标准	评价星级	自我评价
在别人的帮助下，能说出在计算两位数加减一位数时，都要先将几个一相加减，再与几个十相加；在进位加法中，个位满 10 要向十位进 1，退位减法中要退一当十	☆	
即使在别人的帮助下，也不能说出在计算两位数加减一位数时，都要先将几个一相加减，再与几个十相加；在进位加法中，个位满 10 要向十位进 1，退位减法中要退一当十		

（4）设计说明

通过小组合作，借助学习支架，对单元涉及的知识点进行整理，构建出本单元的知识体系。

【检测与作业】

通过对本单元的整理，完成一份数学小报。

【学后反思】

本课为复习课，教师带领学生回顾本单元所学知识内容，给学生充分的时间和空间进行思考，从而引导他们合作交流、互相补充，积极回答问题。整节课通过回忆和交流的环节对本单元内容有一个再现的过程。此外，教师能充分利用综合情景图，引导学生仔细观察，发现并提出有关的数学问题，进而解决问题。

本堂课的不足在于，学生在整理过程中还需要教师较多的指导，自主学习与独立思考的能力还有待提高。

一年级美术　画画火柴人

【学习目标】

1. 知识目标

（1）知道人身体的基本结构有哪些，以及躯干和四肢的变化会产生人的动态。

（2）知道什么是火柴人。

2. 技能目标

（1）能用火柴人的形式画出人物不同的动态。

（2）会用火柴人表现人物动态，并添加相关环境背景。

3. 理解目标

用火柴人的知识画出生活中有趣的场景，能够大胆细致地用线条画出心中所想，记录生活，热爱生活。

【评价任务】

（1）欣赏云南沧源岩画《村落图》，说出画面内容，与儿童画进行对比，说出两者在形式、颜色、人物肢体比例等方面的相同点和不同点。

（2）添画出三个不同的人物动态。

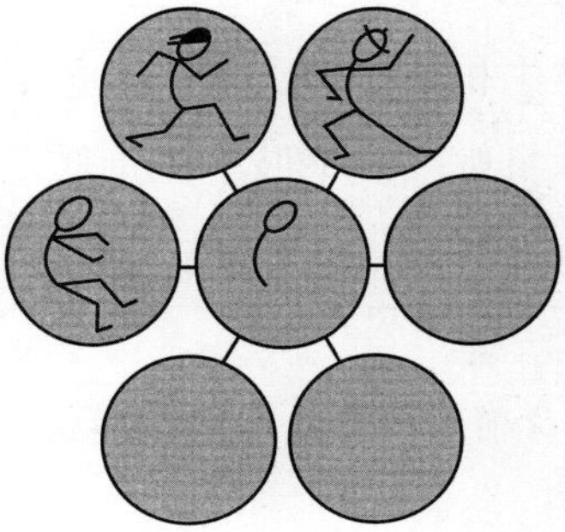

（3）在人物周围添画景物，使画面更完整。

【学习过程】

1. 课前准备

教师准备：多媒体课件、人体动态模具。

学生准备：课本、图画本、铅笔、橡皮、笔。

2. 课中学习

任务一：从游戏中学习

（1）同伴表演，自主用火柴人创作，认识人体结构，知道躯干和四肢的变化会产生人的动态。

（2）评价量规。

评价标准	评价星级	自我评价
能准确说出头、身躯、上肢、下肢等人体结构，体会到不同动作的简笔画人物的不同形态	☆☆☆	
能准确说出头、身躯、上肢、下肢等人体结构，能简单了解不同简笔画人物的基本形	☆☆	
能准确说出头、身躯、上肢、下肢等人体结构	☆	

任务二：学画简笔画人的步骤

教师示范，可以让学生积极参与。

（1）按照“画头—画身躯—画下肢—画上肢”的顺序，学画简笔画人。

（2）评价量规。

评价标准	评价星级	自我评价
能完整准确地画出头、身躯、四肢，并能表现出一定的动态	☆☆☆	
能准确画出头、身躯、四肢，动态基本正确	☆☆	
能画出头、身躯、四肢，但是动态把握不到位	☆	

任务三：画运动中的人

（1）欣赏木质关节人。

①教师用木质关节人模型展示人物在运动时各部位产生的变化。

②学生尝试绘画。

（2）教师示范运动中的人的画法，学生尝试绘画。

①提醒学生注意运动中的人，其躯干和四肢会有变化。

②评价量规。

评价标准	评价星级	自我评价
能完整准确地画出运动中的人的躯干和四肢，人物动作表现准确、自然	☆☆☆	
能准确画出躯干和四肢，有一定的动作	☆☆	
能准确画出躯干和四肢	☆	

【检测与作业】

（1）在下面场景中添画 3 人或 5 人，注意安排好他们的位置。

（2）评价量规。

评价标准	评价星级	自我评价
能抓住人物动作特点，摆放美观，能画出 5 个动态组合的火柴人，并能添加相关背景	☆☆☆	
能抓住人物动作特点，摆放合理，能画出 3 个动态组合的火柴人，并添加一定的背景	☆☆	
能画出有一定动作的火柴人，并有适当的背景	☆	

小结：学生通过观看模型、图片、教师示范等，学习画人物的动态和人体的组成部分，能自主完成人物的创作和场景的添加。

【学后反思】

优点：这节课目的在于让学生更清楚、直观地了解人物的各种动态，并能通过本课的学习，让学生掌握人物动态的画法。本课的教学环节设置了大量的游戏，学生被火柴人的世界深深吸引。在人物动态环节，教师不仅用范画演示，也亲自示范各种动态的画法，让学生能更直观地学习。最后的作品完成环节，学生自由发挥想象，然后画在自己的画纸上。通过课堂作业的反馈，教师感受到了学生天马行空的想象力，也在学生的作品中看到了多种人物动态，实现了本课的教学目标。

不足：低年级的学生对于画画兴趣浓厚，有很强的表达欲望，他们很想画出自己的所思所想。但由于绘画技法的局限，学生在画人物时往往不易画准人物的动态，画面上常常出现的是站立的或者动态僵硬的人物，这样使得画面不够生动。

二年级语文　古诗二首

【学习目标】

1. 知识目标

通过联系生活经验、自行演变等方式，读准“晓”“慈”等 12 个二类字，读准多音字“行”。在教师的指导下，会写“莲”“荷”等结构易错的字，会写“含”“岭”等易多一笔或少一笔的字，以及“湖”“穷”等 8 个生字。

2. 技能目标

能正确、流利地朗读古诗，背诵古诗。

3. 理解目标

能初步了解诗句的意思，说出诗句描绘的画面，同时能感受到大自然的美好。

【评价任务】

（1）能在不同的语境中认读本课生字，能在不同语境读准多音字“行”，能准确书写结构易错字“莲”“荷”、易多写一笔的“含”、易少写一笔的“岭”等生字。

（2）能在读准字音、读出古诗韵律节奏的基础上，流畅地背诵古诗。

（3）能在理解诗句大意的基础上，展开想象，用自己的话说出诗句描绘的画面，感受大自然的优美意境。

【学习过程】

1. 课前预习

（1）朗读古诗，读通诗句，尝试断句。

（2）将古诗中的生字词语勾画出来，并进行摘抄识记。如果遇到不理解的词语，请查字典。

（3）思考课后的问题，小组内讨论自己的困惑。

（4）查阅资料并结合生活实际，了解杨万里和杜甫的生平及他们的其他作品。

2. 课中学习

任务一：初读古诗，认读生字

（1）学生自由朗读古诗，边读边圈出生字，注意读准生字的字音。

（2）同桌合作认读生字卡片，并及时纠正错误。

净慈寺　毕竟　映日　绝句　黄鹂　鸣翠柳　一行　西岭

①读给同桌听一听，请同桌评价。

②“开火车”认读词语。

（3）出示词语卡片，认读词语，读准多音字。

①请同桌听一听，请同桌评价。

②“开火车”认读词语。

（4）这些词语我会写。

西湖　莲叶　无穷　荷花　绝句　窗含　西岭　东吴

①同桌讨论以上词语容易写错的地方。

预设：在书写“莲”“荷”的时候，注意生字的结构；在书写“含”的时候，不要多写一笔；在书写“岭”的时候，注意不要少写最后一笔。

②小组交流对词语的理解及其运用。

③为强化巩固，我要选几个词写一写。

（5）评价量规。

评价角度	评价星级	自我评价
能正确书写字词，并可以用字词造句	☆☆☆	
能给生字正确组两个词语，并书写正确	☆☆	
能正确认读、书写以上字词	☆	

任务二：整体感知，梳理脉络

（1）朗读古诗，把古诗读正确，要读出节奏和韵律。

（2）引导学生理解诗题。前两句可通过理解“毕竟”“不与”等词语，体会这是诗人发出的赞叹；后两句诗顺势引入：是怎样的美景让诗人赞叹呢？

（3）出示全诗，引导学生体会：看到这么美的景色，诗人忍不住发出赞美，所以诗人先写自己的赞叹，再写美丽的景色，可以看出诗人是多么喜爱西湖六月的美景呀！再让学生带着体会入情入境地朗读诗歌。根据教师引导，小组合作完成表格。

《晓出净慈寺送林子方》自主学习表一

诗句	关键词	分析
前两句	毕竟、六月、不与、四时同	由诗人的赞叹，知道诗人对西湖六月风光的喜爱
后两句	接天、无穷碧、映日、别样红	诗人看到了美丽的景色

（4）教师小结：诗人先抒情后写景，先写出了自己的赞叹，然后写了看到的景色是什么样子的，可以看出诗人很喜爱西湖六月的美景。（引导学生带着体会入情入境地朗读诗歌。）

任务三：能初步了解诗句的意思，用自己的话说说诗句描绘的画面

再次读古诗，了解诗句的意思，能够用自己的话说说诗句描绘的景象。

《晓出净慈寺送林子方》自主学习表二

诗句	对应的景象
前两句	
后两句	

（1）学习前两句

①教师：莲叶田田，荷花朵朵，这无穷的绿和别样的红实在太美了！

难怪诗人发出这样的感叹“毕竟西湖六月中，风光不与四时同”。

②杭州西湖名闻天下，请学生欣赏西湖不同季节的美丽风景。（教师出示西湖春、夏、秋、冬的美景图片。）

③教师提问：西湖的春天有红绿分明的美荷吗？秋天呢？冬天呢？毕竟这独特的美只在六月才有啊！任谁见了都会发出赞叹！

（2）学习后两句

①教师提问：这首诗描写了西湖的什么景物？用“____”画出相关诗句，说说你仿佛看到了怎样的画面。

②教师出示大小不一、形状各异的莲叶图片，引导学生用“……的莲叶像……”这个句式表达。

③学生感受“无穷碧”。

教师：这么绿、这么多的莲叶一大片蔓延开去，往前看是莲叶，往远一点看还是莲叶，一直到与天相连的尽头，依然是碧绿的莲叶，这真是“接天莲叶无穷碧”。（同时出示“无穷碧”的画面。）

④教师出示各种姿态的荷花图片。这么美的荷花，谁能用下面的句式说一说？“荷花真美！有的________，有的________。”

⑤学生思考：荷花为什么这样红呢？理解“别样红”。

预设：荷花在阳光的映照下特别红，红得发亮。

⑥这“无穷碧”的莲叶与“别样红”的荷花多美啊！能再通过朗读，把美景留在心中吗？

任务四：初读古诗，感受韵味

（1）在听音频范读古诗《绝句》时，重点关注音频是怎样重音朗读的。

（2）以什么节奏朗读较为适宜？古诗描述的是关于什么季节的情景？

预设：学生能体会到本课古诗的朗读节奏以“二二三”为宜，前两句在朗读时，节奏欢快；后两句朗读时，舒缓有力，同时能感受作者在成都草堂所见的明媚景色。

（3）评价量规。

评价角度	评价星级	自我评价
能有节奏地朗读古诗，并能读出古诗的感情，同时能说出古诗描写的季节	☆☆☆	
能有节奏地朗读古诗，同时能说出古诗描写的季节	☆☆	
能有节奏地朗读古诗	☆	

任务五：对照插图，理解大意

找出课本插图和前两句古诗描写的景物，理解诗意。

（1）图中描写了哪些景物？周围的环境是怎样的？鼓励学生大胆想象，用自己的话描述景物和细节。

（2）师生交流。（相机板书：黄鹂、翠柳、白鹭、青天。）

（3）体会“鸣”“上”的运用之妙。

预设：通过“鸣”启发学生想象黄鹂在枝头快乐歌唱的画面；通过“上”引导学生感受白鹭飞得高远、姿态优美的画面。

（4）感受诗中的色彩美。

①找出前两句诗中写到的几种色彩。（相机板书，将表示色彩的词加上横线。）

②教师提问：这么多色彩描写带给了你什么感受？带着你的感受朗读古诗。

（5）教师范读古诗，学生想象画面。

（6）学生结合插图，说说自己想象到的画面。先自己说，再同桌互相交流，最后全班一起讨论。

（7）评价量规。

评价角度	评价星级	自我评价
能说出古诗描写的景物，找出古诗写到的几种色彩，用自己的话描述前两句诗的画面	☆☆☆	

续表

评价角度	评价星级	自我评价
能说出古诗描写的景物，用自己的话描述前两句诗的画面	☆☆	
能说出古诗描写的景物	☆	

任务六：借助插图，突破难点

（1）学生自读后两句诗，边读边想读懂了什么，哪些读不懂，然后与同学交流。

（2）全班交流，理解难点。

①教师提问：西岭雪山怎么看上去好像是装在窗户里呢？结合课本插图，看看诗人是在什么地方看美景的。（诗人坐在屋内从窗户向外看。）

②引导理解：西岭雪山被包含在窗框之中，像镶嵌在框中的一幅壮美雪山图。（可让学生透过教室窗户看窗外，以辅助理解。）

③图文结合，教师提问：这些停泊着的船要到哪里去？（教师解释东吴距离成都很远。）

④理解“千秋”和“万里”。

顺接上一个环节，教师首先提问：东吴离诗人居住的地方是不是真的有一万里远呢？

接着，教师出示诗句“飞流直下三千尺，疑是银河落九天”，回顾体会“三千尺”“落九天”的夸张写法。

最后，教师引导学生结合诗句理解“千秋”和“万里”是诗人用夸张的修辞来写时间久、路途远，顺势引导学生了解夸张是古代诗人常用的修辞方法。

（3）朗读全诗，熟读成诵。

①学生自读。

②指名读，师生对读。

③引导背诵。

任务七：在学习本课古诗的时候，我们是通过什么样的方法来想象诗句画面的

（1）独立思考，同桌相互交流。

（2）全班交流，教师总结。

（3）评价量规。

评价角度	评价星级	自我评价
能说出“含”的妙用之处，能说出作者夸张的表达手法，熟练地背诵古诗	☆☆☆	
能说出“含”的妙用之处，能说出作者夸张的表达手法	☆☆	
能说出“含”的妙用之处	☆	

【检测与作业】

（1）组内听写文中的生字词语。

（2）组内熟练背诵两首古诗。

（3）在了解诗句含义的基础上，小组内说说古诗描绘的画面。

【学后反思】

教师结合学生的回答，引导学生感悟古诗精湛的语言艺术，指导学生反复诵读，欣赏意境美，引导学生在读中理解，在理解中读。本节课，学生的理解表达到位，学习效果良好。

二年级语文　雷雨

【学习目标】

1. 知识目标

通过借助图片、联系生活实际等方式读准“压”“蝉”等6个二类字，在教师的指导下，会写“雷”“乌”等9个生字，会写“雷雨”“乌云”等词语。

2. 技能目标

能正确、流利地朗读课文，能够借助关键句说出课文中雷雨前、雷雨中和雷雨后的景色变化。

3. 理解目标

能够在语境中体会运用“压”“垂”“挂”等词语的好处。能说出自己见到过的雨及下雨时的情景，激发自己观察生活中自然景色的兴趣。

【评价任务】

（1）能在不同的语境中认读本课生字，准确书写本课易错字“垂”、易多写一画的“乌”“迎”，能以看拼音写词语的方式写出“雷雨”“乌云”等词语。

（2）能在读准字音、读通句子的基础上，借助关键句背诵雷雨前、雷雨中和雷雨后的景色变化的段落，同时能背诵课文。

（3）能在使用联系上下文、结合语境等方法猜测出字词意思的基础上，体会运用“压”“垂”“挂”等词语的好处。

（4）能用简单的语言描述见到过的雨及下雨时的情景，培养热爱自然景色的兴趣。

【学习过程】

1. 课前预习

（1）朗读课文至少三遍，注意认准读音，读通句子，并给课文段落标上序号。

（2）将课文中的生字词语及好词勾画出来，并摘抄识记。如果遇到不理解的词语，请查字典。

（3）思考课后的问题，小组内讨论不明白的问题。

（4）查阅资料并结合生活实际，说一说自己见过什么样的雨。

2. 课中学习

任务一：初读课文，认读字词

（1）学生自由朗读课文，要求边读边圈出生字，注意读准生字的字音。

（2）同桌合作认读生字卡片并及时纠正错误。

（3）出示词语卡片，认读词语。

蝉鸣　窗户　垂下　压下　迎面扑来　黑沉沉　清新　彩虹　池塘　蜘蛛

①请同桌听一听，并且进行评价。

②“开火车”认读词语。

（4）这些词语我会写。

雷雨　乌云　黑沉沉　压下　垂下　窗户　清新　迎面　扑来

①同桌讨论以上词语容易写错的地方。

②小组交流对词语的理解及其运用。

③为强化巩固，我要选几个词写一写。

（5）评价量规。

评价角度	评价星级	自我评价
能正确书写字词，并可以用字词造句	☆☆☆	
能给生字正确组两个词语，并书写正确	☆☆	
能正确认读、书写以上字词	☆	

任务二：整体感知，梳理脉络

（1）默读课文，找一找文中哪些自然段写的是雷雨前的景象，哪些自然段写的是雷雨中的景象，哪些自然段写的是雷雨后的景象。

（2）在交流过程中，引导学生抓住“雨下起来了”“雨越下越大”“雨声也小了”这些关键词语，明确第4—6自然段描写的是雷雨中的景象。

（3）根据教师引导，小组合作完成表格。

《雷雨》自主学习表一

自然段	关键词句	雷雨的阶段
4—6	“雨下起来了”“雨越下越大”“雨声也小了”	雷雨中

（4）教师小结：作者按照雷雨前、雷雨中、雷雨后的顺序写出了不同的景象，这样的顺序我们称为时间顺序。

（5）评价量规。

评价角度	评价星级	自我评价
能借助表格，用自己的话说说雷雨的阶段	☆☆☆	
能够借助关键词、关键句完成表格	☆☆	
能够熟读课文，并找出关键词、关键句	☆	

任务三：走进课文，说说加点字好在哪里

（1）再次读课文，了解雷雨前、雷雨中、雷雨后的景象。

《雷雨》自主学习表二

雷雨的阶段	对应的景象
雷雨前	
雷雨中	
雷雨后	

（2）默读雷雨前的片段，对照课文及关键词，用自己的话说一说。

（3）结合语境理解词义，朗读句子。

①出示词语：压下来、垂下来。

学生读，教师提醒“压下来”“垂下来”这两个词中的“来”要读轻声，读得又轻又短。

②将词语放回句子中。

第一，教师出示两个句子：满天的乌云，黑沉沉地压下来。一只蜘蛛从网上垂下来，逃走了。

第二，学生读句子，注意读好轻声词。

③体会“压”的运用之妙。

首先，学生演示“压”的动作。

其次，教师引导学生体会：抬头看见厚厚的乌云压下来，你有什么感觉？

最后，教师指导学生带着感受朗读这个句子。

④朗读：一只蜘蛛从网上垂下来，逃走了。

教师首先提问“垂下来”的意思，接着出示蜘蛛从网上垂下来的图片，并提问能否将“垂”字换成“落”或“掉”。

其次，教师引导学生对比理解，联系生活实际给下列短语选择合适的字，并与同桌交流。

兔子的耳朵（　　）下来　　苹果从树上（　　）下来

金黄的稻谷（　　）下来　　叶子从树上（　　）下来

再次，教师引导学生联系生活实际，理解并体会“垂”字的妙处。

最后，教师出示蜘蛛逃跑的图片，联系语境体会蜘蛛逃走时的急切，指导学生读出自己的感受。

（4）朗读雷雨中的片段，对照课文及关键词，用自己的话说一说。

（5）朗读雷雨后的片段，教师进行提问。

①出示雨后景象的图片，说说你看到了怎样的景象。

一条彩虹（　　）在天空。

②平时我们都挂（衣服）、挂（钥匙）、挂（东西），这里为什么用

“挂”字？

③说说“挂”字的好处：可以感觉到彩虹像一条五颜六色的绸带挂在天空，十分美丽。你还想到什么可以挂在天空？

一轮（夕阳）挂在天空　　　　一轮（明月）挂在天空

（6）评价量规。

评价角度	评价星级	自我评价
能够举一反三	☆☆☆	
能够找出描写雷雨前、雷雨中、雷雨后的优美句子，并说出这样写好在哪里	☆☆	
能够熟读课文，并借助任务二的学习方法完成任务三的表格	☆	

任务四：迁移表达，整体提升

（1）学生借助板书，说一说雷雨前、雷雨中、雷雨后的景色变化。可以用文中的语言，也可以用自己的话，先和同桌讨论，再进行班内交流。注意说通顺、说完整。

（2）联系自己的生活经验，说说自己见过的其他下雨的场景。

（3）评价量规。

评价角度	评价星级	自我评价
能通过本课的学习，感受到大自然的神秘和美好，并激发对大自然的向往之情	☆☆☆	
能根据所学知识，并结合生活实际说出自己见过的其他下雨的场景	☆☆	
能借助板书说出雷雨前、雷雨中、雷雨后的景色变化	☆	

任务五：作者使用了哪些手法来写《雷雨》这篇课文

（1）独立思考，同桌相互交流。

（2）全班交流，教师总结。

【检测与作业】

（1）组内听写文中的词语。

（2）我能通过找出课文关键句，说出课文是按照雷雨前、雷雨中、雷雨后的时间顺序写的，并说出它们对应的景象。

（3）我能知道每个阶段对应的不同景象，并在小组内说出加点字“压”“垂”“挂”的用字之妙。

（4）我能根据本课所学内容并结合生活实际，在班内说说自己见过的下雨的场景。

【学后反思】

本课以学生的经验为基础，请学生讲一讲自身感受的雷雨的景象，同时引导学生图文结合，边朗读边感悟；鼓励学生放飞想象力，加深体验；紧扣字词，训练发音，让学生的口头表达能力得到了充分的锻炼。

在本节课的学习中，还存在不足之处，例如在课堂提问时，个别问题的预设偏难，许多学生回答不上，导致课堂氛围不够活跃。在今后的教学中，教师应该力争从学生的生活实际出发，从学生的兴趣入手，让学生在轻松快乐的课堂上学到知识，掌握技能。

二年级语文　要是你在野外迷了路

【学习目标】

1. 知识目标

学生通过自学、词语测读等方式识记“盏”“稠”等13个二类字，在教师的指导下会写“碰”“特”等9个生字，会写“野外”“大自然”等词语。能积累由“慌”“辨”等生字拓展的词语。

2. 理解目标

能正确、流利、有感情地朗读课文，能联系上下文理解“稀”“稠”等词语的意思。

3. 技能目标

（1）能利用根据目的、抓关键词句等方式提取信息，借助看图片或视频、联系生活实际、动作表演等方式了解本课中有哪些“天然的指南针”，它们是怎样在不同情况下指引方向的。

（2）能主动了解更多关于大自然的知识，说出大自然还有哪些“天然的指南针”，探索大自然的奥秘，亲近大自然。

【评价任务】

（1）能在不同语境中认读生字，能准确书写易错字，能以看拼音写词语的方式正确写出词语。

（2）能在读准字音、读通句子的基础上，流畅地朗读课文，同时能使用联系上下文的方法理解字词的意思。

（3）能利用根据目的、抓关键词句等方式提取信息，借助图片视频、联系生活实际、动作表演等方式了解本课中有哪些“天然的指南针”，能说出“天然的指南针”是怎样在不同情况下指引方向的。

（4）在野外遇到突发状况时，能运用“天然的指南针”辨别方向，同时探索大自然的奥秘，亲近大自然。

【学习过程】

1. 课前预习

（1）自主朗读课文三遍，注意读准字音，读通句子，给文中小节标上序号。

（2）圈出文中的生字词语，遇到不认识或者不理解的生字，可利用查字典的方式进行识记，并在文中标注拼音。

（3）思考课后习题，并填写表格。

2. 课中学习

（1）互动游戏：唱反调。

我说前，你说________；我说左，你说________；我说东，你说________；我说南，你说________。

前后左右、东西南北都是表示什么的词？要是你在野外，前后左右容易辨别，东西南北就不容易分辨了。这可怎么办呢？今天我们学习了这篇课文，相信你一定能找到好办法。

（2）请大家齐读课文题目《要是你在野外迷了路》。

（3）这个题目有点长，读的时候要注意中间的停顿，听听老师是怎样读的。

（4）请再读一遍。

任务一：初读课文 认读字词

（1）我能把课文读好，做到读准字音、读通句子。

①教师：请同学们大声朗读诗歌，注意要读准字音，读通课文。遇到不认识的字词要多读几遍。

②全班齐读课文。

③同桌合作读，并及时互相纠正错误。

④同桌互评。

⑤教师出示生字卡片，由认读词语“小老师”领读。

⑥评价量规。

评价标准	评价星级	同桌互评
能读准确，声音洪亮	☆☆☆	
能在提示后全部读出	☆☆	
个别词语不认识	☆	

（2）词语认读通关。

慌张　辨别　忠实　向导　一盏　野外　大自然　天然　北极星　路灯　黑夜　阴雨天　帮忙　特别　永远　乱闯　碰上　稀稠　沟渠　积雪　需要

①自读。

②同桌互读。

③“开火车”读词语。

④评价量规。

评级标准	评价星级	自我评价
能读准确，声音洪亮	☆☆☆	
能在提示后全部读出	☆☆	
个别词语不认识	☆	

（3）词语书写大挑战。

指点　指南针　帮忙　帮助　向导　永远　碰上　特别　积雪

①识记生字，交流方法。

怎么记住这些字呢？

教师：谁来说说怎么记住“针”字？你们能写好这个字吗？请翻到课后田字格，在田字格里把针字写一遍。左边一个金字旁，右边一个十，左右各占一半。你们看这悬针竖多像一根针啊！

②“忠”字又怎么记呢？能给“忠”字组哪些词？

老师送你们几个词——忠诚、忠实、忠厚、忠心，它们都有“诚心尽力”的意思。

③“盏”字有点难，同桌交流一下，说说记“盏”字的好办法。你还认识哪些“皿”字底的字？（出示“盆”“盘”“盛”等字。）

“皿”字最初的样子是这样的：

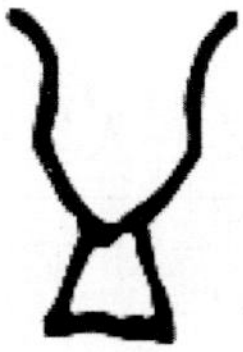

它像什么？“盏”为什么跟“皿”有关？我们来看看“盏”的意思：小杯子；量词，用于灯。我们可以说一盏______，可以说______，还可以说“这是一盏指路灯”。

写这个字要注意什么？聪明的孩子一定会发现它一横短，一横长，要写斜点。（教师范写，学生在书上写。）

④“稠”字很好记：四周都是禾苗。

⑤巩固记忆，在田字格中写一写。

⑥同桌互评。

⑦评价量规。

评价标准	评价星级	同桌互评
能合理占格，笔画美观	☆☆☆	
能正确书写笔画	☆☆	
有错字	☆	

任务二：整体感知，提取信息

（1）再读课文，思考文中告诉了我们哪几种“天然的指南针”。

（2）在文中找出，并圈出来。

（3）全班交流，分享你自己是怎么找到的。

任务三：小组合作探究，提取信息，完成表格

（1）自学课文。

①朗读课文。圈出表示时间的词句，用“____”画出这些“天然的指

南针”是怎样帮助人们辨别方向的。

②借助表格，找出这几种“天然的指南针”分别是在什么时候、怎样帮助人们辨别方向的。

（2）合作学习。

①小组讨论，完善表格，指定一人填写表格。

天然指南针	什么时候	怎样辨别
太阳		

②选择一种“天然的指南针”在全班交流。

③想一想你是怎么找出来的，全班分享交流。

④评价量规。

评价标准	评价星级	自我评价	同桌互评
能说出这些“天然的指南针”是怎样帮助人们辨别方向的	☆☆☆		
能说出这些“天然的指南针”什么时候可以帮助人们辨别方向	☆☆		
能说出有哪些“天然的指南针”	☆		

任务四：借助资料，联系生活实际，思考生活中还有哪些辨别方向的办法

（1）借助图片、资料等，说一说生活中还有哪些辨别方向的办法。

（2）说一说它是怎么帮助人们辨别方向的，全班交流。

（3）说一说你是怎么知道的。

任务五：我们是通过什么样的方法来辨别方向的？

（1）独立思考，同桌相互交流。

（2）全班交流，教师总结。

【检测与作业】

（1）小组内听写文中的生字词语。

（2）说出文中有哪几种“天然的指南针”。

（3）画一画它们分别是在什么时候、怎样帮助人们辨别方向的。

（4）说出其他三种辨别方向的方法。

【学后反思】

《要是你在野外迷了路》是一篇科学类诗歌，向学生介绍了在自然中很多细微的、能帮助人们识别方向的自然现象。学生对本课的内容很感兴趣，在课堂教学中，教师做到了以下内容。

（1）在识字部分能够发挥学生的主动性，自主学习识记生字，并采取多种形式帮助学生识记。

（2）采用了多种形式的朗读方式，例如指名读、自由读、齐读、选择自己喜欢的小节读，激发了学生朗读课文的兴趣，使学生在朗读中理解课文内容，做到有感情地朗读课文。

（3）运用课件简化并突破了课文的重难点，让学生直观形象地认识了大自然中“天然的指南针”（太阳、北极星、大树、积雪），对理解课文内容有很大的帮助。

（4）能够灵活应对课堂上学生提出的问题。

此外，还有不足的地方：在教学“北极星”小节时，为了让学生能更好地理解北极星的位置，应该准备一些动画的课件，或者直接找学生在黑板上画出来，这样会更直观。

二年级语文　太空生活趣事多

【学习目标】

1. 知识目标

识记并理解“航”“宇”等13个二类字，会写“杯”“失”等8个生字。会写“太空”“生活”等词语。能积累由“失”“洗”等生字拓展的词语。

2. 技能目标

（1）能正确、流利、有感情地朗读课文。

（2）能借助抓关键词句的方式提取信息，通过看图片或视频、联系生活实际等方式，了解太空生活中有哪些趣事。

（3）能积累由“宇”“航”“员”拓展的三组词语，能初步体会每组词语的特点。

3. 理解目标

能体会太空生活的有趣之处，对太空生活充满向往，有探索宇宙的兴趣。

【评价任务】

（1）能在不同语境中认读生字，能准确书写易错字，能以看拼音写词语的方式正确写出词语。

（2）能在读准字音、读通句子的基础上，流畅地朗读课文，同时能使用联系上下文的方法理解字词的意思。

（3）能利用根据目的、抓关键词句等方式提取信息，通过看图片或视频、联系生活实际、动作表演等方式，了解太空生活中的趣事。能说出课文中描写的太空生活中的趣事，能积累由“宇”“航”“员”拓展的三组词语。

（4）能在阅读自然、科技等科普类书籍的基础上，对太空、自然等方面充满向往，有探索宇宙的兴趣。

【学习过程】

1. 课前预习

（1）自主朗读课文三遍，注意读准字音，读通句子，给文中段落标上序号。

（2）将文中生字词语圈出来，遇到不认识或者不理解的生字，可利用查字典的方式进行识记，并在文中标注拼音。

（3）借助学习任务单，思考课后习题，并完成任务单。

2. 课中学习

任务一：初读课文，认读字词

（1）我能把课文读好，做到读准字音、读通句子。

①教师：请同学们大声朗读课文，注意读准字音，读通课文，遇到不认识的字词要多读几遍。

②同桌互读。

（2）词语认读通关。

航天员　宇宙　安稳　固定　舱壁　杯子　饮水袋　一件　问题　密封　浴桶

①自读。

②同桌互读。

③“开火车”读词语。

（3）词语书写大挑战。

杯子　失重　洗脸　洗澡　笑容　容易　洗浴　浴桶

①同桌交流画横线的生字的识记方法，全班分享，教师指导。

②小组交流这些生字的易错点，同时分享自己对这个生字的理解并组词。

③巩固记忆，在田字格中写一写。

任务二：探究文章从哪些方面写太空

（1）大声朗读第2—5段。

（2）在文章中找一找，画一画。

（3）想一想你是怎么找出这个词语的。

任务三：探究太空有趣的地方，完成表格

（1）默读第 2—5 自然段。

（2）借助表格在文章中找一找，画一画，同桌交流完成表格。

地点	睡觉	活动	喝水	洗澡
太空				
地球				

（3）想一想你是怎么发现这些有趣的地方的。

（4）评价量规。

评价角度	评价星级	自我评价
能借助表格，用自己的话说出有趣的地方	☆☆☆	
能通过对比在课文中找出有趣的地方，并正确完成表格	☆☆	
能熟读课文，在课文中标画有趣的地方	☆	

任务四：借助图片、资料等，说一说你还知道哪些太空趣事

一是借助图片、资料等，说一说太空中为什么会有这些趣事。

二是说一说太空中还有哪些趣事，以及你是怎么知道的。

任务五：我们是通过什么样的方法来找出太空生活趣事的？

（1）独立思考，同桌相互交流。

（2）全班交流，教师总结。

【检测与作业】

（1）小组内听写文中的生字词语。

（2）说出文中介绍了几件趣事。

（3）说一说它们分别有趣在哪儿，以及为什么会有这些趣事。

（4）你还知道哪些太空趣事？试着和同学们分享一下。

【学后反思】

本文是一篇科普说明文，介绍了一些新奇有趣的太空生活知识。这些趣事本身就是学生感兴趣的，加之文章语言清新活泼、生动有趣，很符合学生的口味，因而在课堂教学过程中，教师利用多媒体计算机紧紧围绕“趣”字展开，层层渗透，步步渲染。

在教学中，教师以各种各样的方式激发学生的阅读欲望和兴趣。如在汇报读时，每谈到一件趣事，教师会组织班上同学以起立读、集体读、男女赛读等方式朗读。

此外，教师还围绕教学重点，抛出学生感兴趣的话题让学生讨论，帮助学生体会课文是怎样叙述太空生活有趣的。

二年级数学　单元起始课

【学习目标】

（1）设计生日派对方案。

（2）根据方案提出本单元要研究的问题，确定本单元的探究性问题。

【评价任务】

生日派对方案

________组	
时间	
地点	
参与人	
准备物品及数量	

活动内容	具体做法
分食物	
做游戏	
听故事	

【学习过程】

1. 课前准备

教师准备：生日派对方案模板、课件。

2. 课中学习

任务一：制订生日派对方案

（1）学习指南

①教师介绍本次任务。

②以小组为单位设计一份生日派对方案。

③全班展示交流，补充完善生日派对方案。

（2）学习支架

表现性任务

小丽快要过生日了，她想邀请自己的好朋友开一个生日派对。假设你是她最好的朋友，请你帮助小丽在生日派对中把食品平均分给每个人，

续表

并在派对的游戏过程中把参加的小朋友平均分组。 你将面临两大挑战：一是设计生日派对，使派对顺利、愉快地举行；二是清楚地呈现派对流程，使大家能据此开展派对。这需要用除法算式表示平均分的过程和结果。 最后，你要用数学日记的形式把生日派对的准备过程、平均分东西的过程记录下来，依次说明参加派对的人数、食品的数量以及你是怎么平均分食品的。

生日派对方案

________组	
时间	
地点	
参与人	
准备物品及数量	

活动内容	具体做法
分食物	
做游戏	
听故事	

（3）评价量规

评价标准	评价星级	自我评价
能把生日派对方案补充完整，内容符合表现性任务要求	☆☆	
能补充生日派对方案，但是不完整	☆	
不能补充生日派对方案		

（4）设计说明

根据任务制订生日派对方案，让学生多一些动脑动手的机会，让他们在游戏中获得知识，在游戏中加强运动，提高他们对学习的兴趣。以小组为单位活动，可以增强学生的合作意识和互帮互助的意识。

任务二：确定本单元的探究性问题

（1）学习指南

①以小组为单位，根据生日派对方案提出问题。

②全班交流，说一说各小组的问题。

③全班确定本单元的探究性问题。

（2）学习支架

生日派对方案

________组	
时间	
地点	
参与人	
准备物品及数量	

活动内容	具体做法
分食物	
做游戏	
听故事	

（3）评价量规

评价标准	评价星级	自我评价
既能提出促进探究的问题，又能提出促进理解的问题	☆☆	
能提出促进探究的问题，但不能提出促进理解的问题	☆	
不能提出促进探究的问题，也不能提出促进理解的问题		

（4）设计说明

学生通过自己设计的生日派对方案提出数学问题，感受到数学就在自己的生活中，与生活息息相关。

【检测与作业】

自主搜集分东西的方法，并说明为什么这么分。

【学后反思】

本节课作为单元起始课，教师在教学中应注重学生知识的迁移和运用，了解学生的认知水平，查缺补漏，让学生从以往的学习经历中反思数学方法，积累解决问题的策略，提升运用策略解决问题的能力，逐步将数学能力转变为数学素养。

二年级数学　平均分及动手操作平均分

【学习目标】

1. 知识目标

知道什么是平均分。

2. 技能目标

（1）能又对又快地平均分东西。

（2）掌握平均分的两种方法，即按份数平均分和按每份的个数平均分。

3. 理解目标

平均分是分东西的一种方法，平均分的结果都是每份分得同样多。

4. 关键能力

动手操作能力、观察能力、基于证据的说理能力、团结协作能力。

【评价任务】

（1）下面哪种分法是平均分？

（2）分一分，填一填。

①

9根 平均分给3个小朋友，每个小朋友分（　　）根。

②

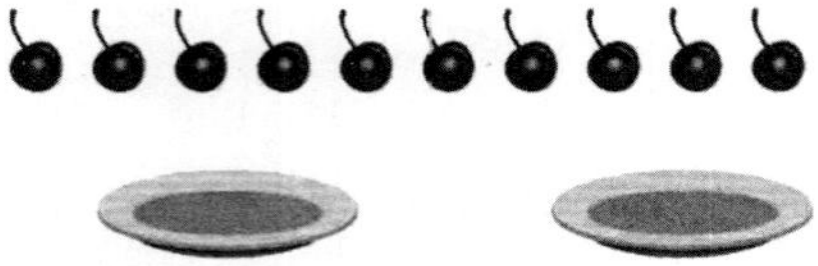

10个 平均放在2个 里，每个 里放（　　）个。

【学习过程】

1. 课前准备

教师准备：PPT、探究单。

学生准备：小圆片学具三组，每组分别是16个、24个、36个。

2. 课中学习

任务一：探究什么是平均分

◎探究性问题：16个纸杯蛋糕，分给8人，应该怎么分呢？还有其他的分法吗？

（1）学习指南

①学生用小圆片学具代替纸杯蛋糕摆一摆、分一分，与同桌交流自己是怎么分的。

②教师说明分得同样多的方法叫作平均分。

③教师出示不同分法的图片，学生判断哪些分法是平均分。

④学生从生活中找平均分的例子。

（2）学习支架

①小圆片学具。

②说一说哪种分法是平均分。

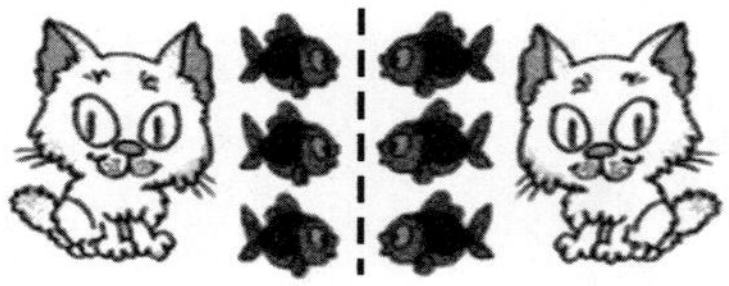

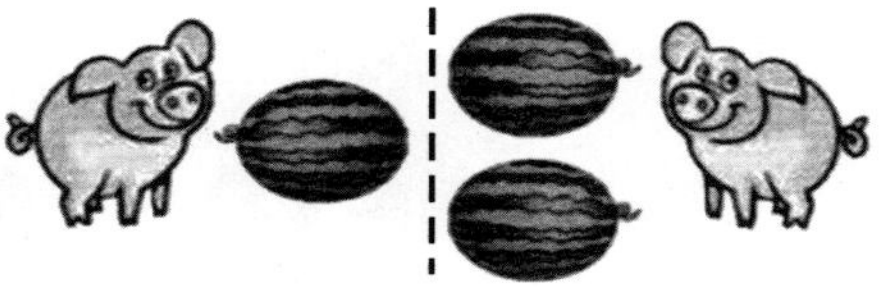

（3）评价量规

评价标准	评价星级	自我评价
既能举例说出什么是平均分，又能判断出哪种情况是平均分	☆☆	
不能举例说出什么是平均分，但是能判断哪种情况是平均分	☆	
既不能举例说出什么是平均分，也不能判断哪种情况是平均分		

（4）设计说明

学生先思考探究性问题，再自主利用学具摆一摆。在动手实践的过程中，学生感悟到分蛋糕的方法有好几种，为之后学习分几份和怎样分做铺垫。经过教师的引导，学生能总结出平均分的意义。

任务二：动手操作——“按份数平均分”

◎探究性问题：把 24 根棒棒糖平均分，可以分给几人，每人能分到几根棒棒糖？（追问 1：还可以怎么分？追问 2：以上不同的分法都有什么共同点？）

（1）学习指南

①学生用小圆片学具代替棒棒糖动手摆一摆，按不同的分法分一分（可以一个一个分，两个两个分……），借助探究单自主解决平均分的问题。

②同桌两人借助探究单，用规范的语言交流自己平均分棒棒糖的过程和结果。

③教师引导学生观察、对比多种分法，说出不同分法都有什么共同点。

（2）学习支架

探究单一

24 根棒棒糖，平均分给 3 人，每人分（　　）根。

24 根棒棒糖，平均分给 4 人，每人分（　　）根。

24 根棒棒糖，平均分给 6 人，每人分（　　）根。

24 根棒棒糖，平均分给 8 人，每人分（　　）根。

（3）评价量规

评价标准	评价星级	自我评价
能又对又快地按份数进行平均分，能借助学习支架说出按份数平均分的过程和结果	☆☆	
能正确地按份数进行平均分，但是不能用规范的语言说出按份数平均分的过程和结果	☆	
不能按份数进行平均分		

（4）设计说明

学生先思考探究性问题，再借助小圆片学具和探究单动手摆一摆、画一画，以便得出多种不同的分法。学生进一步体会到分法可以不同，但每份分得同样多才是平均分。学生理解平均分的含义，了解平均分的方法，为认识除法积累丰富的感性经验。

任务三：动手操作——“按每份的份数平均分”

◎探究性问题：把 36 颗樱桃平均分，每人分几颗，可以分给几人？（追问：还可以怎么分？）

（1）学习指南

①借助学习支架，数一数、算一算一共有多少颗樱桃。

②用圈一圈的方法圈出每人分 4 颗，数一数可以分给几人。

③与同桌交流自己按每份的颗数平均分樱桃的过程及结果。

（2）学习支架

探究单二

①一共有（　　）颗樱桃。

②每人分 4 颗，可以分给（　　）人。

③每人分 6 颗，可以分给（　　）个。

（3）评价量规

评价标准	评价星级	自我评价
能又对又快地按每份的个数进行平均分，能用学习支架说出按每份的个数平均分的过程和结果	☆☆	
能正确地按每份的个数进行平均分，能用学习支架说出按每份的个数平均分的过程和结果	☆	
不能按每份的个数进行平均分		

（4）设计说明

学生先思考探究性问题，再借助小圆片学具和探究单动手摆一摆、画一画、圈一圈。“还可以怎么分”这一开放性的问题，可以引出不同的分法，学生由此进一步体会平均分的含义，为初步认识除法打基础。

任务四：梳理总结平均分的两种情况

◎探究性问题：请回想一下，本节课学习了平均分的几种情况？

（1）学习指南

①小组合作：借助探究单回顾本节课学习的内容，思考平均分有几种

情况，分别是什么。

②同桌合作：说一说探究单一和探究单二的相同点和不同点。（分别对应平均分的哪种情况。）

（2）学习支架

探究单一和探究单二。

（3）评价量规

评价标准	评价星级	自我评价
能说出平均分有两种情况，能借助实物图区分是按份数平均分还是按每份的个数平均分	☆☆	
能说出平均分有两种情况，但不能借助实物图区分是按份数平均分还是按每份的个数平均分	☆	
不能说出平均分有两种情况，也不能借助实物图区分是按份数平均分还是按每份的个数平均分		

（4）设计说明

学生根据探究性问题，回想一下本节课学习了哪几种情况的平均分，并借助探究单，理解平均分的两种情况：第一种是按份数平均分，第二种是按每份的个数平均分。通过动手操作、表达交流，对比体会“按份数平均分”和“按每份的个数平均分”两种分法的区别和联系。

【检测与作业】

（1）摆一摆，填一填

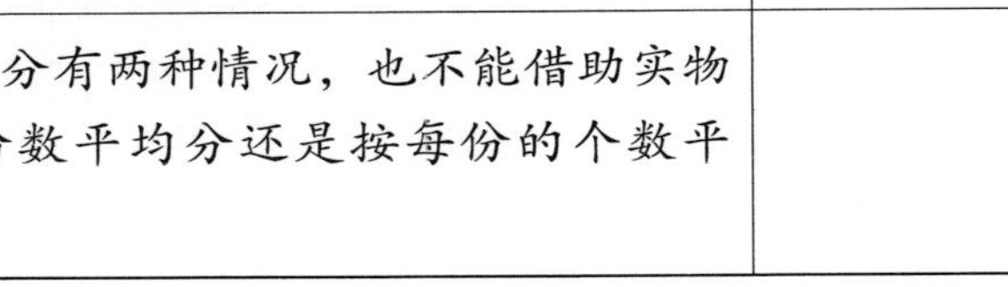

① 14 支铅笔，平均分成（　　）份，每份（　　）支。

② 14 支铅笔，每（　　）支一份，能分（　　）份。

（2）分一分，记录下来

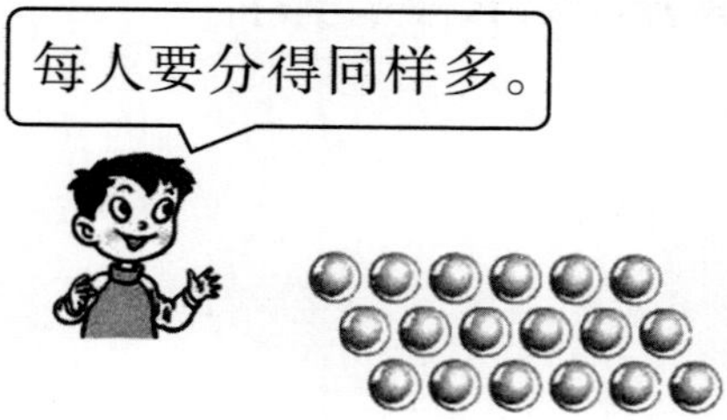

人数	2		6	
每人分得的个数		6		2

【学后反思】

本节课突显了数学源于生活又应用于生活的理念，教师引导学生利用手中的学具，通过摆一摆、看一看、数一数等实际操作手段，实现知识间的转化。

在整个教学过程中，教师安排了诸多活动，给学生一种整体感和亲切感。此外，将情境串成串，更便于学生学习，使学生的思维随着故事情节的发展更加活跃，更容易理解数学问题，提高解决问题的能力，增强学生学习的内驱力，激发学生学习数学的浓厚兴趣。

二年级数学　用除法表示平均分

【学习目标】

1. 知识目标

（1）知道除法算式中各部分的名称及意义。

（2）知道用除法可以解决生活中平均分东西的问题。

2. 技能目标

生活中遇到平均分东西的实际问题时，会用除法运算表示，并会读写除法算式。

3. 理解目标

（1）理解除法是在又对又快地平均分东西的过程中产生的。

（2）理解除法是解决生活中每份分得同样多的数学方法。

4. 关键能力

动手操作能力、观察能力、基于证据的说理能力、团结协作能力。

【评价任务】

（1）

8 个 ，平均分给 4 人，每人分（　　）个。

□○□=□（个）

（2）

16个，每人分8个，可以分给（　　）人。

□○□=□（人）

【学习过程】

1. 课前准备

教师准备：圆形磁力贴、课件。

学生准备：小圆片或小方块学具。

2. 课中学习

任务一：除法运算——“按每份的个数平均分”

◎探究性问题：8人做游戏，2人一组，可以分成几组？

（1）学习指南

①学生按照情境进行小组合作，通过摆一摆、画一画、圈一圈等方式，能说出8里面有几个2。

②学生通过分的过程和结果能列出除法算式，并能读出除法算式，说出除法算式中各部分表示的意义。

（2）学习支架

①列式：（　　　　　　　　　　）。

②读作：（　　　　　　　　　　）。

③算式各部分的意义：8表示（　　），2表示（　　），（　　）表示（　　）。

④算式表示把（　　）按每（　　）个一份，每份有（　　）个。

（3）评价量规

评价标准	评价星级	自我评价
能准确写出、读出除法算式，并能正确说出除法算式表示的意义	☆☆	
能准确写出、读出除法算式，但是不能正确说出除法算式表示的意义	☆	
不能准确写出、读出除法算式，也不能正确说出除法算式表示的意义		

（4）设计说明

学生先思考探究性问题，再自主利用学具摆一摆、圈一圈，理解“可以分成几组，就是求 8 里面有几个 2”，在此基础上，理解“用除法计算”，从而建立平均分与除法的联系，初步认识除法。在这个过程中，教师要引导学生联系平均分的过程，明确算式中各部分所表示的意义，使学生真正理解除法的意义。

任务二：除法运算——“按份数平均分”

◎探究性问题：8 人做游戏，平均分成 4 组，每组有几人？

（1）学习指南

①学生通过摆一摆、分一分等方式，理解“每组有几人，就是把 8 平均分成 4 份，求每份是多少”。

②学生通过分的过程和结果独立列出算式，并说出算式中各部分的名称和表示的意义。

（2）学习支架

①列式：（　　　　　　　　　　　　）。

②算式每个数的名称：8 叫（　　），4 叫（　　），（　　）叫（　　）。

③算式表示把（　　）平均分成（　　）份，每份有（　　）个。

（3）评价量规

评价标准	评价星级	自我评价
能准确列出除法算式，并能正确说出除法算式中各部分的名称及其表示的意义	☆☆	
能准确列出除法算式，但是不能正确说出除法算式中各部分的名称及其表示的意义	☆	
既不能准确列出除法算式，也不能正确说出除法算式中各部分的名称及其表示的意义		

（4）设计说明

学生先思考探究性问题，再利用学具摆一摆、分一分。教师引导学生理解“求每组有几人，就是把 8 平均分成 4 份，求每份是多少”，并在此基础上解释“也可以写成除法算式”，同时教授学生除法各部分的名称。

任务三：用除法运算解决实际问题

◎探究性问题：

①每盒有（　　）个，有（　　）盒，一共有（　　）个。

□○□=□（个）

②有（　　）个，每盒放（　　）个，放了（　　）盒。

□○□=□（盒）

③有（　　）个，平均放在（　　）个盒子里，每盒放（　　）个。

□○□=□（个）

（1）学习指南

①学生观察题目，读懂题意。

②利用本节课学习的知识自主完成题目。

③同桌交流。

（2）评价量规

评价标准	评价星级	自我评价
既能准确完成题目，又能说清在什么情况下需要用除法解决问题	☆☆	
能准确完成题目，但是不能说清在什么情况下需要用除法解决问题	☆	
不能准确完成题目，也不能说清在什么情况下需要用除法解决问题		

（3）设计说明

本题为看图列算式，渗透了乘除法之间的联系，学生需要先读图把信息补充完整，再列式，再交流。交流时，教师要注意引导学生说一说列式的依据。比如（1）题是求一共有几个几，所以列乘法算式；（2）、（3）题都是将一个数进行平均分，所以列除法算式。

【检测与作业】

（1）填空

① 10 枝百合花，每 2 枝插一个花瓶，可以插（　　）瓶。

□○□=□（瓶）

② 10 枝百合花，平均插在 5 个花瓶里，每个花瓶插（　　）枝。

□○□=□（枝）

（2）讲数学故事

【学后反思】

本节课是在学生认识平均分的基础上进行的，教师利用学生喜欢的连环画的形式，激发他们学习的兴趣。教学时，教师充分利用了直观学具的作用，让学生利用学具分一分、摆一摆、说一说，从实际中感悟数学，从而建立平均分与乘法的联系，初步认识除法。

二年级数学　有关 0 的除法

【学习目标】

1. 知识目标

知道 0 除以任何一个不为 0 的数都得 0。

2. 技能目标

会用 0 除以一个数的算式表示平均分 0 个物体的情况。

3. 关键能力

动手操作能力、观察能力、基于证据的说理能力、团结协作能力。

【评价任务】

分一分。

$\square \div 2=\square$（个）

$\square \div 2=\square$（个）

【学习过程】

1. 课前准备

教师准备：课件。

2. 课中学习

任务一：除法运算——“认识有关 0 的除法”

◎探究性问题：5 只小猴子在水中捞月亮，把捞到的月亮平均分给 5 只小猴子，每只小猴子能分到几个月亮？

（1）学习指南

学生独立思考，理清题意，列出除法算式，借助学习支架说出算式和结果的意义。

（2）学习支架

①列式：(　　) ÷ (　　) = (　　)。

②意义：算式表示把（　　）平均分成（　　）份，每份是（　　）。

（3）评价量规

评价标准	评价星级	自我评价
能列出除法算式，并借助学习支架说出算式及其结果的意义	☆☆	
能列出除法算式，但是不能借助学习支架说出算式及其结果的意义	☆	
不能列出除法算式，也不能借助学习支架说出算式及其结果的意义		

（4）设计说明

学生先思考探究性问题，再说一说是怎么把几个月亮平均分的。教师让学生在独立思考的基础上进行交流，鼓励学生用自己的语言把想法表达清楚。根据学习支架，让学生结合具体情境说一说每个数表示的意义，深化他们对除法意义的认识。

任务二：除法运算——“有关 0 的除法算理和算法”

◎探究性问题：如果把捞到的月亮分别平均分给 4 只、6 只、7 只、8 只、9 只小猴子呢？（追问：能不能把捞到的月亮平均分给 0 只猴子？）

（1）学习指南

①学生完成表格，借助学习支架观察算式，小组合作探究 0 的除法运算规律。

②小组合作探究 0 为什么不能做除数，并能通过举生活中的例子进行说明。教师最后引导学生总结出 0 的除法运算规律。

（2）学习支架

捞到的月亮平均分给几只猴子	每只猴子分几个月亮？（列式计算）
4 只	
6 只	
7 只	
8 只	
9 只	

（3）评价量规

评价标准	评价星级	自我评价
能探究出 0 的除法运算规律，并应用规律解决实际问题	☆☆	
不能探究出 0 的除法运算规律，但是能应用规律解决实际问题	☆	
不能探究出 0 的除法运算规律，也不能应用规律解决实际问题		

（4）设计说明

教师先引导学生思考探究性问题，再结合具体情境，使学生充分理解有关 0 的除法，在大量练习 0 的除法题目的前提下，引导学生得出“0 除以任何一个不为 0 的数都得 0”的结论。

【检测与作业】

（1）计算

0 ÷ 3=　　　　0 ÷ 10=　　　　0 ÷ 7=

（2）解决问题

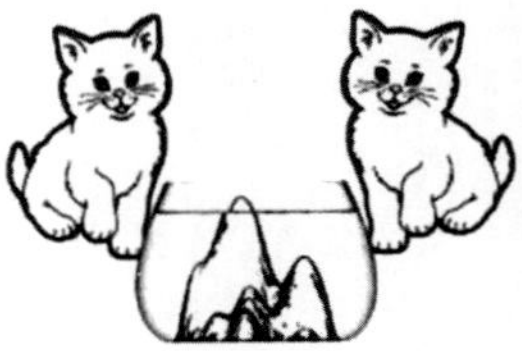

□ ÷ 2= □（条）

【学后反思】

学生能在熟悉的童话故事中研究数学知识，都非常高兴，学习积极性特别高。教师以讲故事的形式切入后，把握节奏，紧接着抛出本节课的研究问题，并引导学生说出除法算式，总结规律，最终计算出正确答案。这节课的不足之处在于，教师设计的部分问题出现得比较突兀，没有做好上下衔接，学生不容易理解。

二年级数学　单元整理课

【学习目标】

学生回顾、梳理生日派对流程，理解知识之间的联系。

【评价任务】

整理本单元的知识框架。

【学习过程】

1. 课前准备

教师准备：PPT、探究单。

2. 课中学习

任务一：回顾整理

（1）学习指南

①以小组为单位，借助表格回顾、梳理生日派对的过程。

②全班展示交流，补充并完善表格。

（2）学习支架

活动内容	具体内容（数学信息）	记录平均分的过程	数学方法记录
分食物			
分组做游戏			
听故事			

（3）评价量规

评价标准	评价星级	自我评价
能把表格补充完整，内容符合单元要求	☆☆	
不能把表格补充完整	☆	

（4）设计说明

通过小组合作，借助学习支架，对单元的知识点和派对过程中产生的问题进行整理，构建出本单元的知识体系。

【检测与作业】

通过对本单元的整理，写一篇数学日记。

【学后反思】

在单元整理课中，首先，教师引导学生自主回顾本单元所学知识内容，给学生充分的时间和空间，让学生进行独立思考。学生通过小组合作互相补充，积极回答，通过回忆和交流对本单元内容有一个再现的过程。

其次，教师充分利用综合情景图，引导学生仔细观察情景图，发现并提出有关的数学问题，进而解决问题。

最后，教师引导学生根据本单元的整理与回顾，自主设计本单元的思维导图，并在全班交流。在整理过程中，教师进行了适当的指导。

三年级语文　我们奇妙的世界

【学习目标】

1. 知识目标

通过自学生字、词语测读等，认识“蔚”“雕”等9个二类字，能正确书写“呈”“幻”等11个生字，会写“呈现”“变幻”等词语，提升自主识字、学词的能力。

2. 理解目标

（1）能借助关键字词和概括法，理解课文是从哪几个方面来写天空和大地的。

（2）能联系生活实际，理解“一切看上去都是有生命的”这句话的含义。

3. 技能目标

能仿照例句，写出自己发现的普通而美好的事物。

【评价任务】

（1）能正确认读本课生字词，正确书写并默写11个生字。能正确、流利、有感情地朗读课文，做到读准字音、不漏字添字，语速合理。

（2）能借助关键词，通过小组交流、师生对话，概括出课文是从哪几个方面来写天空和大地的。

（3）能在小组探讨的基础上，结合自己的生活经验，用自己的话说说“一切看上去都是有生命的”的含义。

（4）能发现并感受身边普通而美好的事物，并能仿照例句写出来。

【学习过程】

1. 课前准备

教师准备：磁力贴、课件。

2. 课中学习

任务一：初读课文，认读字词

（1）我能把课文读好，争取做到读准字音、读通句子。

（2）这些词语我会读。

奇妙　呈现　变幻　群星　奇迹　诱人　圆润　感叹　光芒　冰柱　锋利　刀剑　普通　模型　存在

①读给同桌听，请同桌评价。

②小组认读词语。

（3）这些词语我会写。

呈现　变幻　奇迹　诱人　圆润　感叹　锋利　普通　模型　存在

①和同桌交流容易写错的字。

②小组交流彼此不理解的词语。

③这几个词语容易写错，我再写一写。

任务二：整体感知，梳理结构

（1）回顾围绕一个意思把一段话写清楚的写作方法。

（2）自由朗读第2—8自然段，圈画出表示时间的词语或短语，全班交流。

（3）默读第2—8自然段，圈出每个时间段里写了哪些事物，每一个事物的特点是什么。

（4）在小组内交流。

（5）全班交流，借助关键词说出课文是从哪几个方面来写天空和大地的。

任务三：理解关键语句

（1）有感情地朗读第3自然段，读出云彩的生机盎然，学生互评。

（2）比较阅读第3、第4自然段，读出云彩的变化多端，学生互评。

（3）选择第3—16自然段中自己喜欢的句子或者段落，有感情地朗读。

（4）全班展示交流。

（5）说说自己朗读中的感受。

（6）结合生活实际，借鉴课文的表达方法，说说对“一切看上去都是有生命的”这句话的理解。

任务四：回顾全文，方法小结

（1）自由朗读课文，思考：作者是怎样把奇妙的世界写清楚的？

（2）小组交流，全班展示。

任务五：拓展练习

（1）小组交流：在你的身边有哪些美好的事物？美在哪里？用上至少一种修辞手法，选择一种事物写出它的美。

（2）评价量规。

评价标准	评价星级	自我评价
能具体描写一种事物，不仅语句通顺，而且用词优美，恰当使用修辞手法，描写生动，有画面感	☆☆☆	
能具体描写一种事物，做到语句通顺，且能正确使用修辞手法	☆☆	
能完整描写一种事物，且语句通顺	☆	

【检测与作业】

（1）同桌互相听写课文中的生字词。

（2）组内交流课文是从哪几个方面来写天空和大地的。

（3）将下列句子补充完整，写出事物的特点。

一阵风吹来，风车______________________________。

（4）你认为小草有生命吗？为什么？

【学后反思】

本文通过描绘天地中的各种事物，展现了世界之奇、美，表达了作者对大自然、对世界的热爱。

课文篇幅较长，但结构清晰，围绕“这是一个奇妙的世界，一切看上去都是有生命的”这个关键句，从天空和大地两个方面写出了世界的奇妙。无论是天空，还是大地，作者都是以时间为线索来写的。教学时，教师引导学生在充分朗读的基础上，通过圈画的方法，找到两部分内容中表示时间的词语或短语，理清作者的表达顺序。接着引导学生了解每个时间段里写了哪些事物，每一个事物的特点是什么。

在“天空”部分的教学环节，考虑到学生可能无法直接领悟到文中提及的太阳、云彩、雨点等生活中常见事物的奇妙之处，教师先引导学生理解这些事物都是和“天空”相关的，都是作者从“我们看见”这个角度写的。接着引导学生思考同一个事物在一天里有什么变化，比如，“太阳升起”和“落日”、晴空的云彩和下雨前的云彩，通过对比帮助学生发现：正是太阳、云彩、雨点这些“魔术师”不断地变着戏法，才让“天空”这个无边无际的舞台充满了奇妙。课文就是围绕这些事物在一天中的变化来写天空的。

在“大地”部分的教学环节，教师引导学生在找到所写的事物后，从“我们能看到”的这些事物分别有什么特点入手，概括出植物生长、水果颜色各异、冬天水会结冰等内容，启发学生迁移运用所学知识，感受四季轮回的奇妙。

最后，引导学生理解“一切看上去都是有生命的”这句话的含义。对学生而言，难点不是缺少具体的事物，而是怎样去表达。于是教师启发学生借鉴课文的表达方法，使用恰当的修辞手法，写出事物的奇妙。

三年级语文　海底世界

【学习目标】

1. 知识目标

认识“窃”“私”等11个二类字，读准多音字“差”，会写“宁”“官”等12个生字，会写“海底”“宁静”等词语。

2. 技能目标

（1）正确、流利地朗读课文。能说出课文是从哪几个方面来表现海底世界的奇异景色和丰富物产的。

（2）能说出第4自然段和第5自然段是如何围绕一句话把意思写清楚的。

3. 理解目标

理解“窃窃私语”等词语的意思，体会它们的表达效果。

【评价任务】

（1）能通过回顾旧知，说出本篇课文是“总—分—总”的结构。

（2）能通过朗读课文，读懂课文，并能利用找段落的关键句和关键词、概括段落大意等方法，指出课文是从哪几个方面来介绍海底世界的。

（3）能通过先找关键词、关键句，然后找出句子中用到的说明方法（列数字、做比较），指出第4、第5自然段是怎样围绕关键句把意思说清楚的。

（4）能通过找出两组句子的不同，对词语、短语进行分析，找出句子运用的修辞手法，并结合语境想象画面，说出拟人手法在本文具体语句中运用的好处。

【学习过程】

1. 课前准备

教师准备：磁力贴、课件。

2. 课中学习

任务一：初读课文，认读字词

（1）我能把课文读好，争取做到读准字音、读通句子。

（2）这些词语我会读。

海底　宁静　器官　行进　海参　攻击　反推力　迅速　后退　轮船　长途　石油　天然气

①读给同桌听一听，请同桌评价。

②“开火车”认读词语。

（3）这些词语我会写。

海底　宁静　器官　行进　海参　攻击　反推力　迅速　后退　轮船　长途　石油　天然气

①与同桌交流容易写错的字词。

②在全班交流自己对词语的理解及其运用。

③为强化巩固，我要选几个词写一写。

任务二：整体感知

说说课文是从哪几个方面来介绍海底世界的。

学法指导：

①学生自由朗读课文第 2—6 自然段。

②借助思维导图在文章中找一找、画一画、标一标。

③想一想自己是怎么找出来的。

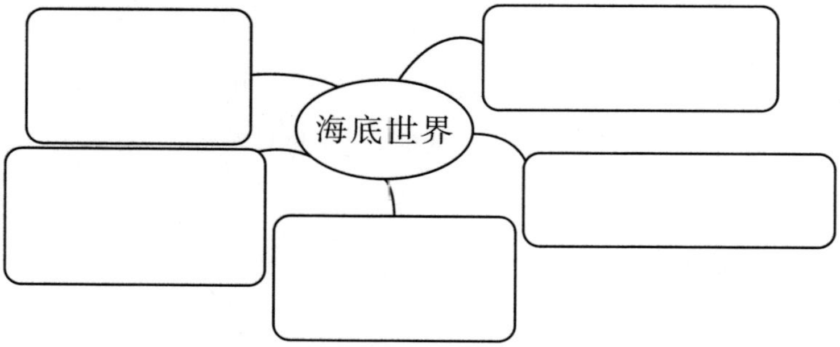

思维导图

④评价量规。

评价角度	评价星级	自我评价
能和同学交流后说出这五个方面	☆☆	
能借助关键句概括段落内容	☆	
能略读课文，并借助思维导图确定共有几个方面	☆	

任务三：深入理解

（1）说说第 4 自然段是怎样围绕“海里的动物，各有各的活动方法”这句话把这段意思写清楚的。

学法指导：

①朗读第 4 自然段。

②借助表格，找出第 4 自然段描写了哪些动物，并圈出来。

③找出各种动物的活动方式或活动特点，并用“～～”画出来。

④想一想自己是怎么找出来的。

⑤评价量规。

评价角度	评价星级	自我评价
能说出课文是用什么方法把活动方式写清楚的	☆☆	
能找出不同动物不同的活动方法	☆	
能找出课文描写了哪些海底动物	☆	

（2）利用上面的学习方法，说说第 5 自然段是怎样围绕“海底的植物差异也很大”这句话把这段意思写清楚的。

①学法指导：

首先，自主朗读第 5 自然段。

其次，小组内讨论第 5 自然段写了植物在哪些方面的差异，并在文中标出来。

最后，想一想这些差异是怎么体现的。

②学生先根据第 4 自然段的学习方法在小组内自主学习，然后在班内分享。

任务四：体会拟人化词语运用的好处

（1）朗读下面两组句子，思考它们的不同，说一说你觉得哪个句子更好，好在哪里。

第一组：

①海底的动物常常在窃窃私语。

②海底的动物常常会发出轻轻的声音。

第二组：

①还有些贝类自己不动，却能巴在轮船底下作免费的长途旅行。

②还有些贝类自己不动，却能巴在轮船底下移动。

（2）评价量规。

评价角度	评价星级	自我评价
能说出在两句话中运用拟人修辞手法的妙处	☆☆	
能发现两组句子中有两句话运用了拟人修辞手法	☆☆	
能找出同组句子的不同	☆	

任务五：回顾全文，方法小结

（1）自由朗读课文，思考：作者是怎样把海底世界写清楚的？

（2）小组交流，全班展示。

【检测与作业】

（1）组内听写课文中的生字词。

（2）说出课文是从哪几个方面来介绍海底世界的。

（3）说出第 4、第 5 自然段是怎样分别围绕“海里的动物，各有各的活动方法”“海底的植物差异也很大”这两句话把意思写清楚的。

（4）说出在“海底的动物常常在窃窃私语”“还有些贝类自己不动，却能巴在轮船底下作免费的长途旅行”这两句中运用拟人修辞手法的好处。

【学后反思】

这是一篇介绍海洋的常识性课文，全文以生动形象的语言介绍了海底景色奇异、物产丰富的特点。全文结构清晰，不论是文章整体结构还是文段结构，都十分明确地围绕一个意思展开。据此，教师采取以下方式进行教学。

一是给学生提供自主阅读的空间。新课标提出了个性化阅读的概念。本课主题是大海，课前教师询问学生对大海的印象时，鼓励学生不拘于课文所介绍的海洋特点。同时，在引导学生谈论喜欢的动物时，涵盖了各种不同的阅读兴趣指向，在预设中尽可能考虑会出现的各种情况，尊重学生的个性化阅读需求。设计的课外延伸环节，尽可能调动学生的课外阅读兴趣，架起课内阅读与课外阅读之间的桥梁。

二是注重增强学生自主学习和小组合作的意识。这篇科普文浅显易懂，结构特点明显。全文围绕最后一个自然段展开，让学生首先找到关键句，再进行分段学习。由教师引导学习到小组合作学习和自主学习，充分发挥学生学习的自主性，增强其合作意识。

三年级语文　火烧云

【学习目标】

1. 知识目标

通过自学生字、词语测读等，认识“喂”“盈”等8个二类字，读准多音字“模”，能正确书写“必”“胡”等13个生字，会写“火烧云”“晚饭”等词语，提升自主识字、学词的能力。积累文中表示颜色的词语。能有感情地朗读课文。背诵第3—6自然段。

2. 技能目标

了解课文是从哪几个方面把火烧云写清楚的，能用自己的话说出来，提升概括和语言表达能力。

3. 理解目标

能借助相关语句说出火烧云的特点，体会人们看到火烧云时的喜悦之情。

【评价任务】

（1）能正确认读、书写生字组词，并背诵第3—6自然段。

（2）能说出课文是从颜色和形状两个方面介绍火烧云的。

（3）能借助相关语句说出火烧云颜色和形状变化多和快的特点。

【学习过程】

1. 课前准备

教师准备：磁力贴、课件。

2. 课中学习

任务一：初读课文，认读字词

（1）我把课文读好，争取做到读准字音、读通句子。

（2）这些词语我会读。

喂猪　笑盈盈　红彤彤　跪着　庙门前　一模一样　镇静　揉一揉

①读给同桌听一听，请同桌评价。

②“开火车”认读词语。

（3）这些词语我会写。

火烧云　晚饭　胡子　金灿灿　凶猛　接着　威武　镇静　必须　骑马

①与同桌交流容易写错的词语。

②在全班交流自己对词语的理解及其运用。

③为强化巩固，我要选几个词写一写。

任务二：整体感知，说说课文是从哪几个方面来写火烧云的

（1）自由朗读课文，运用在《我们奇妙的世界》和《海底世界》学到的方法，思考：课文是从哪几个方面来描写火烧云的？画出相关语句。

（2）在小组内交流画出的相关语句，归纳总结作者的描写角度，并在全班交流汇报。

（3）评价量规。

评价标准	评价星级	自我评价
能自主、快速地找出并说出相关语句	☆☆☆	
能在组内成员的启发下找出并说出相关语句	☆☆	
能在师生交流后找出并说出相关语句	☆	

任务三：体会火烧云颜色变化、形状变化的特点

（1）细读第3自然段，体会火烧云颜色变化的特点。

①问题切入：作者是怎样写火烧云颜色变化极多的？在文中找到并圈出表示火烧云颜色的词语。

②引导学生将这些词语分成三类，读好这些词语，并初步体会火烧云颜色的丰富多变。

③抓住4个“一会儿”，体会火烧云颜色变化快的特点。

（2）细读第4—6自然段，体会火烧云形状变化的特点。

问题切入：这地方的火烧云除颜色变化极多以外，还有什么变化也很多？

引导学生关注描写火烧云形状变化的3个自然段，并抓住这3个自然段开头表示时间的词语“一会儿”“忽然”“接着”，引导学生发现在短时间内云层就有3种形状变化，感受火烧云形状变化的多与快。

（3）评价量规。

评价角度	评价星级	自我评价
能自主、快速地找出第3自然段中表示颜色的词语	☆	
能借助相关语句说出火烧云颜色的特点	☆	
能借助相关语句说出火烧云形状的特点	☆	

任务四：回顾全文，方法小结

（1）自由朗读课文，思考：作者是怎样把火烧云写清楚的？

（2）小组交流，全班展示。

【检测与作业】

（1）组内听写课文中的生字词，检查背诵第3—6自然段。

（2）说出课文是从哪几个方面介绍火烧云的。

（3）借助相关语句说出火烧云颜色和形状的特点。

【学后反思】

《火烧云》是一篇写景的文章，描写的是晚饭过后，火烧云从上来到下去的过程中颜色和形状的变化，表现了作者热爱大自然、热爱生活的思想感情。在设计本文的教学过程时，教师力求在各个教学环节中体现学生在学习中的主体作用，让学生从视频和图片中感受大自然的魅力。学生积极性高涨，在美丽的自然风光中享受到了美的陶冶，又收获了课文围绕特点把景物写清楚的方法。但是不足之处有以下几点。

第一，重点段落的朗读时间不足。本课重点是火烧云形状的变化，但是学生对云的形状是怎样变化的，理解得不够透彻。

第二，没有在预设的时间内完成任务。在今后的教学中，教师要注意充分利用课堂的有效时间完成教学目标，使教学活动既扎实又灵活。

通过这一课的教学，教师感触颇多。教师讲课，不仅要从个人的立场出发，更应该立足学生的求知欲，引起他们的兴趣，激发他们的好奇心，最大限度地挖掘他们的潜力，进而帮助他们提高学习效率和自身素质。让学生带着愉快的情绪活动，使思维在广阔性、深刻性、逻辑性、灵活性等各个方面得到全面发展；不仅要让学生在思想上受到大自然美的熏陶，更要让学生在进行语言文字训练的同时掌握学习方法，培养学习能力。学无止境，教亦无止境，教师要继续努力，不断克服缺点，让每一堂课更加精彩！

三年级语文　习作：国宝大熊猫

【学习目标】

1. 知识目标

参考图表提供的信息，查找补充资料，了解大熊猫的外形、生活习性、分布地区等信息。

2. 技能目标

（1）回顾课文的写作方法，尝试从外形、生活习性、分布地区等方面把大熊猫写清楚。

（2）运用修改符号修改习作中有明显错误的词句。

3. 理解目标

培养学生热爱小动物的情感，增强保护动物的意识。

4. 关键能力

培养学生留心观察和积累材料的习惯，提高学生的语言表达能力。

【评价任务】

（1）能借助图表收集大熊猫的相关资料。

（2）能将收集的资料分类整合，确定从哪几个方面来介绍大熊猫。

（3）能依据整合的资料，围绕关键句，按一定顺序将大熊猫写清楚。

（4）能运用积累的优美词句，加上比喻、拟人、排比等修辞手法，运用列数字、对比等说明方法把大熊猫的特点介绍清楚。

【学习过程】

1. 课前准备

教师准备：磁力贴、课件、关于大熊猫的图表信息。

2. 课中学习

任务一：借助图表，收集数据

（1）分享你收集到的信息，补充图表。

学法指导：

①课前借助图表收集信息。

②小组内分享你收集到的信息，以及收集信息的途径。

③你还有哪些疑惑，在组内讨论交流。

④分享小组的讨论情况，与全班同学一起交流。

方法：先自己思考，再小组交流，最后全班交流。

（2）教师点评，解答疑惑。

任务二：回顾课文，指导方法

（1）如何把这些收集到的信息有条理地结合在一起，向别人介绍呢？我们可以从学过的课文中寻找方法。

学法指导：

①回顾本单元已经学习的课文。

②小组交流：这些课文分别是从哪几个方面介绍事物的？有什么方法可以帮助我们更好地介绍事物？在介绍大熊猫时，我们又可以从哪几个方面介绍呢？

③回顾课文中描写得较好的句子，小组讨论：我们可以借助什么方法，把事物写得更清楚，语句写得更优美？

④分享小组的讨论情况，和全班同学一起交流。

方法：自主回顾，小组交流，全班讨论。

（2）教师点评，解答疑惑。

在《我们奇妙的世界》中，作者从天空、大地两个方面来介绍世界的奇妙；《海底世界》从海底的环境、海底的声音、海底动物的活动方法、海底的植物、海底的矿藏五个方面进行介绍，第4—5自然段的第一句话分别是各自文段的总起句，全段就是围绕着总起句把内容写清楚的；《火烧云》

写了火烧云色彩丰富、形状多样、变化极快的特点。通过回顾学过的课文，我们知道了在介绍事物时，可以从不同的方面进行介绍，如果能运用恰当的关键句，围绕关键句进行介绍，条理将更加清晰。

我们可以把书中的信息和自己收集的信息进行整合，从不同的方面进行介绍。如大熊猫的外形、生活习性、分布地区等，抓住大熊猫的特点进行介绍。

同时，在介绍事物时，抓住事物的特点，恰当地运用比喻、拟人等修辞方法，会使我们的介绍更加生动、具体。

任务三：提出要求，完成初稿

（1）根据之前的交流讨论，列好习作框架，完成习作初稿。

学法指导：

①确定从哪几个方面描写大熊猫，可以写大熊猫怎样吃饭、活动、休息等。

②从几个方面描写大熊猫时，注意要按一定的顺序描写，如从上到下、从整体到部分等。

③运用恰当的关键句，围绕关键句进行介绍，条理将更加清晰。

④还可以写自己和大熊猫之间的联系。（写一件具体的事）

⑤巧用方法，润色文章。运用一些修辞手法完善句子，将句子描写得更加生动。

（2）独立完成习作。

（3）阅读自己的习作，看看对问题的解答是否正确，有没有不准确的内容，还需不需要补充新内容，并运用修改符号进行修改和补充。

（4）评价量规。

评价标准	评价星级	自我评价
能按一定顺序从几个方面描写大熊猫，并运用比喻、拟人、排比等手法，把大熊猫的特点介绍清楚	☆☆☆	

续表

评价标准	评价星级	自我评价
能合理整合资料，按一定顺序从几个方面介绍大熊猫的特点	☆☆	
能借助图表收集信息、整合资料，能从几个方面写出大熊猫的特点	☆	

任务四：交流分享，修改完善

（1）同桌或小组分享自己的习作，并根据他人的建议，适当修改自己的习作。

学法指导：

①同桌或小组互换习作，用不同颜色的笔使用修改符号进行修改。

②与习作作者交流讨论，指出你修改的位置，并说明修改原因，给出合理建议。

③根据同学的建议，修改、完善习作。

④在组内展示修改后的习作，听取其他同学的意见，再次完善。

（2）誊抄作文，展示佳作。

（3）作品展示，全班学习。

【检测与作业】

（1）完成习作。

（2）对照标准，自主修改。

（3）结合标准，组内互评，合理提出修改意见。

【学后反思】

写作是学生用眼睛去观察周围的世界，用心灵去感受周围的世界，然后将自己的观察和感受所得转换成语言文字的过程。作文教学一直是语文教学的重中之重，也是小学语文教学的难点。本次习作的观察对象——国宝大熊猫，许多学生在电视上或书本上看见过，也有的学生在动物园里见过。学生通过各种媒体或实际观察大熊猫，了解它的外观和生活习性。在学习时，教师先联系本学期的“昆虫备忘录”与习作“植物备忘录”两方面的知识，唤醒学生已有的学习经验，并且在提问时有意识地引导学生把问题进行分类，总结问题的类别，从而能够建构初步的知识模块。

在回顾本单元三篇课文的写作特点“确定写几个方面”时，教师引导学生排列图表中的信息，简单地交流分享，进而回顾课文中描写得较好的句子。小组讨论可以借助什么方法，把事物写得更清楚，语句写得更优美，然后回归习作主题。

习作的修改和最终成稿，是在学生互评和自评的基础上完成的。当学生分享他们的作品时，教师通过示范，并提供评价细则，为学生指明评价的方向以及互评、自评的方法。这既提高了课堂效率，又使学生的能力得到多方面的锻炼、提升。在这一教学环节中，教师还注意抓住一切机会进行习作指导，有意识地为学生提供一些习作素材，激发了学生的习作兴趣。

三年级数学　数据的收集与整理

【学习目标】

1. 知识目标

知道调查、测量等简单的收集数据的方法。知道统计表与条形图的区别。

2. 技能目标

能够用统计表和条形图表示数据整理的结果，能够读出统计表和条形图中的信息并进行分析，能够与同伴合作进行统计。

3. 理解目标

初步理解统计的意义，从整体上反映和分析事物数量特征，观察事物的本质和发展规律，作出正确的判断。

4. 关键能力

合作能力、质疑能力、数据分析能力。

【评价任务】

为了解同学们近期的学习情况，我们需要对同学们的期末过关卷（一）的成绩进行统计分析。

任务一：收集数据

考号	分数（分）	考号	分数（分）	考号	分数（分）	考号	分数（分）
1		9		17		25	
2		10		18		26	
3		11		19		27	
4		12		20		28	
5		13		21		29	
6		14		22		30	
7		15		23		31	
8		16		24		32	

任务二：整理数据

分数（分）	90分及以上（包括100分）	80分及以上	70分及以上	60分及以上	59分及以下
人数（人）					

任务三：描述数据

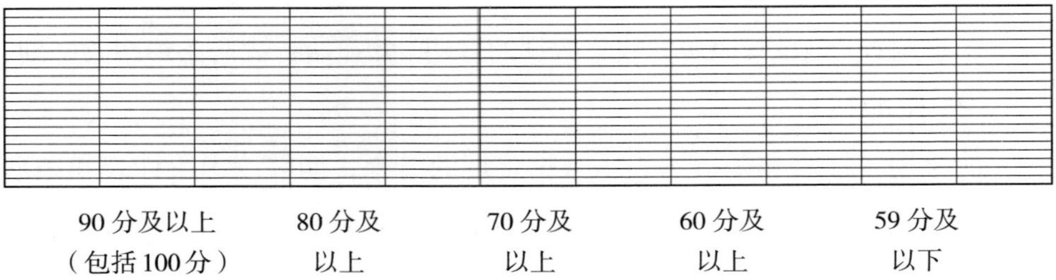

任务四：分析数据

观察条形图，你能发现什么？说一说全班同学最近的学习情况。

【学习过程】

1. 课前准备

教师准备：课件。

学生准备：收集汇总的数据。

2. 课中学习

起始任务：收集数据——收集全班同学的身高增长情况（课前完成）。

◎探究性问题：要了解我们全班同学的身高增长情况，需要做什么？

（1）学习指南

①测量今年的身高，调查去年的身高。

②身高增长 = 今年身高 - 去年身高。

③以小组为单位交流组员的身高增长情况，然后汇报给课代表。

（2）学习支架

①今年的身高：（　　　　　　　　）。

②去年的身高：（　　　　　　　　）。

③身高增长 =（　　　　　　　　）。

（3）评价量规。

评价标准	评价星级	自我评价
根据学法指导，能够说出自己是怎样得知身高增长情况的	☆☆	
能够得出自己增长的身高	☆	

（4）设计说明

根据探究性问题，学生要做的第一步是收集数据。学生通过调查去年的身高和测量今年的身高从而得出自己的身高增长情况。在此基础上，以小组为单位收集汇总全班数据。在这个过程中，教师要引导学生做到准确有序地掌握收集数据的方法。

任务一：整理数据——把全班同学的身高增长情况进行整理

◎探究性问题：观察统计表，说出表格设计的依据，用原来学过的方法把收集到的数据整理到统计表中。建议以小组为单位进行，比一比哪个组能又对又快地完成任务。

（1）学习指南

以小组为单位分工合作，做到又对又快地把数据整理到统计表中。

（2）学习支架

增长高度（厘米）	4及4以下	5	6	7	8及8以上
人数（人）					

（3）评价量规

评价标准	评价星级	自我评价
能不重不漏地把数据分类整理到表中	☆☆	
能说出教师分类的依据	☆	

（4）设计说明

学生先思考探究性问题，并且依据国家标准说出分类依据；然后用原来学过的方法把收集到的数据整理到统计表中，以小组为单位分工完成任务。教师引导学生注意分工完成统计表，掌握整理数据的方法。

任务二：描述数据——把全班同学的身高增长情况在条形图中进行描述

◎探究性问题：为了更清楚地呈现统计结果，还可以怎样整理？

（1）学习指南

①思考如何绘制条形图。

②根据统计表绘制条形图。

（2）评价量规

评价标准	评价星级	自我评价
能对准列涂，涂正确格数，从下往上涂，条形图制作规范	☆☆☆	
能对准列涂，涂正确格数，从下往上涂，但是条形图的制作不规范	☆☆	

（3）设计说明

学生先思考探究性问题，说出如何绘制条形图；然后按照总结出的方法完成条形图，并掌握描述数据的方法。

任务三：分析数据——分析全班同学的身高增长情况，作出推断

◎探究性问题：仔细观察条形图，独立思考，说说你的发现。

对照国家标准，判断我班同学身高增长情况是否正常，并推断餐厅的膳食营养搭配是否均衡，说一说如果你作为营养师对同学身高增长方面还有什么建议。

（1）学习指南

观察条形图，先独立思考，再小组交流，说出你的发现。

（2）评价量规

评价标准	评价星级	自我评价
能说出 1—2 个发现	☆☆	
推断合理，叙述时有理有据	☆	

（3）设计说明

学生先思考探究性问题，说出 1—2 个发现，并且能够说出菜品搭配均衡，从而掌握分析数据的方法。

任务四：整理与回顾——回顾数据的收集与整理流程

◎探究性问题：今天学习了数据的收集与整理，请回忆这一过程有哪些环节。你还想用类似的方法研究什么问题？

（1）学习指南

①梳理数据的收集与整理的过程，明确第一步、第二步、第三步、第四步分别是什么。

②发散思维，联系生活实际思考条形图在生活中的应用。

（2）学习支架

结合“全班同学身高增长情况的统计报告”进行回顾。

（3）评价量规

评价标准	评价星级	自我评价
能够说出一种或两种可以用条形图解决的实际问题	☆☆	
能够说出数据的收集与整理流程有收集、整理、描述、分析这四步以及这四步使用的具体方法	☆	

（4）设计说明

学生能够回顾学习的顺序，说出数据的收集与整理有收集、整理、描述、分析这四步以及这四步使用的具体方法，掌握数据的收集与整理的方法和流程。在此基础上发散思维，联系生活实际，思考条形图的实际应用案例。

【检测与作业】

三年级一班进行“我的梦想”情况调查，下面是情况调查表。

科学家	军人	医生	教师	其他
正正正	正正丅	正一	正下	下

（1）全班一共有多少个学生？

（2）喜欢哪种职业的人数最多？谈谈你的想法。

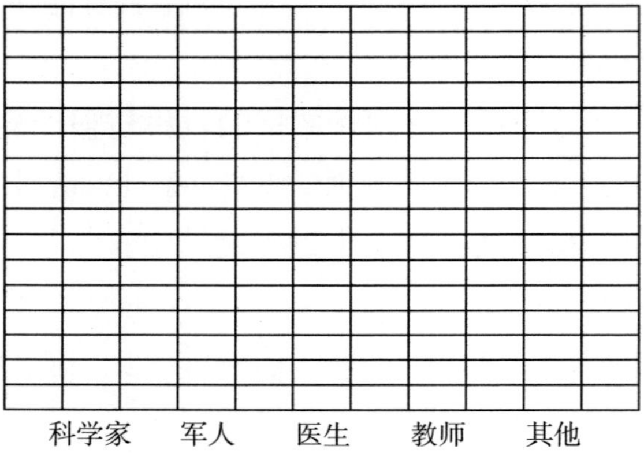

【学后反思】

在本节课的教学中，教师基于学生生活中的真实情境展开，激发了学生的兴趣和学习主动性，单元学习驱动性强。课堂上，学生对学习路径十分了解，就是收集数据、整理数据、描述数据和分析数据。学生能够根据学习路径探究问题，真正体现自身的学习主体的地位。学生还明确了学习标准，明晰学习结果。

三年级英语 They're monkeys.

【学习目标】

1. 知识目标

掌握动物名词 tiger，lion，monkey，elephant；其他单词 zoo，baby，all 的发音、含义、拼写。

2. 技能目标

（1）能认读并运用句型“What's this？”“It's a/an...”询问回答单数事物，运用“What are they？”“They are...”询问回答复数事物。

（2）流利地朗读课文。

3. 理解目标

运用“What's this？”“It's a/an...”“What are they？”“They are...”向大家介绍动物园里不同动物的名称，并回应他人的询问。

【评价任务】

（1）完成任务一。

（2）完成任务二。

（3）完成任务三。

【学习过程】

1. 课前准备

教师准备：多媒体课件、点读笔、图片、单词卡。

学生准备：课本、四线三格练习本、笔。

2. 课中学习

任务一：单词学习

（1）游戏：我会读。五人一组，随机选择新单词，让小组成员正确读出该单词。

（2）听录音，选出你所听到的单词。

(　　) ① A. they　　B. tiger　　C. lion

(　　) ② A. monkey　　B. panda　　C. all

(　　) ③ A. they　　B. baby　　C. it

（3）观察图片，将下列图片与单词连线。

lion　　monkey　　elephant　　tiger

（4）在四线三格中抄写以下单词。

they　tiger　lion　monkey　elephant　zoo　baby　all

任务二：课文学习及句型操练

（1）观看动画并填空。通过多媒体课件呈现图片及对话内容，认真观看动画，将挖空的地方补充完整并在小组内核对答案。

（2）观察图片，根据观看的动画回答问题。

Question 1：What's this？＿＿＿＿＿＿＿＿

Question 2：What are they？＿＿＿＿＿＿＿＿

评价标准	评价星级	自我评价
能正确回答问题，做到单词发音准确、内容填写正确、句子语音语调正确	☆☆	
能正确回答问题	☆	

（3）学生跟读录音，模仿对话的语音、语调。

（4）学生自读两遍课文，然后小组内分角色朗读课文。

评价标准	评价星级	自我评价
朗读时仪态自然大方，声音洪亮，发音正确，能流利地朗读课文，动作自然	☆☆	
小组角色分工明确	☆	

（5）游戏——眼疾嘴快。

利用课件快速播放动物的图片，根据“What's this？”“What are they？”的提问，学生快速用“It's a/an...”或“They are...”来回答，答对问题最多的学生得到小奖品。

任务三：真实情景运用

（1）制作一本动物园宣传册，完成内页并介绍可爱的动物，可手绘，可粘贴。

（2）假设你是导游，请带你的同伴游览动物园，仿照课本书写并运用“This is a/an...”“They're...”介绍动物的名称，用“It's red...”“They're red...”介绍动物的颜色。

（3）评价量规。

评价标准	评价星级	自我评价
正确书写“This is a/an…”“They’re…”，并口头用来介绍动物的名称，运用“It’s red…”“They’re red…”介绍动物的颜色，且不少于6句话。能做到书写工整、词句正确。在口头表达时，与其他同学有眼神交流，表情自然，发音标准，声音洪亮，大胆自信	☆☆☆	
正确书写“This is a/an…”“They’re…”，并口头用来介绍动物的名称，运用“It’s red…”“They’re red…”介绍动物的颜色，且不少于3句话。能做到书写工整，但是词句有少量错误。在口头表达时，发音标准，声音洪亮	☆☆	
能写出1—2句话，并能在教师的提示下运用“This is a/an…”“They’re…”介绍动物的名称	☆	

【检测与作业】

（1）把对应单词的序号填到图片下面的括号内。

A. man　B. lion　C. tiger　D. monkey　E. zoo

（　　）

（　　）

（　　）

（　　）

（　　）

（2）判断所给句子与图片是否相符，相符的打“√”，不相符的打“×”。

(　　) ① This is a monkey.

(　　) ② They're pandas.

(　　) ③ It's a tiger.

（3）翻译下列句子

① They are all in the zoo. ________________________。

② That tiger is big and fat. ________________________。

③ This is a father monkey. ________________________。

【学后反思】

优点：本课激发了学生的学习兴趣。在备课时教师就注意串联新旧知识，做到以旧引新，以新温旧。教师还悉心钻研小学英语教材，对学生已学的和将要学的内容有所了解，这样复习旧课时就能为学习新课埋下伏笔，教授新课时也能及时复习已学知识。这样学生所学的知识就能随着时间的推移而增加，学生的学习积极性就会大大提高。

不足：本课教学中，小组对话演练环节因为时间有限，并没有做到每个小组都展示，教师只针对展示的同学进行了评价，部分同学的课本对话内容没有得到及时的评价反馈。

三年级英语　That man is short.

【学习目标】

1. 知识目标

掌握描述形态特征的形容词 big，small，fat，thin，tall，short 的发音、含义和拼写。

2. 技能目标

（1）运用句型“He is short.”“That monkey is short.”来描述人物和动物的形态特征。

（2）正确、流利地朗读课文。

3. 理解目标

运用句型“He is short.”“That monkey is short.”描述人物和动物的形态特征。

【评价任务】

（1）完成任务一。

（2）完成任务二。

（3）完成任务三。

【学习过程】

1. 课前准备

教师准备：多媒体课件、点读笔、图片、单词卡。

学生准备：课本、四线三格练习本、笔。

2. 课中学习

任务一：单词学习

（1）游戏：我会读。两人一组，随机抽取一张单词卡片，让同伴正确读出该单词。

（2）选出你听到的单词。

（ ）① A. big B. dog C. fat

（ ）② A. small B. tall C. all

（ ）③ A. they B. thin C. short

（3）选词填空。

A. short B. tall C. fat D. thin E. small F. big

（4）互动：我会唱。结合图片对比，把 big，small，fat，thin，tall，short 编成歌谣，学生边打拍子唱边做相应动作："Tall，tall，tall. He is tall. Short，short，short. He is short. Fat，fat，fat. He is fat. Thin，thin，thin. He is thin. Big，big，big. It is big. Small，small，small. It is small."

（5）在四线三格中抄写以下单词。

big small fat thin tall short

任务二：句子学习

（1）通过听力练习和跟读练习，学习课本活动二和活动三，进行竞赛。

①展示活动二中的人物图片，两两对比，复习 big，small，fat，thin，tall，short。盲听录音，给图片排序。

②观看活动二的动画两遍，并核对听力练习的答案。

③全班跟读一遍，男生女生分组各跟读一遍。

④小组比赛回答问题，同时变换方式跟读，读到活动三框内的单词时，

打拍子。

⑤小组内互读并上台展示。

⑥评价量规。

评价标准	评价星级	自我评价
图片排序正确	☆☆	
课文句子发音正确，声音洪亮，两人配合默契，表情自然大方	☆☆	

（2）四个人一组，画一组动物或者人物对比图，可以是高矮对比，也可以是胖瘦、大小对比。使用“This/That…is big/small/fat/thin/tall/short.”句型在班级内进行展示。

（3）评价量规。

评价标准	评价星级	自我评价
能正确使用“He/She is big/small/fat/thin/tall/short.”“This man is big/small/fat/thin/tall/short.”“That man is big/small/fat/thin/tall/short.”（至少 3 个句子）	☆☆☆	
能正确使用“He/She is big/small/fat/thin/tall/short.”“This man is big/small/fat/thin/tall/short.”“That man is big/small/fat/thin/tall/short.”（至少 2 个句子）	☆☆	
能正确使用“He/She is big/small/fat/thin/tall/short.”“This man is big/small/fat/thin/tall/short.”“That man is big/small/fat/thin/tall/short”（至少 1 个句子）	☆	

任务三：真实情景运用

（1）完善你的动物园宣传册。在介绍这些动物的基础上，补充运用“This/That…is big/small/fat/thin/tall/short.”“They are big/small/fat/thin/tall/short.”等句型描述动物的外貌特征。

（2）评价量规。

评价标准	评价星级	自我评价
在小练笔的基础上，正确书写“It's fat...”“They are fat...”，并口头用来介绍动物的特征，且不少于4句话。能做到书写工整、词句正确。在口头表达时与其他同学有眼神交流，表情自然，发音标准，声音洪亮，大胆自信	☆☆☆	

续表

评价标准	评价星级	自我评价
在小练笔的基础上，正确书写“It’s fat…”“They are fat…”，并口头用来介绍动物的特征，且不少于3句话。能做到书写工整，但是词句有少量错误。在口头表达时发音标准，声音洪亮	☆☆	
在小练笔的基础上，在帮助下能书写“It’s fat…”“They are fat…”，并口头用来介绍动物的特征	☆	

【检测与作业】

（1）选出与其他两个不同类的单词。

（　　）① A. lion　　B. elephant　　C. zoo

（　　）② A. man　　B. fat　　C. tall

（　　）③ A. they　　B. he　　C. your

（　　）④ A. big　　B. that　　C. small

（　　）⑤ A. monkey　　B. short　　C. thin

（2）翻译下列句子。

① He’s tall. ____________________

② That man is fat. ____________________

③ She’s thin. ____________________

④ 我们又矮又胖。____________________

⑤ 那只熊猫很小。____________________

【学后反思】

本课的重难点是会用“It’s fat…”“He’s tall…”“They are fat…”等句型介绍动物和人的形态特征。大部分同学对这几个句型掌握得较好，但是部分同学容易混淆3组对应词。上课期间缺少这方面的练习，在后期的复习过程中教师应注意多引导学生开展有针对性的练习，巩固学习效果。

四年级语文　海上日出

【学习目标】

1. 知识目标

通过自学生字，词语测读等，认识“荷”“刹”等4个二类字，能正确书写“范”“努”等9个生字，会写“清净”“扩大”等词语，提升自主识字能力。默读课文，初步了解课文主要内容，感受海上日出的壮观景象，体会作者的赞美之情。

2. 技能目标

借助关键词句和自主学习单，感悟景物变化，掌握“按景物变化的顺序写景”的方法。

3. 理解目标

通过分析关键语句，体会作者是如何写出景物的特点的。

【评价任务】

（1）能借助工具书自主认读生字。能借助关键词句和填空，初步了解课文的主要内容。

（2）能默读课文，抓住关键词句。能借助自主学习单，通过小组交流、讨论、师生对话等，明确《海上日出》的写作顺序。能通过自主学习单，按顺序复述日出的景象，学习作者抓住位置、颜色、光亮三个方面写日出的方法。

（3）能抓住关键词句，结合朗读体验、讨论交流等，感受日出的壮观景象，体会作者的赞美之情，学习作者是如何写出景物的特点的。

【学习过程】

1. 课前准备

教师准备：磁力贴、课件。

2. 课中学习

任务一：初读课文，整体感知，认读字词

（1）我能把课文读好，争取做到读准字音、读通句子。

（2）这些词语我会读。

清净　扩大　范围　努力　刹那　夺目　分辨　灿烂　不仅

①读给同桌听一听，请同桌评价。

②“开火车”认读词语。

（3）这些词语我会写。

清净　扩大　范围　努力　刹那　夺目　分辨　灿烂　不仅

①与同桌交流容易写错的字。

②全班交流自己对词语的理解和运用。

③为强化巩固，选几个词语写一写。

（4）默读课文，初步了解课文主要内容。

①默读课文，用课文中的词语概括自己读完文章的感受。

②运用填空的方法了解课文主要内容。

《海上日出》是作家巴金的一篇非常优秀的写景抒情散文。文章描绘了____________和____________时海上日出的景象，展现了日出这一伟大的____________。

任务二：感悟景物变化，了解“按景物变化的顺序写景”的方法

（1）再读课文，找出具体描写海上日出奇观的段落。

（2）品读第 2、第 3 自然段，圈画关键词，讨论除了位置的变化，还有哪些变化。完成下面的自主学习单。

自主学习单

位置变化	颜色变化	光亮变化
在海面下		
露小半边脸		
跳出了海面		
发出光芒		

（3）学生汇报自主学习成果，明确课文从位置、颜色、光亮三个方面写了景物的变化，明确《海上日出》是按照景物变化的顺序写的。

（4）同桌练习按照景物变化的顺序复述日出的过程。

（5）评价量规。

评价标准	评价星级	同桌互评
能从三个方面（位置、颜色、光亮）按景物变化顺序复述太阳升起的过程，并且语言精彩	☆☆☆	
能按景物变化顺序复述太阳升起的过程，引用较多原文，语言精彩	☆☆	
能按景物变化顺序复述太阳升起的过程，但语句不够通顺、精彩	☆	

任务三：借助关键语句，体会作者是如何写出景物的特点的

（1）自由朗读课文，圈画描写天空的语句和太阳变化的语句，边读边想象画面。

（2）选择自己印象最深、最有特点的画面和同桌交流作者是如何写出其特点的。

（3）全班交流。师生共同总结：作者运用了拟人等修辞手法，写出了不同天气（晴天、多云、有黑云）状况下海上日出的特点。

（4）先比较下面两个句子在表达效果上的不同，然后和同桌交流。

这难道不是伟大的奇观吗?

这是很伟大的奇观。

交流总结：反问句的语气更强烈，更能表现作者对海上日出的强烈赞美之情。

（5）有感情地朗读课文，同桌互相评价。

（6）评价量规。

评价标准	评价星级	同桌互评
读得有感情	☆☆☆	
读得流利	☆☆	
读准字音，不掉字，不添字	☆	

【检测与作业】

（1）组内听写文中的生字词。

（2）画出一句比喻句，说说这么写的好处。

____

____

仿照课文第 2、第 3 自然段，观察日落的过程并按照景物变化的顺序写下来。

____

____

【学后反思】

课文按日出前、日出时、日出后的顺序，重点描绘了晴朗天气和有云时海上日出的不同景象，展示了日出这一伟大的奇观。文章字里行间洋溢着作者热爱大自然和追求光明的思想感情。另外，作者还写了有云时的日出和有黑云时的日出，可以看出作者观察了很久，将日出的几种情况都观察得十分细致了。

教师让学生找到文中的关键词句，重点是找运用了修辞手法的句子，让学生通过朗读体会日出的壮丽，如“太阳好像负着重荷似的一步一步，慢慢地努力上升，到了最后，终于冲破了云霞，完全跳出了海面，颜色红得非常可爱”这句话运用了拟人的修辞手法，通过“负着重荷”“努力上升”“冲破了云霞”“跳出了海面”这些短语，展现了太阳非常艰难地升上天空的过程。学生继续寻找并分析文中的关键语句，以便更好地理解课文，感受日出的壮丽景色。

四年级语文　记金华的双龙洞

【学习目标】

1. 知识目标

通过自学生字，词语测读等，认识“簇”“蜓”等6个二类字，能正确书写“浙”“源”等15个生字，会写“杜鹃”“观赏”等词语，提升自主识字学词能力。

2. 理解目标

默读课文，厘清作者游览双龙洞的顺序，把路线图补充完整。

3. 技能目标

学习作者将重点景物特点写清楚的方法，思考作者怎样将自己的感受写清楚。

【评价任务】

（1）能正确认读本课生字词，正确书写15个生字，并能正确默写。能正确、流利、有感情地朗读课文，做到读准字音、不漏字添字，语速合理。

（2）能通过小组交流、师生对话，了解作者按照游览的先后顺序进行记叙，并理清作者游览双龙洞的顺序，把路线图补充完整。

（3）能通过小组合作，抓住关键词句，体会作者通过直观描写、亲身体验的角度描写孔隙的狭小。

【学习过程】

1. 课前准备

教师准备：磁力贴、课件、双龙洞剖面图、表格。

2. 课中学习

任务一：初读课文，认读字词

（1）我能把课文读好，争取做到读准字音、读通句子。

（2）这些词语我会读。

杜鹃　气势　聚集　拥挤　心情　脚跟　移动　昏暗　挤压　额角　登陆　宽广　石钟乳　石笋　观赏

①读给同桌听一听，请同桌评价。

②“开火车”认读词语。

（3）这些词语我会写。

杜鹃　气势　聚焦　拥挤　心情　脚跟　移动　昏暗　挤压　额角　登陆　宽广　石钟乳　石笋　观赏

①和同桌交流容易写错的字。

②在全班交流自己对词语的理解和运用。

③为强化巩固，选几个词语写一写。

任务二：理清作者游览双龙洞的顺序，把路线图补充完整

（1）在课文中画出作者游览双龙洞经过地点的关键句，圈出关键句中的地点。

（2）借助双龙洞剖面图，按顺序说出作者游览双龙洞的路线，并把路线图补充完整。明确作者是按照游览的顺序（路上—洞口—外洞—孔隙—内洞—出洞）进行描写的。

（3）小结：说出理清游记游览顺序的关键是寻找过渡句。

任务三：体会作者是怎样把孔隙的狭小和自己的感受写清楚的

（1）朗读由外洞进入内洞的部分。

（2）找找表现孔隙狭小的句子，在文章中画一画、读一读。

（3）想一想这些句子是通过写什么来表现出孔隙狭小特点的，在相应句子旁边批注。

（4）评价量规。

评价标准	评价星级	自我评价
路线图补充完整，不出现错误	☆☆☆☆☆	
找出提示游览双龙洞顺序的五处过渡句	☆☆☆☆☆	
找出从不同角度描写孔隙狭小的句子	☆☆☆☆☆	
说出作者把孔隙狭小特点写清楚的方法	☆☆☆☆☆	

任务四：迁移运用写景物的方法到习作例文中去

（1）默读课文，根据学习提示，画出《颐和园》《七月的天山》中起过渡作用的句子，把路线图补充完整。

长廊—（　　）—（　　）—（　　）

进入天山—（　　）—（　　）

（2）读完《颐和园》《七月的天山》，你有什么感受？

体会作者是如何把颐和园和七月的天山的特点写清楚的。

我印象最深刻的景点是＿＿＿＿＿＿，其特点是＿＿＿＿＿＿，作者通过＿＿＿＿＿＿写出其特点。

（3）评价量规。

评价标准	评价星级	教师评价
就其中一个景点的特点，把看到的、听到的、闻到的、想到的、感受到的分析清楚，再对其中一方面具体分析	☆☆☆☆	
画出《颐和园》中的4句过渡句和《七月的天山》中的3句过渡句，并正确填写表格	☆☆☆	
能找出《七月的天山》的写作顺序	☆☆☆	

【检测与作业】

（1）组内听写课文中的生字词。

（2）根据双龙洞剖面图，填写游览的顺序并标注各景点的特点。

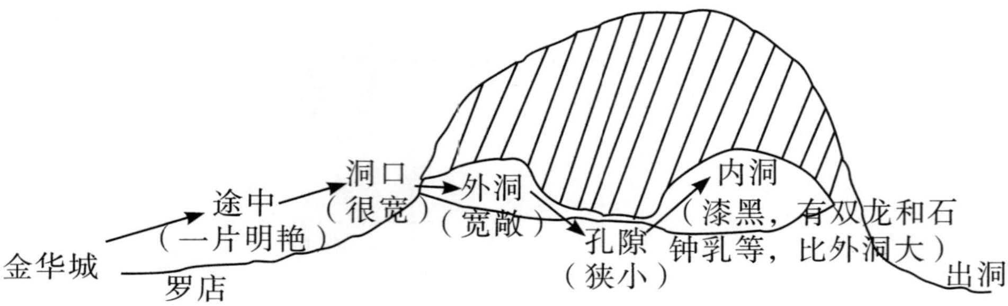

双龙洞剖面图

（3）仿照双龙洞剖面图，与同桌交流游览的顺序。

【学后反思】

本文语言虽然直白，但是条理十分清晰，描写生动具体。在教学中，教师主要引导学生在读中理解，在读中感悟，把握外洞、孔隙和内洞的特点。另外，教师还大胆尝试了多种教学方式，收到了很好的效果。下面谈一下教师的几点感触。

第一，对于这篇文章的讲解，需要大胆尝试、创新。在没有预习本课之前，教师先给学生播放了《记金华的双龙洞》的朗读音频，让学生闭上眼睛仔细聆听，然后请学生谈谈自己听到了哪些内容。在听完第一遍的时候，有十几个学生谈了感受。接着，教师又放了一遍，又有二十几个同学谈了感受。此时，学生基本上把本课的重点都说出来了。相比直接讲课文，先让学生听文章再讲，学生接受得更快，印象更深。

第二，这是一篇游记，教师设计的第一个问题就是“作者的游览路线是什么？圈画出表示作者游览顺序的词”。学生先自学，然后小组讨论作者的游览路线。紧接着，教师又设计一道题目，即“根据课文内容，画出一幅游览图，注意内洞、外洞、孔隙的画法”。通过这道题，可以看出学生是否理解了课文，同时，引导学生掌握每个景点的特点。

从本课的学习来看，整体效果还是不错的，但是时间还是有点紧张。留给学生朗读的时间有点少，应该让学生反复朗读描写孔隙、内洞的两个自然段，细细品味它们的特点。这节课也使教师领悟到，语文教学就是语言文字的教学，学生在语言里感受想象的魅力，在文字里享受体验的乐趣，是非常有意思的学习过程！

四年级数学　单元起始课

【学习目标】

1. 知识目标

通过玩记数游戏，完成数据的收集与整理。

2. 理解目标

提出本单元要研究的问题，确定本单元的基本问题，对每个问题都有自己的思考。

3. 技能目标

认真阅读学习标准，明确学习方向，通过自主评价完成自评，明晰本单元的学习结果。

【评价任务】

1. 收集数据和整理数据

（1）收集数据——记数游戏数据记录

第 1 次										
第 2 次										
第 3 次										
第 4 次										
第 5 次										

（2）整理数据

________5 次记住数字的情况统计表

次数	第 1 次	第 2 次	第 3 次	第 4 次	第 5 次
记住数字的个数					

2. 小组合作，提出单元基本问题

3. 评价量规

基本问题	自主评价学习目标	表现程度			单元起始课	探究课1	探究课2	单元整理课
		A	B	C				
平均数	知道平均数是一组数据平均水平的代表	知道	不确定	不知道				
	通过平均数与原数据的对比分析，知道平均数是一个虚拟数	知道	不确定	不知道				
	会用移多补少、求和平分的方法求平均数	能	不确定	不能				
	能选择合适的方法求平均数	能	不确定	不能				
	通过数据分析，能发现平均数介于最小数与最大数之间	能	不确定	不能				
	能说出平均数在生活中的应用	能	不确定	不能				
	能运用平均数的知识解决实际问题	能	不确定	不能				
分段统计表	能对数据进行分段整理，完成分段统计表	能	不确定	不能				

续表

基本问题	自主评价学习目标	表现程度			单元起始课	探究课1	探究课2	单元整理课
		A	B	C				
分段统计表	知道只有一组统计项目的分段统计表叫单式分段统计表	知道	不确定	不知道				
	能对单式分段统计表的数据进行分析、判断	能	不确定	不能				
	能根据实际生活问题制作单式分段统计表，并能进行分析、判断	能	不确定	不能				
	知道由两个或者两个以上的单式分段统计表组成的统计表叫复式分段统计表	知道	不确定	不知道				
	能对复式分段统计表的数据进行分析、比较、判断	能	不确定	不能				
	能利用复式分段统计表对实际生活问题进行整理、分析，作出比较、判断	能	不确定	不能				

【学习过程】

1. 课前准备

教师准备：课件。

学生准备：学习记录单。

2. 课中学习

任务一：玩游戏，完成数据的收集与整理

◎探究性问题：你能完成数据的收集与整理吗？

（1）学习指南

①读懂游戏规则。每次出现 10 个数字，且只出现 3 秒。每次数字消失后，学生需快速填写学习记录单，连续玩五次。全部完成后核对数字，在记对的数字下面画“√”。

②完成对数据的收集与整理。把自己每次写正确的数字个数填入统计表中，并制作条形统计图。

（2）学习支架

填写统计表，并完成条形统计图。

（3）评价量规

评价标准	评价星级	自我评价
能遵守游戏规则，通过统计表、统计图对数据进行收集与整理	☆☆	
能遵守游戏规则，但不能通过统计表、统计图对数据进行收集与整理	☆	
不能遵守游戏规则		

（4）设计说明

平均数属于统计内容，通过记数游戏，让学生经历数据的收集、整理过程，为后续学习用平均数分析数据做好数据支持。

任务二：提出单元基本问题

◎探究性问题：在分析这些数据的过程中，你有哪些疑问或问题？

（1）学习指南

①想一想：如何对个人数据进行描述？如何对小组数据进行整理与比较？这实际上研究的分别是什么数学问题？

②说一说：针对每一个数学问题，你能提出哪些子问题？

③写一写：小组交流，将你想到的子问题写到问题条中。

（2）学习支架

问题条，每个小组8张。

（3）评价量规

评价标准	评价星级	自我评价
能想到要研究的数学问题，并能分别提出对应的子问题	☆☆	
能想到部分要研究的数学问题，并能分别提出部分子问题	☆	
不能想到要研究的数学问题，也不能分别提出子问题		

（4）设计说明

学生小组合作研究数据，并提出数学问题，用数学的眼光观察世界。通过类比提出单元的基本问题，针对每个单元的基本问题能提出自己想要研究的子问题，真正实现以大任务、大问题驱动单元学习。

任务三：单元自主学习评价

◎探究性问题：本单元到底要达到怎样的学习结果呢？

（1）学习指南

①独立阅读学习标准，并针对自己的情况作出评价，对阅读过程中存在困惑的地方进行简单标注。

②小组内交流彼此在阅读过程中的困惑及自己的评价结果。

（2）评价量规

评价标准	评价星级	自我评价
能完成评价，明确本单元的学习结果	☆☆	
能完成评价，但对本单元的学习结果比较模糊	☆	
不能完成评价		

（3）设计说明

让学生自己了解学习结果并进行自评，明确自己学习的起点和终点，做真正明白的学习者。

【检测与作业】

下面是四年级（2）班同学 1 分钟仰卧起坐的成绩记录。（单位：个）

45	57	39	44	47	49	28
37	37	41	51	49	37	38
40	42	40	53	26	43	38

根据上面的数据完成下面的统计表。

四年级（2）班同学 1 分钟仰卧起坐成绩统计表

成绩（个）	合计	20 ~ 29	30 ~ 39	40 ~ 49	50 ~ 59
人数					

【学后反思】

这节课是本单元的起始课，课堂上教师通过引导学生提出问题、规划路径，对照标准，明确自己学习的起点和终点，为整个单元的学习研究做好规划，让学生真正成为学习的主人，变被动的接受者为知识的构建者。

四年级数学　平均数

【学习目标】

1. 知识目标

（1）平均数的取值范围。

（2）平均数具有代表性和虚拟性。

（3）平均数的求法有移多补少、求和平分。

2. 技能目标

（1）能根据一组数的特点估一估平均数。

（2）能移多补少和计算求出平均数。

（3）能利用平均数的大小判断比较结果。

（4）能借助平均数的知识解释生活中数据的合理性。

3. 理解目标

（1）平均数的意义。

（2）平均数的取值范围。

（3）平均数的虚拟性。

4. 关键能力

观察能力、运算能力、数据分析能力、说理表达能力。

【评价任务】

（1）小明体重一定比小强轻吗？

小明：我们组同学的平均体重是 35 千克。

小强：我们组同学的平均体重是 37 千克。

（2）哪个小组成绩好些？

学生甲：我们小组 3 人，共做了 18 个。

学生乙：我们小组 4 人，共做了 20 个。

（3）发现生活中的平均数。

小明一分钟可以做仰卧起坐 40 个，小红一分钟可以做仰卧起坐 48 个，两人一分钟平均可以做仰卧起坐 44 个。

【学习过程】

1. 课前准备

教师准备：多媒体课件。

学生准备：预习单。

2. 课中学习

任务一：认识平均数

◎探究性问题：7 号和 8 号运动员谁的投篮水平高？

（1）学习指南

①引导学生独立思考，判断 7 号和 8 号运动员谁的投篮水平高，应比较两人在小组赛中的得分情况。

②引导学生体验“用总分比较不合理—怎么办—用平均数比较”的过程，让学生感受学习平均数的必要性。

（2）评价量规

评价标准	评价星级	自我评价
能发现场次不同，用总分比较不合理，并能说出用平均数比较	☆	
没有发现场次不同，认为用总分比较即可		

（3）设计说明

学生先独立思考，再全班交流，进而体验“用总分比较不合理—怎么办—用平均数比较”的过程，让学生感受学习平均数的必要性。

任务二：求平均数

◎探究性问题：怎么求平均数？

（1）学习指南

①引导学生借助条形统计图，利用画一画、移一移的方法，移多补少，

找出平均数。

②结合旧知，引导学生采用“先求总分，再除以场次”即先合后分的方法计算出平均数。

③引导学生说出自己的计算过程和计算方法。

（2）评价量规

评价标准	评价星级	自我评价
能用移多补少法找出平均数，并能用先合后分的方法准确求出近似数	☆☆	
只能用移多补少法找出平均数，或只能用先合后分的方法准确求出近似数	☆	
不会求平均数		

（3）设计说明

学生先自主探究，然后小组交流、汇报、展示求平均数的方法。会用移多补少和计算的方法求平均数，理解解决问题策略的多样化，学会解决问题的方法和策略。

任务三：理解平均数的意义

◎探究性问题：得出来的 10 分是 8 号运动员哪一场的得分呢？

（1）学习指南

①引导学生通过观察、比较发现 10 分不是 8 号运动员具体哪一场的得分，而是 7、13、12、8 这 4 个数的平均数，它表示的是 8 号运动员 4 场比赛投篮的整体水平。

②引导学生通过观察、分析，得出平均数的范围：在最小数和最大数之间。

（2）评价量规

评价标准	评价星级	自我评价
能准确说出平均数是什么，并能利用平均数的知识解决实际问题	☆☆	

续表

评价标准	评价星级	自我评价
能准确说出平均数是什么，但不能根据平均数的知识解决实际问题	☆	
既不能说出平均数是什么，也不能根据平均数的知识解决实际问题		

（3）设计说明

本环节尊重学生的独立思考，把解决问题的权力还给学生，使他们在解决问题的过程中理解平均数的意义，进而通过实例感受平均数的特性，培养了学生用数学思维解决实际问题的能力，以及对自己的观点保持言必有据的理性态度和语言表达能力。

【检测与作业】

（1）出示评价样题 1：小明的体重一定比小强轻吗?

（2）出示评价样题 2：电脑计算仰卧起坐的平均成绩。

（3）出示评价样题 3：生活中的平均数。

（4）渗透数学文化。《周易》记载："君子以裒多益寡，称物平施。"

【学后反思】

在本节课的教学中，教师创设了具体情境让学生感悟平均数的产生过程，引导学生在统计的背景中理解平均数的含义，在分析和比较中把握平均数的特征，进而运用平均数解决实际问题，了解平均数的价值。

四年级数学　分段统计表

【学习目标】

1. 知识目标

在具体的统计活动中，知道什么是单式分段统计表和复式分段统计表，并能根据分段统计的结果作出分析与判断。

2. 技能目标

在具体的统计活动中，学会分段整理的方法，同时对两种数量进行数据统计，认识单式分段统计表和复式分段统计表，能根据统计的结果作出分析与判断。

3. 理解目标

在认识、填写单式分段统计表和复式分段统计表的过程中，进一步理解统计方法，发展统计观念。

4. 关键能力

观察能力、运算能力、数据分析能力、说理表达能力。

【评价任务】

下面是苗苗幼儿园 5 ~ 6 岁儿童独立性发展得分表（满分 64 分）。（出自课本）

男孩得分表

分数	55 ~ 64	45 ~ 54	35 ~ 44	25 ~ 34
人数	8	16	11	5

女孩得分表

分数	55 ~ 64	45 ~ 54	35 ~ 44	25 ~ 34
人数	12	25	2	1

（1）将上面的两个表合并成一个表。

苗苗幼儿园5～6岁儿童独立性发展得分表

人数 得分 性别	55～64	45～54	35～44	25～34

（2）根据表中的数据分析该年龄段儿童在独立性发展方面的差异。

【学习过程】

1. 课前准备

教师准备：圆形磁力贴、课件。

学生准备：小圆片或小方块学具。

2. 课中学习

任务一：用“分段统计”的方法对数据进行整理

◎探究性问题：你能将课本上第一小队的立定跳远成绩整理一下吗？

（1）学习指南

①学生按照情境开展小组合作，互相展示并交流，能说出自己是怎样整理数据的，以及为什么这样整理数据。

②学生通过比较择优，能说出哪种方法好，哪种方法能更好地帮我们快速地分析数据及原因。

（2）学习支架

①出示国家四年级小学生立定跳远标准前，你是怎样整理数据的？

②出示国家四年级小学生立定跳远标准后，你是怎样整理数据的？

③分段整理的好处是：(　　　　　　　　　　　　　　　　　　　)。

（3）评价量规

评价标准	评价星级	自我评价
知道什么是分段整理，能根据国家四年级小学生立定跳远标准对数据进行准确的分段整理，并能说出分段整理的好处	☆☆☆	

续表

评价标准	评价星级	自我评价
知道什么是分段整理，能根据国家四年级小学生立定跳远标准对数据进行准确的分段整理，但不能说出分段整理的好处	☆☆	
知道什么是分段整理，但不能根据国家四年级小学生立定跳远标准对数据进行准确的分段整理，也不能说出分段整理的好处	☆	
不知道什么是分段整理，不能根据国家四年级小学生立定跳远标准对数据进行准确的分段整理，也不能说出分段整理的好处		

（4）设计说明

学生在问题的引领下，尝试各种整理数据的方法。教师出示国家四年级小学生立定跳远标准后，引导学生进行分段整理，交流方法后，对比方法并进行优化，让学生自己感受分段整理的优点。

任务二：探究单式分段统计表

◎探究性问题：你能将课本上第二小队的立定跳远成绩整理一下吗？

（1）学习指南

①学生借助国家四年级小学生立定跳远标准对第二小队的成绩进行分段整理。

②学生能知道这份分段统计表叫作单式分段统计表，并能根据表中数据进行分析与判断。

③知道统计的全过程：收集数据—整理数据—描述数据—分析数据。

（2）学习支架

①第二小队成绩分段统计表。

②像这样的统计表叫作（　　　　　　　　　　　　　　　　　　　）。

③请对表中数据做简单的分析。

（3）评价量规

评价标准	评价星级	自我评价
能准确进行分段统计，正确说出这样的统计表叫作单式分段统计表，能对表中数据进行简单的分析与判断	☆☆☆	
能准确进行分段统计，正确说出这样的统计表叫作单式分段统计表，但是不能对表中数据进行简单的分析与判断	☆☆	
能准确进行分段统计，但是不能正确说出这样的统计表叫作单式分段统计表，也不能对表中数据进行简单的分析与判断	☆	
不能准确进行分段统计，也不能正确说出这样的统计表叫作单式分段统计表，更不能对表中数据进行简单的分析与判断		

（4）设计说明

学生通过整理第一小队的成绩，认识分段整理的优势，顺势整理第二小队的成绩，既巩固了分段整理的知识点，又体会到了成功的乐趣。

任务三：探究复式分段统计表

◎探究性问题：哪个队的成绩好一些呢？

（1）学习指南

①小组合作，组内交流，展示汇报。

②知道把两个或者两个以上的单式分段统计表合并在一个统计表中，这样的统计表叫作复式分段统计表。能根据表中数据进行对比分析与判断。

（2）评价量规

评价标准	评价星级	自我评价
知道什么叫作复式分段统计表，能根据表中数据进行对比分析与判断	☆☆	
知道什么叫作复式分段统计表，但是不能根据表中数据进行对比分析与判断	☆	
不知道什么叫作复式分段统计表，也不能根据表中数据进行对比分析与判断		

（3）设计说明

学生通过比较两队的成绩，由单式分段统计表过渡到复式分段统计表，体会复式分段统计表的优势，并能根据数据进行比较分析，作出预判。

【检测与作业】

哪个队的弹跳力好？

（1）红队队员纵跳高度。（单位：厘米）

51　45　55　60　70　65　53　59　56　58　64　66　58　57　72　67　48　50　54　59　61　69

（2）蓝队队员纵跳高度。（单位：厘米）

53　56　48　62　57　55　54　58　53　69　59　56　60　65　70　50　47　59　51　52　50　68

（3）先完成下面的统计表，再说说哪个队的弹跳力好些。

纵跳高度（厘米）	人数	队别
50 及以下		
51 ~ 55		
56 ~ 60		
61 ~ 65		
66 ~ 70		
70 以上		

（　　）队员的弹跳力好些。

【学后反思】

通过对数据的收集、整理和分析，学生能够对生活中的现象进行判断、推理和决策，这就是小数据的大作用。教学中，教师引导学生明白了在现实生活中有许多问题应当先做调查研究，收集数据，通过分析作出判断，认识到数据中蕴含着信息；明白了对于同样的数据可以有多种分析方法，需要根据问题的背景选择合适的方法。

四年级数学　单元整理课

【学习目标】

1. 知识目标

通过具体的事例掌握平均数的概念，体会平均数通过移多补少产生，并且会用计算的方法求解平均数，明白平均数不代表具体的数量。

2. 技能目标

会分析各种实际情况下的平均数，能解答简单的平均数问题，并体会数学来自生活。

3. 关键能力

解决问题的策略意识、应用数学解决实际问题的能力。

【评价任务】

（1）能回忆出平均数的概念，说出求平均数的方法；能回忆出分段统计表的特点。

（2）小组合作，能通过练习梳理易错点。

（3）评价量规。

基本问题	自主评价学习目标	单元起始课	探究课1	探究课2	单元整理课
平均数	知道平均数是一组数据平均水平的代表				
	通过平均数与原数据的对比分析，知道平均数是一个虚拟数				
	会用移多补少、求和平分的方法求平均数				

续表

基本问题	自主评价学习目标	单元起始课	探究课1	探究课2	单元整理课
平均数	能选择合适的方法求平均数				
	通过数据分析，能发现平均数介于最小数与最大数之间				
	能说出平均数在生活中的应用				
	能运用平均数的知识解决实际问题				
分段统计表	能对数据进行分段整理，完成分段统计表				
	知道只有一组统计项目的分段统计表叫单式分段统计表				
	能对单式分段统计表的数据进行分析、判断				
	能根据实际生活问题制作单式分段统计表，并能进行分析、判断				
	知道由两个或者两个以上的单式分段统计表组成的统计表叫复式分段统计表				
	能对复式分段统计表的数据进行分析、比较、判断				
	能利用复式分段统计表对实际生活问题进行整理、分析，作出比较、判断				

评价等级：A. 能做到；B. 不确定；C. 不能做到。

【学习过程】

1. 课前准备

教师准备：课件。

学生准备：学习单。

2. 课中学习

任务一：回顾整理

◎探究性问题：本单元我们都学习了哪些知识？请结合下面的提纲回忆一下。

（1）学习指南

①能快速说出平均数的含义和计算方法。

②能快速说出哪种方法能更好地帮我们快速地分析数据及原因。

（2）学习支架

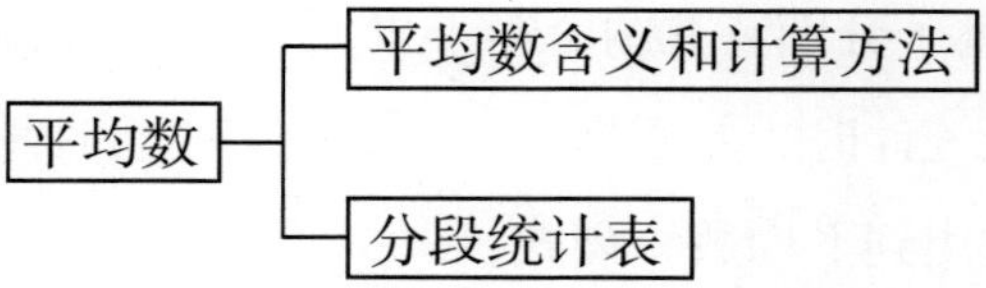

①一组数据的和除以这组数据的份数所得的商就是这组数据的平均数。平均数能较好地反映一组数据的整体水平。

②使用移多补少的方法求平均数：在总数不变的前提下，在几个不相同的数量中，从多的数中拿出一部分给少的数，使它们变成相同的数，这个相同的数就是原来几个数的平均数。

③公式法求平均数：先计算出所给几个数据的总数，再用总数除以所给数据的份数，所得的商就是这几个数据的平均数。平均数 = 所有数据之和 ÷ 数据总份数。

④面对杂乱无序且数量众多的数据时，可以采用分段统计表。在分段时要注意段的划分应科学合理，并且数据不能遗漏，这样便于以后分析数据。

（3）评价量规

评价标准	评价星级	自我评价
能回忆出平均数的概念，说出求平均数的方法	☆☆	
能回忆出分段统计表的特点	☆	

（4）设计说明

通过师生交流、一问一答的形式，使学生回顾本单元学习的平均数含义和计算方法、分段统计表等知识，完整地构建出本单元的知识体系。

任务二：基础练习

（1）学习指南

运用平均数的含义和计算方法快速解答练习题。

（2）学习支架

填空：

①把 36 千克桃子分别装在两个箱子里，平均每个箱子装（　　）千克。

②在进行分段统计时，要根据（　　）的多少合理地进行分段。

③生活中经常用到平均数，列式：（　　）÷（　　）= 平均数。

④ 96、30 和 54 的平均数是（　　）。

⑤甲、乙两个数之和是 48，丙数是 42，这三个数的平均数是（　　）。

⑥甲、乙两个数的平均数是 70，丙数是 130，这三个数的平均数是（　　）。

⑦三个数的平均数是 25，其中的两个数分别是 12 和 30，第三个数是（　　）。

⑧一组数据有 2 个 45、5 个 30、1 个 40，这组数据的平均数是（　　）。

判断：

①甲、乙两个数的平均数是 75，丙数是 90，这三个数的平均数是 85。（　　）

②中心小学有 32 名教师，平均年龄是 39 岁，比平均年龄大的一定有 5 人。（　　）

③三个数的平均数是 64，其中的两个数分别是 92 和 47，则第三个数是 53。（　　）

④四年级一班学生的平均身高是 145 厘米，四年级二班的平均身高是 142 厘米，小强是一班的学生，小明是二班的学生，小强一定比小明高。（　　）

⑤一组 5 人共捐书 12 本，二组 5 人共捐书 8 本，平均每组捐书 10 本。（　　）

选择：

①三个数的平均数是 26，其中两个数是 14 和 39，第三个数是（　　）。

A. 27　　B. 31　　C. 25

②某篮球队队员的平均身高是 201 厘米，李雨是球队中的一名队员，身高（　　）是 180 厘米。

A. 可能　　B. 不可能　　C. 不确定

③一条河平均水深是 128 厘米，小美身高 132 厘米，她穿过这条河，下面说法正确的是（　　）。

A. 一定有危险　　B. 不会有危险　　C. 不确定

④妈妈买 3 千克苹果花了 6 元，买 5 千克葡萄花了 10 元，平均每千克水果花（　　）元。

A. 3　　B. 5　　C. 2

综合：

下面是某小学学生本学期视力统计表。（单位：人）

班级	视力情况			
	5.0 及以上	4.9—4.6	4.5—4.3	4.2 及以下
三（1）班	29	16	6	1
六（1）班	10	25	14	6

①视力 5.0 及以上的，三（1）班有（　　）人，六（1）班有（　　）人。

②三（1）班学生的视力在 4.5 及以下的有（　　）人，六（1）班学生视力在（　　）的人数最多。

（3）设计说明

在基础练习中让学生巩固本单元相关的基础知识点，以照顾到班级中大部分学生的平均学习水平。

任务三：易错练习

（1）光明小学为希望工程捐款。三（1）班有三个小组，捐款情况如下表。

光明小学三（1）班为希望工程捐款情况统计表

组别	第一小组	第二小组	第三小组
人数	9	11	10
捐款总额（元）	89	112	99

①平均每组捐款多少元?

②平均每人捐款多少元?

（2）下面是四（1）班男生和女生校服定做情况的统计表，请将两个统计表合并成一个统计表。

四（1）班男生校服定做情况统计表

型号	合计	小号	中号	大号	特订
人数	18	5	10	3	0

四（1）班女生校服定做情况统计表

型号	合计	小号	中号	大号	特订
人数	19	4	8	6	1

（3）设计说明

通过易错练习帮助学生梳理易错点，降低学生的错误率。

任务四：拓展练习

（1）某次歌咏比赛，得分最高的三名选手的成绩统计如下表（单位：分），请说说冠军、亚军、季军分别是谁。

歌咏比赛得分最高的三名选手的成绩统计表

选手	唱功	音乐常识	综合常识
王晓丽	98	80	80
李明	95	90	88
林飞扬	80	99	100

（2）王叔叔骑车去旅行，去时顺风每小时行 21 千米，3 小时到达，回来时逆风用了 4 小时。王叔叔往返的平均速度是每小时多少千米？

（3）评价量规

评价标准	评价星级	自我评价
小组合作，通过练习能梳理易错点	☆☆	
无法梳理易错点		

（4）设计说明

本环节通过练习帮助学生巩固平均数的计算方法，培养学生分析问题和解决问题的能力。

【检测与作业】

（1）说一说平均数的特点和作用。

（2）说一说单式分段统计表和复式分段统计表的特点和作用。

【学后反思】

本节课的练习设计有一定的坡度，也有一定的弹性。为了让学生在练习中学会学习，学会思考，教学中应以学生独立练习为主，重视学生独立思考的质量，每一题都要给学生留有充足的思考时间。让学生在独立思考具有拓展空间和一定难度的题目后，进行小组交流，从而带动全部学生参与到学习中来，激发每个学生学习的积极性。在落实知识要求的基础上，达到练习有进步、人人有收获的要求。

四年级英语　Will you take your kite?

【学习目标】

1. 知识目标

（1）掌握 take, fly, great, why, picnic, because, so 等单词的发音及含义。

（2）知道谈论计划的句型“Will you…？”“Yes，I will./No，I won't.”。

2. 技能目标

（1）能认读、理解、运用 take，fly，great，why，picnic，because，so 等单词，能拼写 take，fly，great，why 等单词。

（2）能用“Will you…？”“Yes，I will./No，I won't.”谈论计划。

3. 理解目标

明白“Will you…？”“Yes，I will./No，I won't.”等句型的使用场景。

4. 关键能力

学习理解能力和迁移创新能力。

【评价任务】

（1）根据中文意思，在四线格内正确书写单词或短语。

①拿　②飞　③太好了

④因为　⑤明天　⑥球

⑦所以　⑧为什么不呢？　⑨去野餐

（2）看图片练习对话。

A：We're going to have a picnic on Saturday.

B：Will you take a ball?

A：Yes，I will./NO，I won't.

（3）我的假期我做主。

【学习过程】

1. 课前准备

教师准备：多媒体课件、点读笔、图片、单词卡。

学生准备：课本、四线三格练习本、笔。

2. 课中学习

任务一：学习单词和句型

（1）教师：Let's enjoy the funny story.

播放活动一的视频，并出示单词卡，结合自然拼读法教授单词 fly，学生跟读、“开火车”读。

教师：Today I want to share you a happy family. Let's have a look. What are they going to do?

先学习单词 picnic，学生跟读，分男女读，再引出本课重点句型。

（2）教师：I will take something for the picnic. Let's guess what I will take.

再次引导学生用“Will you…？”提问，如果学生猜对，教师则回答“Yes，I will.”；如果学生猜错，教师则回答“No，I won't.”。师生示范，生生练习，操练句型。

（3）Sam and his family are going to have a picnic.

出示 Sam 头像，并向学生提问：Will you take a kite tomorrow?（播放

活动二的视频，并回答。）学生扮演 Amy 的角色并回答问题，学习并操练单词 take。

（4）再次观看视频，回答“Why not Amy take a kite？”。学习并操练单词 why，because，so。

（5）听录音并重复。

（6）小组合作表演。

任务二：我的假期我做主

（1）五一国际劳动节即将到来，请同学们制订一份为期 5 天的计划表，可以列表格或者写句子，然后互相用“Will you…？”“Yes，I will./No，I won't.”来谈论彼此的计划。

（2）评价量规。

评价标准	评价星级	自我评价
能独立制订 4—5 天的计划，书写工整认真，词句正确；能用所学句型与同伴进行流利的问答交流；在口头表达时与其他同学有眼神交流，表情自然，发音标准，声音洪亮，大胆自信	☆☆☆	
能独立制订不少于 2—3 天的计划，书写认真，词句错误少于 3 处；能用所学句型与同伴进行正确的问答交流；在口头表达时发音标准	☆☆	
仅能制订 1 天的计划或能在他人帮助下制订计划，并能在他人提示下用所学句型与同伴进行问答交流	☆	

【检测与作业】

（1）根据图片，与同桌互问互答野餐要带的东西吧。

On Saturday，we're going to have a picnic！

Will you…？

（2）评价量规。

评价标准	评价星级	自我评价
能正确使用“Will you take…？”，能参照图片描述 3 个句子	☆☆☆	
能正确使用“Will you take…？”，能参照图片描述 2 个句子	☆☆	
能正确使用“Will you take…？”，能参照图片描述 1 个句子	☆	

（3）英语写作。

①制作周末计划海报，并描述家人周末的计划。

②评价量规。

评价标准	评价星级	自我评价
能画出海报并按实际情况写出至少3个句子	☆☆☆	
能画出海报并看图写出至少2个句子	☆☆	
能画出海报并看图写出至少1个句子	☆	

【学后反思】

本单元学习谈论计划的句型“Will you…？”“Yes，I will./No，I won't.”，让学生相互交流彼此的计划，学会如何询问他人的计划及回答。

教师在本课采用情境教学法，创设野餐的情境，通过出示一些学习过的食物和玩具的单词，让学生理解并掌握picnic这个单词，并把他们带入野餐情境，告诉他们“我们即将要去野餐，猜猜老师的包里面有些什么东西”，引导学生运用“Will you take…？”的句型进行询问，用“Yes，I will./No，I won't.”进行回答。

各种小游戏让学生觉得非常新颖有趣，学生参与的兴致很高，课堂的效果也很好。多种游戏让学生进行单词与句型的操练，在玩中学，寓教于乐，极大地激发了学生的学习兴趣，让他们在轻松快乐的氛围中掌握并巩固新知。

同时，教师也认识到自己还有需要加强的地方：教学环节之间的联系还不够紧密，过渡环节的设计仍需精简。对学生的评价方式还可以更多样化。英语教学是一项既富有趣味性又责任重大的工作，只有不断努力，不断尝试，才能及时更新自己的“资源库”，才能有更多的好点子丰富、充实课堂，才能使自己的教学工作迈上一级新台阶！

四年级英语　Will it be hot in Haikou?

【学习目标】

1. 知识目标

（1）掌握单词 cloudy，weather 的发音及意义。

（2）掌握谈论未来天气状况的句型“Will it be+ 表示天气状况的形容词 + in+ 地点？”或者“Will it+ 表示天气状况的动词 +in+ 地点？”及其回答“Yes，it will./No，it won't.”。

2. 技能目标

（1）能认读、理解、运用、拼写 cloudy，weather。

（2）能用“Will it be+ 表示天气状况的形容词 +in+ 地点？”或者“Will it+ 表示天气状况的动词 +in+ 地点？”及其回答“Yes，it will./No，it won't.”谈论未来的天气状况。

3. 理解目标

明白“Will it be+ 表示天气状况的形容词 +in+ 地点？”或者“Will it+ 表示天气状况的动词 +in+ 地点？”及其回答“Yes，it will./No，it won't.”的使用场景。

4. 关键能力

学习理解能力和迁移创新能力。

【评价任务】

（1）根据中文意思写出并正确读出单词。

①多云的 ________

②天气 ________

（2）绘制以下天气符号并用“It will…”说出正确的句子。

cloudy　　windy　　rain　　snow　　sunny　　hot　　cold

______ ______ ______ ______ ______ ______ ______

（3）小小“天气播报员”。

【学习过程】

1. 课前准备

教师准备：多媒体课件、点读笔、图片、单词卡。

学生准备：课本、四线三格练习本、笔。

2. 课中学习

任务一：单词学习

教师用口头语言和肢体语言表达有关天气的形容词（hot，cold，sunny，windy）让学生猜，引出 cloudy，weather。

任务二：课文学习及句型操练

（1）出示机器人图片并介绍这是天气播报机器人，向学生展示课文动画。

（2）学习谈论天气状况的句型“Will it be+ 表示天气状况的形容词 +in+ 地点？”或者“Will it+ 表示天气状况的动词 +in+ 地点？”及其回答“Yes，it will./No，it won't.。”

（3）完成活动三的连线，同桌之间用“It will…”来描述天气情况。

任务三：小小“天气播报员”

（1）请同学们根据山东省地图的导学案给各个城市绘制天气符号，用“It will…”句型写出对应的天气状况，然后与同伴用本课所学句型“Will it be+ 表示天气状况的形容词 +in+ 地点？”或者“Will it+ 表示天气状况的动词 +in+ 地点？”及其回答“Yes，it will./No，it won't.”谈论未来天气状况。

（2）评价量规。

评价标准	评价星级	自我评价
能独立绘制不少于5个正确的天气符号，并能正确书写出对应的天气状况。能用正确句型与同伴进行流利的问答交流。在口头表达时，与其他同学有眼神交流，表情自然，发音标准，声音洪亮，大胆自信	☆☆☆☆	
能独立绘制3—4个正确的天气符号，并能正确书写出对应的天气状况。能用所学句型与同伴进行问答交流	☆☆☆	
能独立绘制1—2个正确的天气符号并能正确书写出对应的天气状况。能用所学句型与同伴进行问答交流	☆☆	
能在他人帮助下绘制天气符号，能在他人提示下用所学句型与同伴进行问答交流	☆	

【检测与作业】

（1）写一写。

①根据天气符号写出对应的单词。

②评价量规。

评价标准	评价星级	自我评价
能正确写出6—7个单词	☆☆☆	
能正确写出4—5个单词	☆☆	
能正确写出1—3个单词	☆	

（2）练一练。

①仿照例句播报周末天气预报，并介绍自己的计划。

Weekend plan（Saturday Sunday）

Weather	Activities	Take
hot windy cloudy warm cool sunny rain snow	go swimming fly a kite read books play with my friends have a picnic play football watch TV do my homework	cap fruit ball kite food clothes book swimsuit

It will be sunny in…

I will go to…

I will take…

Daming will…

He will…

Lingling will…

She will…

…

②评价量规。

评价标准	评价星级	自我评价
能根据提示正确说出 6—7 个句子	☆☆☆	
能根据提示正确说出 4—5 个句子	☆☆	
能根据提示正确说出 1—3 个句子	☆	

【学后反思】

大部分学生在本节课中能够积极参与学习活动，积极主动思考问题并解决问题。但还是有少部分学生没有融入课堂的语言实践活动，没有完全达到预期的教学效果。

本节课的学习目的是让学生掌握与天气有关的单词，例如 cloudy，cold，hot，rain，snow，windy 等，并懂得如何用英语询问和描述天气，从而更加热爱生活，关注生活。

从教学环节来说，教师用口头和肢体语言表达有关天气的形容词，例如 hot，cold，sunny，windy，让学生猜，继而引出 cloudy，weather 等单词。在此过程中既锻炼了学生的反应能力，也能让学生在做中学，在玩中学。此环节能够紧扣评价标准，调动学生的积极性。

在句型操练环节，本节课对新句型的操练到位，利用机器人播报天气练习新句型，既新颖又有趣，学生的反应很积极。教学实践紧扣评价标准，很成功。

小小“天气播报员”的教学环节让学生在真实情境中用所学句型学习如何谈论未来的天气情况，在很大程度上锻炼了学生的实际运用能力。

四年级综合实践　风筝教学设计

【学习目标】

1. 价值体认

学生亲历制作风筝、放飞风筝的活动过程，体验劳动的喜悦，培养团结合作的精神。通过了解风筝的历史，培养对传统民间艺术的喜爱，树立民族自信心，增强民族自豪感，同时能够宣传非物质文化遗产。

2. 责任担当

学生通过“风筝宣传大使”的活动（讲解风筝的历史、制作风筝、放飞风筝等），培养社会责任感。

3. 问题解决

学生能通过合作探究和教师的引导，发现制作风筝、放飞风筝的乐趣及意义。

4. 创意物化

通过动手操作实践，初步掌握制作风筝、放飞风筝的基本方法；能用对称或者其他方法设计风筝图样。

【评价任务】

活动形式	自主评价知识目标	自主评价知识表现评价			自主评价能力目标	自主评价能力表现评价	
		A	B	C		A	B
了解风筝	知道并能向别人讲述风筝的历史及其与潍坊的渊源	清楚	不太清楚	不知道	学习态度：能积极查找相关资料，解决问题	能	不能
	知道风筝的种类和样式，并能区分风筝的种类	清楚	不太清楚	不知道	学习态度：能主动提出设想和建议	能	不能

续表

<table>
<tr><th rowspan="2">活动形式</th><th rowspan="2">自主评价知识目标</th><th colspan="3">自主评价知识表现评价</th><th rowspan="2">自主评价能力目标</th><th colspan="2">自主评价能力表现评价</th></tr>
<tr><th>A</th><th>B</th><th>C</th><th>A</th><th>B</th></tr>
<tr><td rowspan="2">了解风筝</td><td>知道风筝的组成和构造，能说出各部分的名称及作用</td><td>清楚</td><td>不太清楚</td><td>不知道</td><td>合作精神：可以认真倾听同学的意见，乐于和别人分享成果</td><td>能</td><td>不能</td></tr>
<tr><td>知道制作风筝需要的材料，并能找到这些工具</td><td>清楚</td><td>不太清楚</td><td>不知道</td><td>创新精神：可以综合运用相关资料解决问题</td><td>能</td><td>不能</td></tr>
<tr><td rowspan="3">制作风筝</td><td rowspan="2">知道并且能够说出风筝制作的顺序和方法</td><td rowspan="2">清楚</td><td rowspan="2">不太清楚</td><td rowspan="2">不知道</td><td>学习态度：能积极动手动脑，准时完成任务</td><td>能</td><td>不能</td></tr>
<tr><td>合作精神：能主动帮助别人和寻求别人帮助</td><td>能</td><td>不能</td></tr>
<tr><td>小组合作能制作出一只风筝，并能解决制作过程中的问题</td><td>能</td><td></td><td>不能</td><td>实践能力：善于观察，善于动手，还能综合运用相关资料和多种方法解决问题</td><td>能</td><td>不能</td></tr>
<tr><td rowspan="3">放飞风筝</td><td>知道放飞风筝的注意事项，并能认真执行</td><td>清楚</td><td>不太清楚</td><td>不知道</td><td>学习态度：能认真积极地参加小组的每一次活动</td><td>能</td><td>不能</td></tr>
<tr><td>知道放飞风筝的步骤和方法，并能用自己的话说出放飞步骤</td><td>清楚</td><td>不太清楚</td><td>不知道</td><td>合作精神：能主动帮助别人和寻求别人帮助，并能在小组中主动发挥自己的作用</td><td>能</td><td>不能</td></tr>
<tr><td>小组合作能放飞一只风筝，并能解决在放飞过程中出现的问题</td><td>能</td><td></td><td>不能</td><td>实践能力：善于观察，善于动手，还能综合运用相关资料和多种方法解决问题</td><td>能</td><td>不能</td></tr>
</table>

【学习过程】

同学们，一年一度的风筝会马上要开始了，我们学校要举行“风筝宣传大使”的评选活动。

活动主题：风筝宣传大使

活动目的：加强校园文化建设，丰富校园文化氛围，锻炼学生的动手实践能力，培养学生对风筝文化的喜爱，培养学生的民族自豪感。

活动时间：2022 年 5 月 18 日。

活动内容：宣传风筝的文化历史，学习制作风筝、放飞风筝等。

参赛方式：以视频或者文字的形式记录此次活动。

第一课时　了解风筝

（1）教师用课件展示大量风筝图片，并提问：你喜欢风筝吗？你知道哪些关于风筝的知识？学生回答。

（预设学生回答：潍坊是“世界风筝之都”；潍坊每年都会举办风筝会；风筝会在滨海的风筝放飞场举行，世界各地的人都会来参加；等等。）

（2）引出课题：这节课我们一起走进风筝的五彩世界。（板书：春风拂面，彩鸢竞飞）

任务一：风筝的历史与文化

（1）你知道风筝与潍坊的渊源吗？教师出示风筝历史学习任务单，学生观看视频，完成任务单。

师：先仔细阅读任务单上的内容，知道问题问的是什么，知道观看视频的侧重点，再观看视频。

观看视频后，学生先独立完成任务单的内容，然后在小组内交流意见。

（2）小组汇报。

（3）再次观看视频，巩固知识。

部分学生任务单上的内容不是很明确，再次观看视频可以加深印象，巩固知识。

（4）除曹雪芹、郑板桥对风筝的记载和介绍以外，历史上还有很多诗人赞美风筝。教师通过课件呈现有关风筝的古诗，让学生一起诵读。

（5）教师总结。

传说风筝的起源地是潍坊，最早发明风筝的人是墨子和鲁班。

古时候人们由树叶的迎风起落得到启示，发明了风筝，用来驱逐鸟雀以保护蚕。后来，墨子用木头制作了一只木鸟，但是飞了一天就坏了。再后来，鲁班削竹木为鹊，成而飞之，三日不下。

北宋画家张择端在《清明上河图》中画有儿童放风筝的情景。清代曹雪芹是我国的“风筝圣人”，《红楼梦》这部巨著中有很多章节提及风筝。郑板桥也有诗句赞颂风筝。

任务二：风筝分类

风筝有着悠久的历史和文化，我们也见过各式各样的风筝，那么风筝到底有什么样式的呢？

（1）通过预习和课前查阅资料，你知道风筝可以分为哪几类吗？

（2）先在小组内交流，然后在全班汇报。

小组内交流自己查阅的资料，互相表述意见。统一意见以后，小组派代表汇报，全班交流意见。

（3）教师补充总结。

教师出示课件，向学生讲解风筝大致可分为6类：软翅风筝、硬翅风筝、板子风筝、串式风筝、立体风筝（桶形风筝）、跨种类风筝。

任务三：了解构造

（1）观察风筝教具，了解风筝的种类、组成等，小组合作完成探究任务。课件出示探究任务。

（2）先在小组内交流，然后在全班汇报。

（3）教师小结。

本次研究的风筝是板子风筝。它是由风筝骨架、蒙面、提线、放飞线等组成的。制作过程中会用到剪刀、胶水等工具。在制作过程中要注意剪刀的使用，保证安全。

任务四：规划设计

（1）通过前面的学习和了解，我们知道了风筝的历史文化、分类、构造等。如果让你们制作一只风筝，你们想制作一只什么样的风筝呢？需要用到的材料有哪些？

（2）组内交流，统一意见，派一人汇报。

学生想要制作的风筝种类可能比较多，或者想要制作的风筝样式比较复杂，教师可借此机会向学生科普传统工艺的风筝是相对简单的风筝，相对复杂的是现代的风筝。

（3）评价量规。

活动形式	自主评价知识目标	自主评价知识表现评价			自主评价能力目标	自主评价能力表现评价	
		A	B	C		A	B
了解风筝	知道并能向别人讲述风筝的历史及其与潍坊的渊源	清楚	不太清楚	不知道	学习态度：能积极查找相关资料，解决问题	能	不能
	知道风筝的种类和样式，并能区分风筝的种类	清楚	不太清楚	不知道	学习态度：能主动提出设想和建议	能	不能
	知道风筝的组成和构造，能说出各部分的名称及作用	清楚	不太清楚	不知道	合作精神：可以认真倾听同学的意见，乐于和别人分享成果	能	不能
	知道制作风筝需要的材料，并能找到这些工具	清楚	不太清楚	不知道	创新精神：可以综合运用相关资料解决问题	能	不能

第二课时 制作风筝

任务一：说出制作步骤

上节课我们了解了风筝的历史文化、分类和构造，这节课我们一起来制作一只风筝吧！

（1）观看视频，说出我们应该按照怎样的顺序来制作一只风筝，先做什么，再做什么，最后做什么。

预设：①先根据骨架剪裁蒙纸。

②扎制骨架时，用交叉绑法，一定要保持左右平衡和对称。

③搭线可一次完成，拴提线时上下距离骨架交叉点 10 厘米。

④制作方法：扎风筝、糊风筝、画风筝、拴提线、拴尾巴 5 个步骤。

（2）小组内交流，达成共识。

（3）小组汇报，全班交流。

（4）教师总结。

风筝的制作步骤：扎风筝、糊风筝、画风筝、拴提线、拴尾巴。

任务二：制作风筝

（1）温馨提示：

①检查材料是否齐全。

②使用工具时注意安全。

③小组合理分工，团结一致。

④在制作过程中，遇到问题随时向教师求助。

⑤给你们制作的风筝起一个好听的名字。

⑥想一想，你们成功的经验是什么。

（2）小组合作，开始制作风筝。教师巡视。课件出示制作风筝的步骤及背景音乐。

（3）全班展示。展示时，说出风筝的名称，并讲解制作成功的经验。

（4）小组互评：你喜欢哪个小组的风筝？为什么？（引导学生从作品的科学性、牢固性、创新性、精致程度等方面进行评价。）

（5）教师总结。

总结学生在制作过程中遇到的困难和解决的方法。同时，提醒学生绘画时注意色彩面积要大，颜色要鲜艳明丽，留白要少，这样风筝在天空中才会更加醒目。

任务三：学生谈收获

（1）学生谈个人收获。

（2）评价量表。

<table>
<tr><th rowspan="2">活动形式</th><th rowspan="2">自主评价知识目标</th><th colspan="3">自主评价知识表现评价</th><th rowspan="2">自主评价能力目标</th><th colspan="2">自主评价能力表现评价</th></tr>
<tr><th>A</th><th>B</th><th>C</th><th>A</th><th>B</th></tr>
<tr><td rowspan="3">制作风筝</td><td rowspan="2">知道并且能够说出风筝制作的顺序和方法</td><td rowspan="2">清楚</td><td rowspan="2">不太清楚</td><td rowspan="2">不知道</td><td>学习态度：能积极动手动脑，准时完成任务</td><td>能</td><td>不能</td></tr>
<tr><td>合作精神：能主动帮助别人和寻求别人帮助</td><td>能</td><td>不能</td></tr>
<tr><td>小组合作能制作出一只风筝，并能解决在制作过程中的问题</td><td>能</td><td></td><td>不能</td><td>实践能力：善于观察，善于动手，还能综合运用相关资料和多种方法解决问题</td><td>能</td><td>不能</td></tr>
</table>

第三课时　放飞风筝

任务一：放飞前的准备

（1）根据课前搜集的资料，说一说放飞风筝应该注意什么。

（2）小组内交流，达成共识，派一人汇报，小组其他成员补充。

（3）全班交流，教师总结。

课件出示：①选场地。尽量选开阔的地方，那里风速和风向比较平稳。注意避开高压线、公路、高大建筑、大树等。

②看风向。根据烟、旗和飞尘辨别。

③风大时一人放飞即可：提引线面向下风处，风筝能浮住时放线。风小时，风筝不能浮住，可转身逆风行走或奔跑，边跑边放线。

④风小时可两人放飞。要等阵风时机，持风筝的人站在下风处，并轻执风筝中（上）部，阵风来时负责拉线的人拉线，风筝即可升空。

⑤阵风来时和风筝线张力加大时抓紧放线，风筝下降时收线。当风筝升到超过大树或建筑物的高度后就可以稳住了。见机行事，就能很好地驾驭风筝。

任务二：放飞的方法

（1）依据以往的生活经验说一说你是如何放飞风筝的。

（2）小组内交流，派一人汇报，其他小组补充。

（3）教师总结。

课件出示：一手持风筝线及提线系结处，将风筝擎过头顶，一手持线轮，斜身以侧背迎风施放。先让风筝在头上迎风飘起，再慢慢地放一段线，稍停一会儿，待风筝升起后，再放一段线。这样放放停停、停停放放，直到把风筝放到让你满意的高度。

任务三：放飞实践

（1）放飞风筝。再次强调安全问题，室外奔跑时注意安全。

（2）在放飞的过程中，还存在哪些问题？小组内交流，有困难时请咨询教师，如风筝不能飞或者飞不高时应如何处理。

（3）根据出现的问题，改进自己的风筝。

（4）再次放飞。

任务四：评选最佳

（1）我们将评选以下 4 个奖项，请获奖的同学发表自己的获奖感言。

最佳观赏奖：________________________________

最佳稳定奖：________________________________

最佳创意奖：________________________________

最佳团队奖：________________________________

（2）评价量规

活动形式	自主评价知识目标	自主评价知识表现评价			自主评价能力目标	自主评价能力表现评价	
		A	B	C		A	B
放飞风筝	知道放飞风筝的注意事项，并能认真执行	清除	不太清楚	不知道	学习态度：能认真积极地参加小组的每一次活动	能	不能
	知道放飞风筝的步骤和方法，并能用自己的话说出放飞步骤	清楚	不太清楚	不知道	合作精神：能主动帮助别人和寻求别人帮助，并能在小组中主动发挥自己的作用	能	不能
	小组合作能放飞一只风筝，并能解决在放飞过程中出现的问题	能		不能	实践能力：善于观察，善于动手，还能综合运用相关资料和多种方法解决问题	能	不能

（3）活动整理

把本次活动以视频或者文字的形式整理，参加学校的“风筝宣传大使”活动吧！

（4）拓展延伸

潍坊不仅是风筝的发源地，同时也是世界上出口风筝最多的城市，世界上超过70%的风筝出自潍坊。2006年，潍坊风筝被列入第一批国家非物质文化遗产名录。国际风筝联合会的会议总部也设在潍坊。现在潍坊成为世界风筝文化的交流中心，被世界各国人民称为“风筝的故乡”。同时，潍坊的风筝还创造过吉尼斯世界纪录。（课件出示相关资料。）

【检测与作业】

实践作业：利用周末或者假期参观风筝博物馆，并且完成参观报告。

【学后反思】

在本次“春风拂面，彩鸢竞飞”主题活动中，第一课时以“了解风筝”为主要内容，开展一系列活动，让学生在了解风筝历史文化的基础上，更加热爱民族传统文化，培养学生的民族自豪感。第二课时以“制作风筝”为主题展开活动，让学生团结合作，寻找扎风筝的方法。学生自己去探索，自己去总结，记忆会特别牢固，效果事半功倍，而照本宣科的讲解只会让学生在一知半解的情况下完成任务。第三课时的主题是“放飞风筝”。学生在放飞风筝过程中有成功有失败，成功了会有成就感，而失败了就要去寻找问题所在，继而解决问题。一次不成功，就两次，甚至数次，直到成功为止。这个过程培养了学生迎难而上和坚韧不拔的意志品质，他们的心理承受能力也得到了锻炼。

活动结束后，目标的完成度还是很高的，但是教师也发现自己在组织的过程中出现了一些问题，现总结如下。

第一，教师没有将“装饰风筝图案”作为重点，导致学生最后制作出来的风筝大多只有简单的外形，装饰的成分比较少，在外观上不怎么出众。在相互讨论环节中应该明确一些有关装饰的要求。

第二，教具准备有限，学生呈现的作品类型单一。教师应该在学生确定自己想要制作的风筝外形的时候，提醒学生根据自己的计划准备活动用品。

总之，本次主题活动将丰富的学科知识融入风筝的研究和制作过程中，既增加了学生的知识储备，又拓展了他们的知识面。

五年级语文　古诗三首

【学习目标】

1. 知识目标

自学生字、词语测读等，认识“仞”“涕”等6个二类字，读准多音字“裳”，能正确书写“摩”“遗”等6个生字，会写“涕泪”“巫峡”等词语，提升自主识字、学词能力。

2. 理解目标

（1）通过多种方法诵读古诗，了解诗人形象并理解古诗的意蕴。

（2）根据注释联系上下文，结合内心体验，理解古诗的意思。

3. 技能目标

通过诗中描写诗人言行的关键词句和插图，用自己的语言描述古诗的情境，与诗人“对话”，感受不同时代的诗人的情怀及厚重、深沉的爱国之情。

【评价任务】

（1）能正确认读、书写生字和组词，并背诵古诗。

（2）能根据注释联系生活实际，结合内心体验，理解古诗的意思。

（3）能根据三首古诗的不同场景，用引读、对读、表演读等多种方式，体会人物形象及其潜藏的情感与思想，读出古诗意蕴。

（4）能通过互文参照、“擦亮”关键词和观察课文插图，充分想象诗句描绘的画面，用恰当的语言描述诗意、诗境、诗情，与诗人“对话”，深刻体会诗人厚重、深沉的爱国之情。

【学习过程】

1. 课前准备

教师准备：相关的古诗资料、课件。

学生准备：课前自行查阅资料、课本。

2. 课中学习

任务一：初读诗文，扫清障碍

（1）请同学们用自己喜欢的方式自由读诗，尝试用斜杠画出古诗节奏。

（2）学生展示读，教师示范朗读，学生对读。

（3）扫清障碍，读准字音，划分停连和重音，能用恰当的语气、语调朗读诗句。

（4）评价量规。

评价标准	评价星级	自我评价
能读准字音及停连，读出古诗的节奏	☆☆	
声断气不断	☆☆	

任务二：走进诗境，领悟诗意

（1）同学们刚刚在王昌龄的引领下，到唐朝的边塞转了一圈，你能看到哪些景物呢？

（2）这些景物带给你怎样的感受？带着感情读一读。

（3）诗人勾勒萧索、开阔的景色，有什么作用？

（提供边塞诗的相关知识和诗人的生平背景。）

（4）课件出示玉门关遗址图片，引导学生关注“青海”“雪山”“孤城”这几个地名，结合注释说说诗句的意思。

（侧面描写，衬托战士们戍边生活的孤寂、艰苦，表达他们思念家乡的情感。）

（5）评价量规。

评价标准	评价星级	自我评价
读出荒凉、肃杀的感觉	☆☆	
低沉缓慢，音断意不断	☆☆	

任务三：走近人物，品味形象

（1）问题切入：在环境如此恶劣、思乡之情如此深切的情况下，戍边战士又是如何做的？

①请同学们齐读后两句诗，谈一谈你看到了什么，听到了什么。

（抓住“黄沙百战”“穿金甲”等词，想象战士们在黄沙漫天的恶劣环境中无数次奋勇杀敌的场景。抓住“终不还”体会战士们不怕牺牲、保家卫国的决心。）

②请结合诗句把自己想象的战士们的形象，用声音传递给大家，读出你的感受。

（教学策略：抓关键词句—结合文中插图—小组合作—情境创设—学生朗读。）

③评价量规。

评价标准	评价星级	自我评价
能找准关键词，读出豪迈报国之情	☆☆	
能找准关键词	☆	

（2）问题切入：深读古诗，把握古诗的景与情，体会战士们誓死报国的豪壮爱国之情。

①战士们面对艰苦的环境，意志不但没有被消磨，反而在大漠风沙的磨炼中变得更加坚定，请同学们充分想象全诗描绘的画面并带着自己的感受，有感情地朗读全诗。

②评价量规。

评价标准	评价星级	自我评价
能读出诗中环境的恶劣及战士奋勇杀敌、保家卫国之情	☆☆	
诵读兴趣得到增强，积累增加，语感得到发展，体验和领悟加深	☆☆	

任务四：整体回读，彰显深层诗意

（1）“以天下为己任，以报国为夙求”，请同学们带着自己对诗意的理解和感受，再次诵读古诗。（教师引读，配乐读，学生进入情境，读出豪壮、悲愤、期盼、狂喜之情，激发自身的爱国之情。）

（2）评价量规。

评价标准	评价星级	自我评价
朗诵形式富有创意，适当配以伴乐，诵出爱国之情	☆☆☆☆	
节奏准确协调，声情并茂，朗诵富有韵味和表现力，诵出豪壮悲愤之感，能与观众产生共鸣	☆☆☆	
正确把握诗歌节奏，韵律明显	☆☆	
朗诵流利，声音洪亮优美，吐字清晰；不读错字，不漏字	☆	

【检测与作业】

（1）组内互相听写文中的生字词语，检查背诵古诗。

（2）读出诗中环境的恶劣及战士们奋勇杀敌、保家卫国之情。

（3）选择自己感触最深的一首诗，发挥想象，把诗的内容扩写成小短文。可尝试运用动作、神态、语言等细节描写手法，加入自己的真实情感。

【学后反思】

由于古诗描绘的生活与现代生活在时空上有很大的跨度，因此，教师在本课采用了朗读感悟法、情境教学法，并适时地补充一些资料，帮助学生感受千年前悲壮、苍凉的边塞生活。教师还播放了歌曲视频《从军行》，学生很快被动听的音乐和恢宏的画面吸引，古战场一下子把大家带回遥远的古代，仿佛亲眼见证了激烈的战斗场面。同时，教师抓住重点词，引导学生理解、体会作者的思想感情，感受战士们精忠报国的豪情壮志。

在课堂上，教师参与学生讨论，引导学生积极思考，调动学生的写作热情。在修改评价环节，运用个人修改、交流讨论等方式引导学生修改自己的习作，培养学生修改习作的习惯，提高学生修改习作的能力。

五年级语文　青山处处埋忠骨

【学习目标】

1. 知识目标

认识“踌”“躇”等9个二类字，会写“彭”“拟”等14个生字，会写多组词语。

2. 理解目标

概括课文两个部分的内容。能结合资料说出自己对“青山处处埋忠骨，何须马革裹尸还”的理解。

3. 技能目标

能找出描写毛主席动作、语言、神态的语句，体会他的内心世界。

【评价任务】

（1）完成任务一中的（2）和（3）。

（2）能够说出在看到电报和面临艰难抉择时毛主席分别有怎样的表现，品读语句，体会毛主席的内心世界。

（3）能够说出“青山处处埋忠骨，何须马革裹尸还”的意思，并能够感受抗美援朝战争中的英雄精神。

【学习过程】

1. 课前准备

教师准备：课件。

2. 课中学习

任务一：初读课文，认读字词，整体感知，介绍课文背景，引出课文《青山处处埋忠骨》，概括课文两个部分的内容

（1）我能把课文读好，争取做到读准字音、读通句子。

①这些词语我会读。

踌躇　黯然　革命　彭德怀　损失　锻炼　眷恋

②这些词语我会写。

拟定　损失　锻炼　眷恋　奔赴　特殊　尊重　签字

（2）你知道“青山处处埋忠骨”的意思吗？用自己的话说出“青山处处埋忠骨”的意思。

（3）本篇课文和之前学过的课文有什么不一样？默读课文，概括课文两个部分分别写了什么内容。

任务二：再读课文，具体感知、体会毛主席内心世界

（1）体会毛主席失去爱子的悲痛。

①默读课文第一部分，说说在看到电报时毛主席有怎样的表现，圈画出描写毛主席动作、语言、神态的语句。

②读一读你圈画的这些语句，说说你从中体会到了什么。

③全班交流。

（2）体会毛主席作为领袖为了革命不徇私情的伟人胸襟。

①默读课文第二部分，说说面对艰难抉择时毛主席有怎样的表现，圈画出描写毛主席动作、语言、神态的语句。

②你从中体会到了什么？

（3）全班交流。

（4）请你带着这种感情再读课文。

任务三：联系课文内容，结合资料，交流对“青山处处埋忠骨，何须马革裹尸还”的理解

（1）自由交流自己搜集到的资料，分享一下你知道的英雄人物的故事。

（2）结合课文内容说说你是怎样理解“青山处处埋忠骨，何须马革裹尸还”的。

【检测与作业】

（1）听写文中的生字词。

（2）以毛主席的口吻给毛岸英写一封家书。

（3）朗读自己写的家书。

（4）评价量规。

评价标准	评价星级	原因	改进措施
朗读时口齿清晰，读音正确，不添字、不漏字、不卡顿，流畅自然	☆☆☆☆☆		
朗读时句读准确	☆☆☆☆☆		
能够带着人物的心情朗读课文，声情并茂	☆☆☆☆☆		
自然、自信，音量适中。能有效地使用面部表情、手势、姿势和距离等来表达人物的内心活动，做到有感情地朗读课文	☆☆☆☆☆		

【学后反思】

本文的主要内容是毛主席在听闻爱子毛岸英牺牲的噩耗后，内心极度痛苦、煎熬，几经踌躇，最终决定将毛岸英的遗骨安葬在朝鲜，这表现了毛主席作为一位父亲的真情实感和身为国家领导人的伟大胸怀。课前，教师让学生查找抗美援朝战争中英雄儿女保家卫国的故事，为课上的交流做好准备。教学时，教师先让学生自主朗读课文，了解并概括课文两个部分的主要内容。无论是体会一位父亲痛失爱子的心情，还是理解毛主席身为领袖作出的艰难抉择，都离学生日常生活较远，学生理解起来有一定的难度。因此，教师让学生仔细研读课文，圈画出描写毛主席动作、语言、神态的语句，说出毛主席的表现，启发学生思考，进而体会毛主席的内心世界，在此基础上指导学生有感情地朗读课文。最后，引导学生结合课前搜集的资料，交流自己对“青山处处埋忠骨，何须马革裹尸还”的理解。

五年级语文　军神

【学习目标】

（1）认识“绷”“堪”等5个二类字，正确读写“熟练”“惊疑”“审视”等词语，会写“庆”“诊”等15个生字。

（2）朗读课文，梳理文章脉络，读出人物的语气。

（3）能说出沃克医生称刘伯承为“军神”的原因。

（4）能从描写人物动作、语言、神态的语句中体会人物的内心。

（5）能够用沃克医生的口吻讲述这个故事。

【评价任务】

（1）能正确书写并认读生字词。

（2）能读出人物的语气，并通过小组讨论梳理出文章是按照求治—术前—术中—术后的顺序展开的。

（3）能找出描写刘伯承动作、语言、神态的语句，从侧面体会刘伯承的内心世界，理解他为了能全身心投入革命，不惜承受巨大痛苦的“军神”形象。

（4）能从文中找出对沃克医生动作、神态、语言的描写，提炼并概括出他的内心变化。

（5）能用沃克医生的口吻讲故事。

【学习过程】

1. 课前准备

教师准备：圆形磁力贴、课件。

2. 课中学习

任务一：初读课文，认读字词

（1）读通课文，读懂句子。

（2）认读词语。

一针见血　一声不吭　从容镇定　汗如雨下　汗珠滚滚　脸色苍白　勉力一笑　愣住　土匪　绷带　由衷　惊疑　审视

①同桌互相交流，同桌互评。

②规范书写。

③同桌互相交流易错字，并组词。

（3）认读生字。

庆　诊　沃　龄　匪　绷　审　剂　施　吭　崭　衷　慈　祥　荣

①和同桌交流生字容易写错的地方。

②在全班交流自己对生字的理解及其运用。

③把生字写一遍，强化巩固。

任务二：整体感知，梳理文章脉络

（1）想一想：作者是按照什么顺序来叙述的？

（2）学生以小组为单位交流读后的收获，小组推荐一名同学汇报交流的结果，其他同学做补充。

（3）教师总结。

第一部分（第 1—11 自然段）：刘伯承伤势很重，找医生求治，非常镇定。

第二部分（第 12—15 自然段）：手术前，刘伯承坚决不使用麻醉剂。

第三部分（第 16—17 自然段）：手术过程中，刘伯承忍受着巨大的疼痛却一声不吭，这让手术台上一向镇定的沃克医生忍不住冒汗。

第四部分（第 18—26 自然段）：手术后，沃克医生称赞刘伯承为“军神”。当知道病人原来是刘伯承将军时，沃克医生肃然起敬，深感荣幸地认识了他。

（板书：求治—术前—术中—术后）

任务三：聚焦描写，体会人物内心，感受“军神”形象

（1）沃克医生是怎么发现刘伯承是军人的？为什么他后来会称刘伯承

为“军神”？

（2）课文中哪些地方表现了刘伯承坚强的意志？在课文中找一找，可以按照文章的顺序找。小组交流，整理。

（3）小组汇报。

①手术前，通过人物语言感受人物内心。

病人平静地回答：“沃克医生，眼睛离脑子太近，我担心施行麻醉会影响脑神经。而我，今后需要一个非常清醒的大脑！”

首先，结合自己的亲身经历，回忆受伤时有什么感觉。

其次，结合刘伯承的视频资料，思考他坚决不用麻药的理由是什么。

再次，说说自己的体会。

最后，读一读课文，读出刘伯承的坚定。

②手术中，通过人物动作和神态感受人物内心。

病人一声不吭，他双手紧紧抓住身下的白床单，手背青筋暴起，汗如雨下。他越来越使劲，崭新的白床单居然被抓破了。

首先，通过这两句话，你感受到了什么？

其次，你感受到这两句话主要描写了什么？能不能抓住关键词，读出刘伯承当时的感受？

再次，你感受到当时的刘伯承可能在想什么？

最后，再来读一读，通过“抓住”“暴起”“汗如雨下”“使劲”等词语，读出刘伯承的坚强。

③手术后，通过人物神态和语言感受人物内心。

病人脸色苍白。他勉力一笑，说：“我一直在数你的刀数。”……“七十二刀。”

第一，通过这些描写，你觉得刘伯承是个怎样的人？

第二，此时他的内心可能在想什么？

（4）文中主要人物是刘伯承，但是作者用了很多笔墨来写沃克医生，这是为什么呢？

（5）请你借助表格，找出文章中描写沃克医生的语言、动作、神态、心理的语句。抓住关键词，说说沃克医生的内心出现了什么变化。

《军神》人物表现及内心句段分析表

事情发展的顺序	沃克医生的表现	沃克医生内心
求治	冷冷地问	冷漠
	他愣住了，蓝色的眼睛里闪出一丝惊疑	惊讶
	目光柔和下来	温和
术前	眉毛扬了起来 生气地说 再一次愣住了 竟有点儿口吃地说	生气　震惊
术中	双手却有些颤抖 额上汗珠滚滚 忍不住开口	心疼
术后	由衷地说 惊呆了，大声嚷道	肃然起敬 （钦佩赞叹）
	脸上浮现出慈祥的神情 肃然起敬	

（6）评价量规。

评价标准	评价星级	自我评价	原因	改进措施
从语言、神态、动作等方面找出描写沃克医生的句子	☆☆☆☆☆			
通过关键词提炼沃克医生内心的变化	☆☆☆☆☆			
体会人物内心，有感情地朗读课文，读出沃克医生内心的变化	☆☆☆☆☆			

任务四：回扣主题，理解“军神”的含义

（1）谈一谈你对“军神”的理解。

（2）根据刘伯承和沃克医生内心的变化，抓住关键词，有感情地分角色朗读课文。

任务五：代入人物，升华体会

（1）你能用沃克医生的口吻讲述这个故事吗？把这个故事讲给家长听一听。

（2）评价量规。

评价角度	评价星级	原因	改进措施
讲述故事完整、熟练	☆☆☆☆☆		
能站在沃克医生的角度，注意人称转换，以沃克医生的口吻来讲述故事	☆☆☆☆☆		
讲述时注意从表情、动作、内容上体现沃克医生的心理变化	☆☆☆☆☆		

【检测与作业】

（1）组内听写生字。

（2）把故事讲给家长听一听，并根据评价表完成评价。

【学后反思】

本文的重难点是抓住描写人物神态、语言、动作的语句，感受人物的内心世界，体会刘伯承钢铁般的意志，理解“军神”的含义。作者对刘伯承在手术中的表现描写细致，教学中教师引导学生体会作者从哪些角度着重刻画了刘伯承的几个侧面。当学生知道是从动作、神态等角度出发时，再让学生抓重点词并联系生活实际谈体会。学生畅所欲言，深刻地理解了刘伯承忍受剧痛所表现出的钢铁般的意志。教学中，教师还巧妙地渗透写作方法，如向学生提问：课文的主人公是刘伯承，作者却用大量篇幅描写沃克医生的神态变化，这是为什么？这一提问使学生注意到沃克医生的神态、情绪变化是因刘伯承而引起的：刘伯承伤势严重仍无比镇定，令沃克医生十分惊疑；拒绝使用麻醉剂使经验丰富的沃克医生双手颤抖，不忍心动手术；手术中以超人的毅力忍受着剧痛并清醒地数清沃克医生割了多少刀，这令沃克医生钦佩不已。课文以一个经验丰富的医生的眼光去看刘伯承的表现，更能体现刘伯承坚强的意志。这一教学设计让学生理解了侧面烘托的好处，也体会到课文运用了直接描写和侧面烘托相结合的写作方法，意识到如果能将这些方法运用于自己的写作实践，一定能使文章更出彩。

五年级语文　清贫

【学习目标】

1. 知识目标

认识“筹”“矜”等10个二类字，读准多音字“吓”。

2. 理解目标

（1）朗读课文，整体感知，梳理文章脉络。

（2）能分别找出描写方志敏和两个国方兵士动作、语言、神态的语句，体会他们的内心世界，感悟人物的品质。

3. 技能目标

能说出自己对于清贫的理解，并结合当下的生活实际，谈谈自己眼中过着清贫生活的人。

【评价任务】

（1）完成任务一中的（1）和（2）。

（2）能借助表格，以自己圈画、小组交流等方式，圈画出描写方志敏和国方兵士的句子，并且通过朗读、移情等方式体会人物的内心，感悟人物的品质。

（3）能结合自己的生活实际，说出自己眼中过着清贫生活的人。

【学习过程】

1. 课前准备

教师准备：圆形磁力贴、课件。

2. 课中学习

任务一：初读课文，认读字词。介绍作者以及课文背景

（1）我能把课文读好，争取读准字音，读通句子。

（2）这些词语我会读。

筹集　矜持不苟　被俘　金镯　威吓　裤裆　企望　彼此　汗褂裤　深山坞

①读给同桌听一听，请同桌评价。

②“开火车”认读词语。

（3）清贫的字面意思是什么？根据自己查阅的资料，你觉得方志敏是一个什么样的人？

任务二：整体感知，梳理文章脉络

（1）想一想：作者是按照什么顺序来描述人物的？

（2）学生以小组为单位交流，小组推荐一名学生汇报交流的结果，其他同学做补充。

（3）教师总结。

《清贫》大纲

事情发展顺序	段落	事件
清贫是美德	1	直接表达自己对清贫的理解
被俘搜身	2—8	“我”被俘时被两个国方兵士搜身、逼问的过程
传世宝	9	家中几套旧的汗褂裤和几双缝上底的线袜是唯一的财产
清贫是战胜困难的力量	10	清贫、朴素是革命者战胜困难的力量源泉

任务三：圈画句子，体会人物内心，感悟品质

（1）文中的哪些语句能体现方志敏甘于清贫的优秀品质？

（2）默读趣事部分，借助表格圈画出分别描写国方兵士和方志敏动作、语言、神态的句子，读一读，猜一猜他们心里在想些什么。

《清贫》人物表现及内心句段分析表

人物	动作	语言	神态	心理活动
方志敏				
国方兵士				

（3）对比双方的语言、动作、反应以及各自的神态等，说一说当时双方心里在想些什么，从中体现了国方兵士怎样的嘴脸，展现了方志敏怎样的品质。

（4）学生分角色朗读，读出方志敏的泰然自若、镇定从容和国方兵士的自私贪财、穷凶极恶。

（5）《清贫》的主人公是方志敏，为什么作者却用大量的笔墨写了两个国方兵士呢？在搜身过程中，国方兵士的内心发生了怎样的变化？这又说明了什么？

（6）评价量规。

评价标准	评价星级	自我评价	原因	改进措施
从语言、神态、动作等方面完整地找出描写方志敏和两个国方兵士的句子	☆☆☆☆☆			
通过关键词总结两个国方兵士内心的变化	☆☆☆☆☆			
体会人物内心，有感情地朗读，读出人物的特点	☆☆☆☆☆			

任务四：回扣主题谈理解

课文学完了，结合课文最后一段话，说说你对清贫有了哪些进一步的理解。

①借助方志敏的历史资料进行补充。

②全班交流。

任务五：再谈清贫，升华情感

结合当下的生活实际，谈谈你眼中过着清贫生活的人。

【检测与作业】

（1）请思考：当今社会，我们还需要清贫的品质吗？

（2）课外阅读方志敏的《可爱的中国》《狱中纪实》等文章。

【学后反思】

《清贫》这篇课文是方志敏同志于1935年在狱中写就的，可谓革命的正气歌。文章用简短朴素的语言，描写了自己被捕后被国方兵士搜身的情景，表现了共产党人坚定的革命信念和矜持不苟、舍己为公的高尚革命情操。

对于五年级的学生来说，他们很难理解革命年代革命志士的壮志豪情，因此在教学时教师先从方志敏清贫的生活入手，再讲方志敏清贫的原因，让学生理解矜持不苟、舍己为公是每个共产党员应该具备的美德。

本文的重难点是抓住描写人物动作、语言、神态的语句，感受人物的内心世界，体会以方志敏同志为代表的共产党人的革命形象。教师先从趣事入手，让学生感受一个革命者的高尚情怀，他经手的款项有数百万元，身上却连一个铜板都没有。然后让学生品味趣事，通过对比方志敏和国方兵士在三次搜身过程中的语言、动作和神态，体会方志敏和国方兵士的内心，从而感悟方志敏的形象。接着在方志敏的“传世宝”一事进一步重申，让学生感受共产党人矜持不苟、舍己为公的美德。最后通过对文本的默读、分角色读、范读、齐读等多种形式的朗诵，引导学生在朗读中深入地挖掘语言文字，品析重点词句，在朗读中理解，在朗读中感悟，进而领会以方志敏同志为代表的共产党人的高尚精神。

五年级语文　佳作展评，创建文集

【学习目标】

（1）评价时，既要关注是否从多个角度把人物的形象写具体了，能否反映出人物的内心，包括感情、内心变化、品质精神等，又要关注是否把事情的六要素（时间、地点、人物、起因、经过、结果）交代清楚。

（2）能够提出自己的修改建议，能够根据同学的意见和教师的提示，运用所学表达方法修改自己的习作。

（3）明白对人物动作、语言、神态的描写，是表达人物内心的关键要素。

【评价任务】

（1）能找出自己或他人习作中的不足之处，并提出修改建议。

（2）能根据同学、教师的建议修改自己的习作。

【学习过程】

任务一：运用所学表达方法交流、互评

（1）引导学生交流课件例句是如何将人物的内心表现出来的，可先让学生自由朗读例句并思考：句子中的哪些描写让你体会到了人物的内心？再引导学生说说自己从三组例句中体会到了人物怎样的感情，他们当时心里可能在想些什么。

（2）全班交流、总结。学生根据本单元所学的课文，理解并提炼出单元大观念：人物的动作、语言、神态等细节，是体会人物内心和解读文本的关键要素。

（3）根据本单元的学习，联系课本上的问题和教师出示的表格，你能从同学的习作中找出其所描写人物的神态、动作、语言，并提取出具体的内容吗？

问题	回答
他的面部表情是怎样的	
他有哪些不寻常的举动	
他说了哪些话，说话的语气是怎样的	

抓住本单元重点，分析习作是否把这件事的前因后果交代清楚了；是否从多个角度把人物的形象写具体了；是否反映了人物的内心。如果是“否”，请你写出具体的修改建议。

评价标准	是或否	具体建议
是否把这件事的前因后果交代清楚了		
是否从多个角度把人物的形象写具体了		
是否反映了人物的内心		

（4）教师总结。

任务二：根据本单元所学和建议修改习作

（1）根据同学的修改建议和教师的提示，修改自己的习作。

（2）把修改后的习作读给同学听，请同学说说和上一次相比有没有提高，或进一步提出修改意见。

（3）有条件的同学把再次修改好的习作读给同学听，听听对方的意见，再进行修改。

任务三：将作品结集成册

将所描写的人物“内心”分成若干部分，在本单元学习的基础上，给这些部分命名。结集成册后，举办展览活动。

【检测与作业】

（1）评价修改，体现本次习作的独特之处。习作完成后，教师组织学生在组内进行交流、互评。

（2）小组交流后，学生根据同学的意见和教师的提示，修改习作。把改后的习作读给其他同学听，请他们提出修改意见。

【学后反思】

本单元的学习紧紧围绕培养学生写人的能力这条主线，以“体会人物的内心”这一核心问题展开教学。教学时，教师引导学生联系先前的经验，阅读单元的精读课文，借鉴课文中描写人物的基本方法，进行练笔和初次创作。教师在本单元课文教学中进一步引导学生细化人物动作、语言、神态的描写，走进人物的内心世界，对习作内容进行二次修改。鼓励学生尝试运用描写法表现人物的内心，达成习作目标。

五年级数学　长方体和正方体的认识

【学习目标】

1. 知识目标

借助具体的学具和模型，知道长方体和正方体各部分特征的名称。

2. 技能目标

通过比、数、量、想等方式，能找出长方体和正方体各部分的特征。

3. 理解目标

理解长方体和正方体是三维图形，相比二维图形的面新增了许多特征，掌握它们的特征是解决实际问题的基础。

4. 关键能力

空间想象能力、动手操作能力、观察能力。

【评价任务】

（1）填写名称。

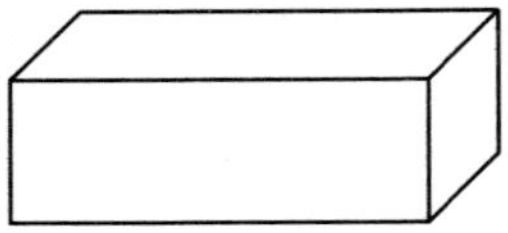

（2）观察图片，回答问题。

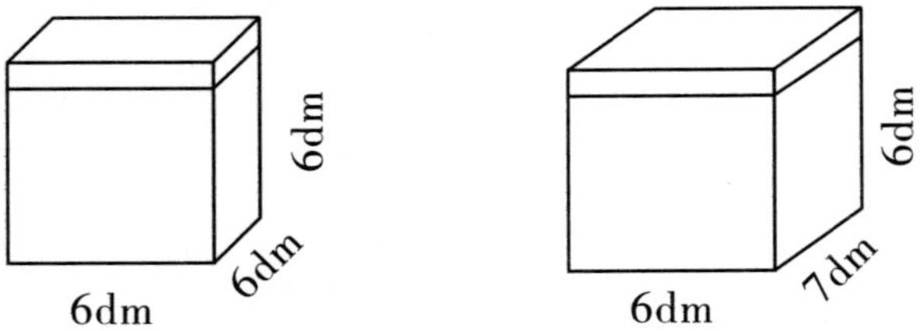

①两个储物箱的形状都是正方体吗？

②正方体储物箱的棱长是多少？哪几个面完全相同？

（3）哪几个面可以围成一个长方体？你是怎么想的？

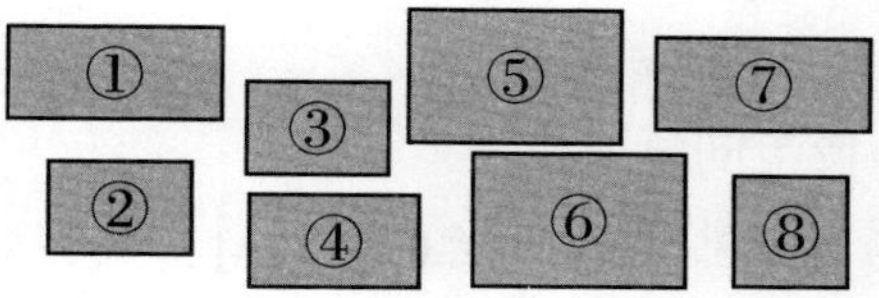

【学习过程】

1. 课前准备

教师准备：课件、长方体和正方体学具、教材、在黑板上绘制长方体和正方体的结构图、特征探究单。

学生准备：尺子、长方体和正方体学具、教材。

2. 课中学习

起始任务：三维图形相比二维图形的面新增的特征。

◎探究性问题：长方体和正方体是三维图形，相比二维图形的面新增了哪些特征？

（1）学习指南

①观察点、线、面、体的变化。

②说出每一种角度新增的特征。

（2）学习支架

从点、线、面、体的角度观察。

（3）评价量规

评价标准	评价星级	自我评价
能说出三维图形相比二维图形的面新增的特征	☆☆☆	
不能说出三维图形相比二维图形的面新增的特征		

（4）设计说明

学生先思考探究性问题，再通过教师引导观察点、线、面、体的变化，理解和掌握这些特征是解决实际问题的基础。

任务一：利用手中的长方体、正方体学具和教材，掌握各部分的名称

◎探究性问题：长方体、正方体各部分的名称是什么？

（1）学习指南

①先独立思考，再与同桌讨论。

②借助手中的长方体、正方体学具和教材，通过看一看、摸一摸的方式说出各部分的名称。

（2）学习支架

①预习教材。

②仔细观察长方体和正方体学具。

③摸一摸各部分，说出特征。

（3）评价量规

评价标准	评价星级	自我评价
能根据长方体、正方体学具准确地指出各部分的名称	☆☆☆	
不能根据长方体、正方体学具准确地指出各部分的名称		

（4）设计说明

学生先思考探究性问题，再自主观察长方体和正方体学具。教师引导学生采用看和摸的方式说出各部分的名称。在此基础上，实现对长方体和正方体特征的理解。

任务二：用学具探究长方体、正方体各部分的特征

◎探究性问题：长方体、正方体各部分的特征是什么？

（1）学习指南

①先独立思考，再小组讨论。

②借助表格，通过比一比、数一数、量一量、想一想等方式找出各部分的特征。

③将讨论结果填写在长方体、正方体的特征探究单上，并进行汇报。

（2）学习支架

①仔细观察长方体和正方体学具各部分的特征。

②根据特征探究单的要求填写表格。

③比一比，数一数，量一量，想一想，找出各部分的特征。

（3）评价量规

评价标准	评价星级	自我评价
能说清楚各个面的形状和大小关系及棱的长度关系	☆☆☆	
能不重复、不遗漏地数出面、棱、顶点的数量并说出数的方法	☆☆	
能说出从哪几个方面研究长方体、正方体的特征	☆	

（4）设计说明

学生先思考探究性问题，再利用学具比一比、数一数、量一量、想一想，找出长方体和正方体各部分的特征，理解其相比二维图形的面新增的特征，而掌握这些特征是解决实际问题的基础。

【检测与作业】

（1）填空。

①长方体有（　　）个面，相对的面（　　）；有（　　）条棱，相对的棱长度（　　）；有（　　）个顶点。

②正方体有（　　）个面，每个面都是（　　）形；共有（　　）条棱，这些棱长度（　　）；有（　　）个顶点。

③一个长方体最多有（　　）个面是正方形，最多有（　　）条棱长度相等。

（2）观察下图，回答问题。

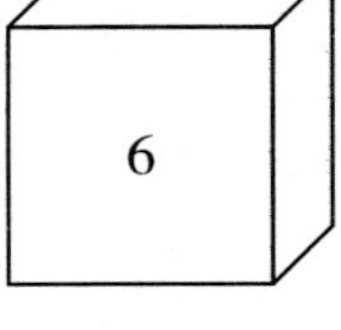

这是个（　　）体，它的棱长是（　　）厘米，棱长和是（　　）厘米。

（3）选择哪些小棒可以搭成一个长方体框架？（单位：厘米）

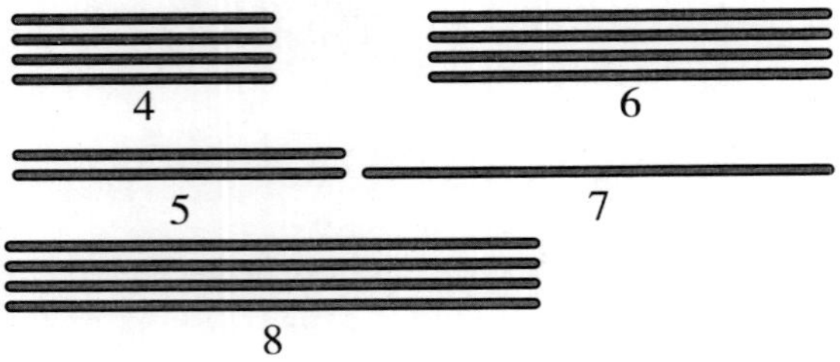

【学后反思】

本节课是学生学习其他立体图形的基础。如何引导学生从原先对“面”的认识过渡到对“体”的认识，培养学生的空间想象能力是本节课的重点。教师借助长方体和正方体实物，引导学生经历看一看、摸一摸、数一数等实际操作过程，知道长方体和正方体有几个顶点、几条棱、几个面，探究各条棱之间的关系、各个面之间的关系以及顶点、棱、面之间又有什么关系。

五年级数学　长方体和正方体的表面积

【学习目标】

1. 知识目标

（1）通过折叠活动，认识长方体的展开图。

（2）知道长方体和正方体表面积的计算公式。

2. 技能目标

正确计算长方体和正方体的表面积。

3. 理解目标

长方体和正方体的表面积与它们的长、宽、高的关系。

4. 关键能力

空间想象能力、动手操作能力、观察能力。

【评价任务】

（1）观察长方体的展开图，思考哪些面的面积相等。

（2）对照长方体的展开图，说一说每个面的面积与长方体的长、宽、高有什么关系。

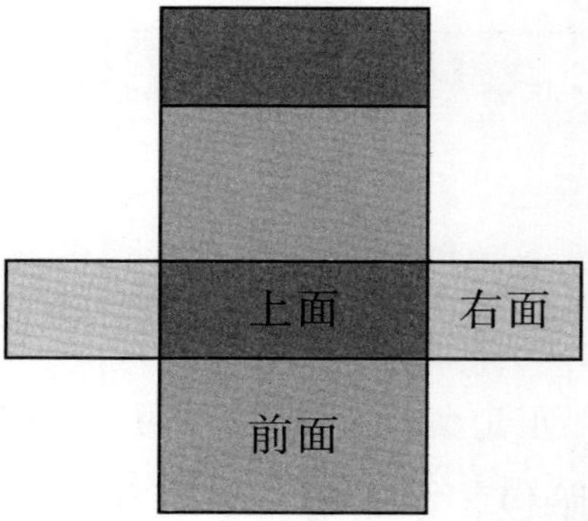

（3）制作电脑包装箱需要多少平方厘米的纸板？

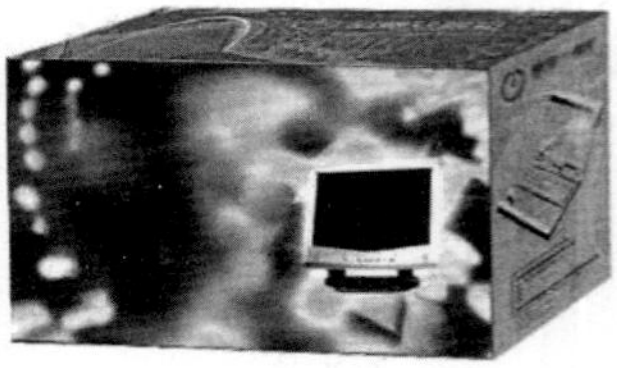

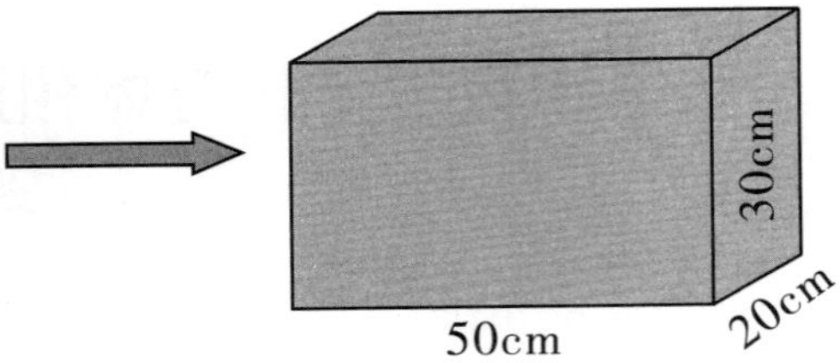

【学习过程】

1. 课前准备

教师准备：长方体和正方体的模型、课件。

学生准备：长方体和正方体的模型。

2. 课中学习

任务一：观察长方体的展开图——“哪几个面的面积相等”

◎探究性问题：长方体哪几个面的面积相等？你是怎么知道的？

（1）学习指南

学生小组合作，通过拆一拆、折一折、比一比等方式，找出长方体中面积相等的面，给这些面积相等的面命名。

（2）学习支架

长方体有三组面积相等的面，分别是（　　）面和（　　）面，（　　）面和（　　）面，（　　）面和（　　）面。

（3）评价量规

评价标准	评价星级
能找出面积相等的面	☆☆
给这些面积相等的面命名	☆

（4）设计说明

建立立体图形和平面图形的联系，为学习长方体的表面积奠定基础。

任务二：制作电脑包装箱需要多少平方厘米的纸板——“求长方体 6 个面的面积”

◎探究性问题：制作电脑包装箱需要多少平方厘米的纸板？

（1）学习指南

①展开长方体模型，通过小组合作观察、讨论，明确制作电脑包装箱需要多少平方厘米纸板，就是求长方体6个面的总面积。

②列算式，求出长方体6个面的总面积。

（2）学习支架

①前后面的面积：(　　　　　　　　　　　　　　　　)。

②左右面的面积：(　　　　　　　　　　　　　　　　)。

③上下面的面积：(　　　　　　　　　　　　　　　　)。

④6个面的总面积：(　　　　　　　　　　　　　　　)。

（3）评价量规

评价标准	评价星级	自我评价
能准确列出算式，并能正确说出求的是哪个面的面积	☆	
不能准确列出算式，也不能正确说出求的是哪个面的面积		

（4）设计说明

以长方体模型的展开图作为支架，进一步建立立体图形和平面图形的联系，以及生活问题与数学问题的链接。

任务三：长方体6个面的面积与长、宽、高的关系，明确表面积的概念

◎探究性问题：一是长方体6个面的面积与它的长、宽、高有什么关系？二是什么叫表面积？

（1）学习指南

①学生观察长方体模型及展开图。

②小组讨论、交流长方体6个面的面积与长、宽、高的关系，得到计算6个面面积的公式。

③得出表面积的概念。

（2）评价量规

评价标准	评价星级	自我评价
能写出长方体表面积的计算公式	☆☆	
知道表面积的概念	☆	

（3）设计说明

进一步理解巩固表面积的概念，建立模型。

任务四：怎样计算正方体的表面积

◎探究性问题：做一个正方体的化妆品盒子需要多少平方厘米的纸板？

（1）学习指南

借助正方体模型和展开图及长方体表面积的学习思路，小组合作完成正方体表面积的计算。

（2）评价量规

评价标准	评价星级	自我评价
得出正方体表面积的计算公式	☆☆	
无法得出正方体表面积的计算公式		

（3）设计说明

通过长方体表面积的研究过程，完成正方体表面积的学习。

任务五：考查表面积知识的理解巩固

◎探究性问题：如何求表面积？

（1）学习指南

利用本节课的知识自主完成，并与同桌交流。

①下面的平面图哪些可以组成长方体或正方体？

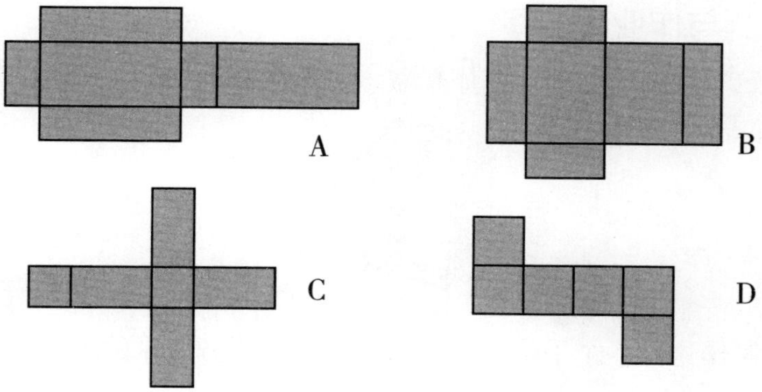

②右图是一个长方体。

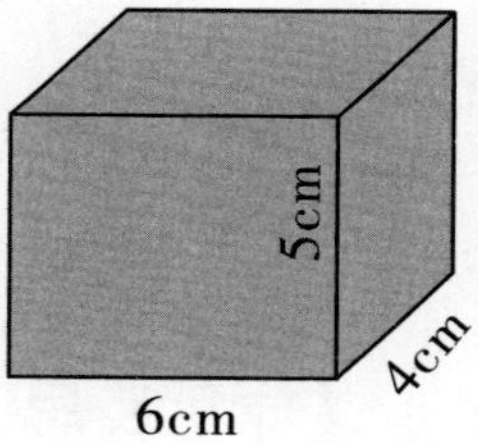

A. 上面的面积是____________平方厘米。

B. 前面的面积是____________平方厘米。

C. 右面的面积是____________平方厘米。

D. 表面积是____________平方厘米。

③计算下面图形的表面积。

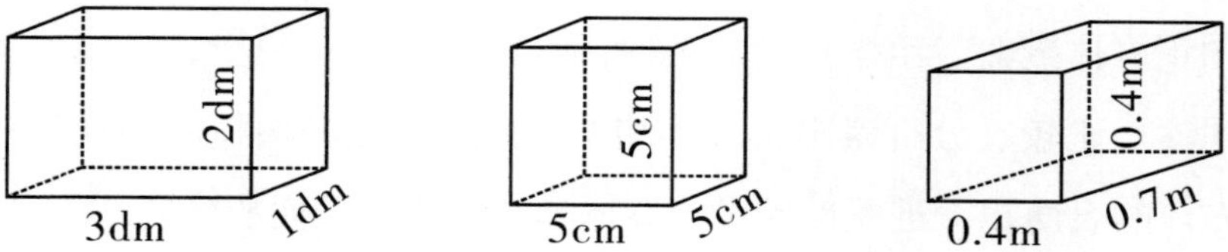

（2）评价量规

评价标准	评价星级	自我评价
能正确完成 3 道题目	☆☆☆	
能正确完成 2 道题目	☆☆	
能正确完成 1 道题目	☆	

（3）设计说明

3 道题目全面覆盖了本节课内容，对学生本节课需要理解、掌握的内容进行了考查。其中既包含了立体图形与平面图形的联系，也包含了学生对立体图形表面积的理解、模型的掌握。

【检测与作业】

（1）包装形如下图的正方体礼盒，至少需要多少平方厘米的包装纸？

12cm

（2）制作这样一个手提袋，至少需要多少平方厘米的纸板？

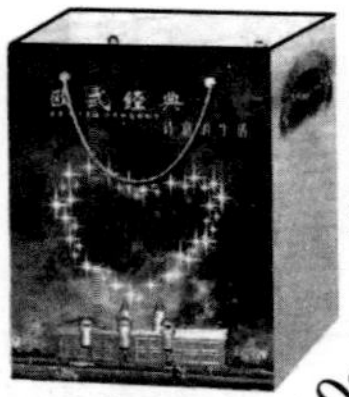

40cm

10cm

30cm

【学后反思】

为了让学生建立表面积的概念，在教学过程中，教师引导学生展开长方体和正方体纸盒，给学生观察的时间，摸一摸，指一指，说一说。学生通过观察、比较、分析得出长方体和正方体各个面的面积之和就是长方体和正方体的表面积，进而推导出长方体和正方体的表面积公式。

五年级数学　体积、体积单位及容积、容积单位

【学习目标】

1. 知识目标

（1）知道什么是体积和容积。

（2）知道体积和容积的单位有立方厘米、立方分米、立方米、毫升、升。

（3）知道 1 立方厘米、1 立方分米、1 立方米、1 毫升、1 升分别有多少。

2. 技能目标

（1）能选择合适的体积和容积单位描述生活中的实物。

（2）能进行体积与体积单位、体积与容积单位之间的换算。

3. 理解目标

理解体积实质上是体积单位的累加。

4. 关键能力

空间想象能力、动手操作能力、观察能力。

【评价任务】

（1）能说出什么是体积和容积；能说出常见的体积和容积单位；能举出实物认识 1 立方厘米、1 立方分米、1 立方米、1 毫升、1 升。

（2）能选择合适的体积和容积单位描述生活中的实物；能进行体积单位之间或容积单位之间的换算。

（3）通过摆一摆、动手操作等活动推理出体积大小是体积单位的累加。

【学习过程】

1. 课前准备

教师准备：体积单位模型、体积进率模型、1 瓶 10 毫升的药剂、1 瓶 500 毫升的矿泉水、1 瓶 1 升的矿泉水、1 粒 1 立方厘米的粉笔头、1 个 1 立方分米的纸盒、1 个 1 立方米的讲台。

2. 课中学习

任务一：观察模型和实物，探究什么叫作物体的体积

◎探究性问题：通过观察模型和实物，你能说一说什么叫物体的体积吗？

（1）学习指南

①结合课本关于体积的定义，用自己的话解释什么是物体的体积。

②寻找身边有体积的物体并说出为什么这些物体有体积。

（2）评价量规

评价标准	评价星级	自我评价
判断哪个物体体积大，说出原因	☆☆☆	
列举有体积的物体（固体、液体、气体），说出它们有体积的原因	☆☆	
说出什么是物体的体积	☆	

（3）设计说明

学生先思考探究性问题，再观察教师演示的过程，然后结合教材以及生活常识，用自己的话解释什么是物体的体积，并能举出生活中的实例说出这些物体为什么有体积，真正理解体积是指物体所占空间的大小。

任务二：探究体积单位

◎探究性问题：体积单位有哪些？

（1）学习指南

①阅读课本第 91 页，迁移比较面积大小的方法，说出如何比较两个物体的体积大小。

②阅读课本第 91 页，说出体积单位的作用是什么，常用的体积单位有哪些。

③阅读课本第 91 页，举出实物说明 1 立方厘米、1 立方分米、1 立方米分别有多大。

（2）评价量规

评价标准	评价星级	自我评价
说出体积单位的作用是什么，常用的体积单位有哪些；举出实例说明1立方厘米、1立方分米、1立方米分别有多大	☆☆☆	
能迁移比较面积大小的学习方法，找出比较两个立体图形大小的方法	☆	

（3）设计说明

学生先思考探究性问题，然后通过迁移比较面积大小的学习方法，能说出比较两个物体体积的方法；通过自学课本第91页内容，能说出体积单位的作用及常用的体积单位，并认识1立方厘米、1立方分米、1立方米分别有多大。

任务三：探究体积单位之间的进率

◎探究性问题：相邻体积单位之间的进率是多少？

（1）学习指南

①观看教师演示，说出体积单位之间的进率。

②在实际问题中熟练应用进率转化的知识。

（2）评价量规

评价标准	评价星级	自我评价
熟练应用进率转化的知识完成专项训练，解决实际问题，完成第94页第4、第5题	☆☆	
说出体积单位之间的进率	☆	

（3）设计说明

学生先思考探究性问题，然后通过观看教师演示1立方分米转化成1立方厘米的过程，知道1立方分米等于1000立方厘米，并迁移到1立方米等于1000立方分米，从而知道相邻体积单位之间的进率是1000。

任务四：探究容积

◎探究性问题：什么叫物体的容积？容积单位有哪些？

（1）学习指南

①观看实验，结合教材，说出什么是容积，找出生活中3—5个有容积的物体。

②阅读教材，说出容积单位有哪些，以及容积单位和体积单位之间的关系。

③估计生活中一些实物的容积，解决实际问题。

（2）评价量规

评价标准	评价星级	自我评价
用容积单位估计实物的容积	☆☆☆	
说出容积单位和体积单位之间的关系	☆☆	
说出什么是物体的容积，容积单位有哪些	☆	

（3）设计说明

学生先思考探究性问题，然后通过观看教师操作容积的实验，说出什么是物体的容积；通过阅读教材，知道常用的容积单位有升、毫升。

【检测与作业】

（1）说一说谁的体积大。

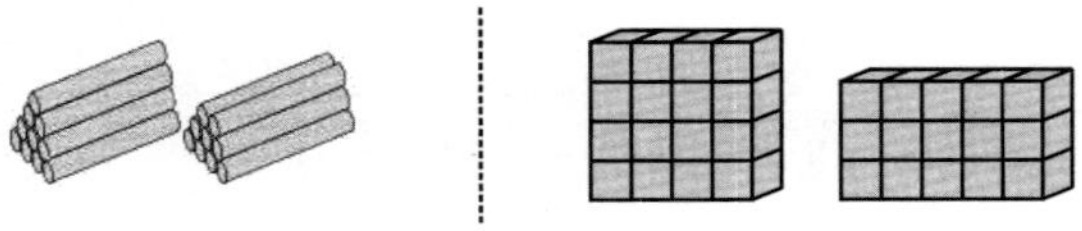

（2）下面的图形都是用棱长1厘米的小正方体摆成的，说一说它们的体积各是多少立方厘米。

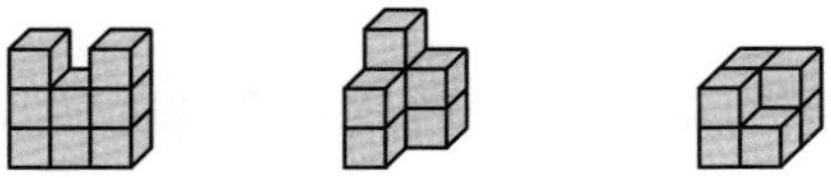

（3）为下列物体填上合适的单位名称。

墨水瓶的容积约是 60（　　　）。

微波炉的体积约是 40（　　　）。

酸奶盒的容积约是 240（　　　）。

矿泉水桶的容积约是 20（　　　）。

集装箱的体积约是 50（　　　）。

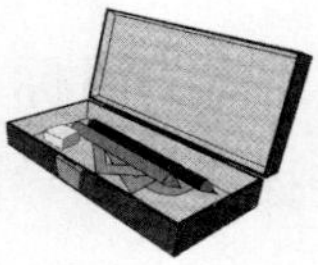

文具盒的体积约是 200（　　　）。

（4）填上正确的答案。

$3.03dm^3$=（　　）L　　　　$0.5m^3$=（　　）dm^3

$800cm^3$=（　　）dm^3　　　　4526mL=（　　）cm^3

320mL=（　　）L　　　　2340L=（　　）m^3

【学后反思】

本节课提供直观的实物，给学生充足的时间观察、触摸、想象，从实际情境中得出结论。接着，教师让学生观察、比较实物的大小，知道要获得准确的物体体积，就要用到体积单位，从而开启对体积单位的学习。在教学容积时，教师也是进行实物直观演示，让学生感知容积的意义，建立相应的概念。

五年级数学　长方体和正方体的体积

【学习目标】

1. 知识目标

知道什么是长方体和正方体的体积。

2. 技能目标

能探究、推导出长方体、正方体的体积公式，会求长方体和正方体的体积，能解决简单的实际问题。

3. 理解目标

长方体和正方体体积的大小是体积单位的累加。

4. 关键能力

空间想象能力、动手操作能力、观察能力。

【评价任务】

（1）说出长方体和正方体体积是它们所占空间的大小。

（2）能通过猜想—验证—分析—总结的过程，推导出长方体的体积公式，运用体积公式求出冰箱体积。能利用长方体的体积公式和“正方体是特殊的长方体”这两个知识点，迁移推导出正方体的体积公式。

（3）通过摆一摆、动手操作等活动，合情推理体积大小是体积单位的数量累加，能探讨出体积和长、宽、高之间的关系，总结出体积公式。

【学习过程】

1. 课前准备

教师准备：课件、探究记录表。

学生准备：1 立方厘米的小正方体。

2. 课中学习

任务一：探究长方体的体积计算方法

◎探究性问题：如何求出所购冰箱的体积？求冰箱的体积实质上就是求谁的体积？冰箱的体积可能与什么有关？

（1）学习指南

①根据问题，大胆猜想。

②小组合作，验证猜想。先收集实验数据，完成表格，再分析数据，作出判断。

③共同归纳，得出结论。

④自学课本，认识长方体体积计算公式的字母表示。

（2）学习支架

①我猜测长方体的体积可能与（　　）有关。

②长方体体积探究记录表。

长（厘米）	宽（厘米）	高（厘米）	小正方体的数量（个）	长方体的体积（立方厘米）

③通过实验数据，我发现（　　）。

④长方体的体积 =（　　）。

⑤长方体的体积计算公式用字母表示为：（　　）。

（3）评价量规

评价标准	评价星级	自我评价
能说出长方体的体积与哪些因素有关，能根据问题通过猜想—验证—分析—总结的方法，自主探究出长方体的体积公式	☆☆☆	
能说出长方体的体积，能根据问题通过猜想—验证—分析—总结的方法，在帮助下推导出长方体的体积公式	☆☆	

续表

评价标准	评价星级	自我评价
能说出长方体的体积，但不能根据问题通过猜想—验证—分析—总结的方法，也不能推导出长方体的体积公式	☆	

（4）设计说明

本环节的设计注重让学生从体验中学习，在体验中自我建构知识体系，在体验中感悟数学方法的理念。学生通过分析摆法不同的长方体的长、宽、高，以及小正方体的数量、体积等相关数据，经历猜想—验证—分析—总结的过程，推导出长方体的体积公式。通过亲身体会，学生建立清晰的表象，增强了自身的空间想象能力，发展了量感，培养了合作意识和创新精神。

任务二：推导正方体的体积公式

◎探究性问题：根据我们学过的知识，你能得出正方体的体积计算公式吗？你是怎样得到的？

（1）学习指南

①课件出示正方体，直观感受正方体是特殊的长方体。

②迁移应用长方体的体积公式，推导出正方体的体积公式。

（2）学习支架

①正方体的体积 =（　　）。

②正方体的体积计算公式用字母表示为：（　　）。

（3）评价量规

评价标准	评价星级	自我评价
能根据长方体的体积公式自主迁移推导出正方体的体积公式	☆☆	
能根据长方体的体积公式在帮助下迁移推导出正方体的体积公式	☆	
不能根据长方体的体积公式迁移推导出正方体的体积公式		

（4）设计说明

在学生推导出长方体的体积公式，并通过课件直观感受正方体是特殊的长方体后，教师抛出正方体体积怎么求的问题，这样一来，学生可以利用迁移的方法很快地推导出正方体的体积公式。学生充分参与这个过程，体会到成功的喜悦，获得了较为丰富的数学活动经验。

【检测与作业】

（1）判断

① $0.4^3=0.4\times0.4\times0.4$。（　　）

②一个正方体的棱长是 4 分米，它的体积是 $4^3=4\times3=12$ 立方分米。（　　）

③一个长方体长 5 分米，宽 4 分米，高 3 厘米，它的体积是 $5\times4\times3=60$ 立方厘米。（　　）

④一个棱长为 6 分米的正方体，它的表面积和体积相等。（　　）

⑤一个长方体木箱，横着放和竖着放时所占的空间一样大。（　　）

（2）生活中的应用

长方体和正方体的体积计算公式在生活中运用得很多，让我们一起来看一看。

商品名：正方体收纳箱

尺寸：30 × 30 × 30（单位：厘米）

颜色：黑白

请问一个长 40 厘米、宽 20 厘米、高 10 厘米的玩具熊，能放入收纳箱里吗？

【学后反思】

本节课中，教师借助实物引导学生说出自己对长方体和正方体体积意义的理解，进而通过猜想—验证—分析—总结的方法探究出长方体的体积公式。探究过程中，学生对“体积实质上是对体积单位的累加”有了更深入的理解，能运用体积公式求出冰箱体积；能通过长方体的体积公式和“正方体是特殊的长方体”等知识，迁移推导出正方体的体积公式，并活学活用，解决实际问题，发展自身的空间观念和推理意识。

探究过程中，教师注重让学生深度参与，教师精准点拨，学生的学习目标达成率高。但是教师对学生的评价可以再多元化一些，这将有助于提升探究效果。

五年级英语　It's big and light.

【学习目标】

1. 知识目标

（1）知道 light，broken，hard，department store，pocket，umbrella，sales assistant，wheel，easy，take 的发音及含义。

（2）知道描述物品特征的句型是“主语 +be+ 形容词”。

2. 技能目标

（1）能认读、理解、拼写和运用 light，broken，hard，department store，pocket，umbrella，sales assistant，wheel，easy，take。

（2）能够运用本课关键句型谈论事物的特征。

3. 理解目标

用“主语 +be+ 形容词”句型描述物品的特征。

【评价任务】

介绍你最喜欢的一件物品，描述其特征以表达你对它的喜爱之情。

例：It's big/beautiful/small…

It's got a/some…

【学习过程】

1. 课前准备

教师准备：课本、课件、礼物。

学生准备：课本、练习本、黑色和其他颜色的中性笔。

2. 课中学习

任务一：回顾旧知

教师向学生展示常用形容词的图片，复习形容词，师读、生读、师生读，巩固复习，及时纠错易混词、易错词，引出新词。

T：Here are some words we learned before. Let's have a review. Let's read!

S：（旧词省略）light，broken，heavy，department store，pocket，umbrella，sales assistant，wheel，easy，take.

◎探究性问题：What does Lingling need?

（1）看动画，寻找答案。

教师让学生观看动画，出示问题。

T：Lingling is at the department store. What does Lingling need?

S：A bag.

T：Excellent!

（2）教师播放动画，出示问题，让学生试着选出正确答案，重读新单词和句型。学生观看动画，并跟着一起读一读。

任务二：学习活动二的课文

T：Good morning，boys and girls!

S：Good morning，Miss Jiang!

T：Today we will learn M5U1. It's big and light.（声调）Three times.

S：It's big and light. It's big and light. It's big and light.

T：Great! Before the new lesson，let's have a look at our aims. Let's read!

（1）知道课文的含义。

（2）理解句型"主语+be+形容词"的结构及用法。

（3）能正确朗读课文内容，做到发音标准，语音、语调准确，口型、舌位正确；能够运用"主语+be+形容词"来描述事物特征。

◎探究性问题：What did Lingling want to buy?

教师领读问题，给予提示，让学生认真思考，然后作答。

T：You all did a good job! Let's fill the blanks. Are you ready?

S：Yes! This black bag is______.

It's ______.

But it's ________. So they don't buy it.

任务三：展示与交流

（1）为自己的朋友挑选生日礼物。

总结本课学习的描述事物特征的句子：

This black bag is nice. It's big!

Look at this blue one. It's big and light.

T：You are great! Showtime.

介绍你最喜欢的一件物品，描述其特征以表达你对它的喜爱之情。例：It's big/beautiful/small…It's got a/some…

Before it，I have an example. Let's have a look.（播放小视频作为示例。）

S：…（教师认真听学生回答，及时给予纠正或鼓励。）

T：Here is our homework. How time flies! See you!

S：Goodbye Miss Jiang!

（2）评价量规。

评价标准	评价星级	自我评价
能独立描述事物的特征，能表达对某物的看法并用3句及以上所学句型与同伴进行流利的问答交流。能做到书写工整、词句正确。在口头表达时与其他同学有眼神交流，表情自然，发音标准，声音洪亮，大胆自信	☆☆☆	
能独立描述事物的特征，能表达对某物的看法并用1—2句所学句型与同伴进行正确的问答交流。能做到认真书写，词句错误少于3处。在口头表达时发音标准	☆☆	
能在他人帮助下描述事物的特征，能表达对某物的看法，并能在他人提示下用所学句型与同伴进行问答交流。在书面表达时能做到词句错误少于5处	☆	

【检测与作业】

1. Look and write. Then say.

2. Fill the blanks.

This black bag is ________. It’s ________.

But it’s ________.

So they don’t buy it.

【学后反思】

在本节课的教学中，主要存在以下应该改进的地方。

一是教师在部分教学环节没有给学生缓冲的时间，让他们整理自己的思绪，做好准备。教师应展示重点句型，让学生仿照例子完成，效果会更好。

二是缺乏与本课内容相关的形容词归类复习，新旧词语之间缺乏关联，导致部分同学出现遗忘旧词的情况，表达不出自己的真实想法，课堂效果不理想。

三是教师应及时调整设备，在展示环节尽量给学生展示机会，让学生互动分享。

四是教师在领读课文时节奏略乱，应该把握好节奏，合理断句，给学生留下读课文的时间。

五是教师应把学生放在主体地位，多与学生进行良好互动。

六是教师应学会变通，在学生回答问题出现卡顿时及时进行提醒，鼓励学生用所学新知表达自己的想法。

五年级英语　It's too big for you.

【学习目标】

1. 知识目标

（1）知道单词 light，easy，take，too，try 的发音及含义。

（2）知道描述物品特征的句型是“主语 +be+ 形容词”。

2. 技能目标

（1）能认读、理解、拼写和运用单词 too，try，lovely。

（2）能够运用本课关键句型谈论事物的特性，例如“It's big and light.”“It's too big for you.”“It's nice for me.”。

3. 理解目标

用“主语 +be+ 形容词”描述物品特征。

【评价任务】

请学生为自己的朋友挑选一个生日礼物，并且使用本课句型表述其特征。

【学习过程】

1. 课前准备

教师准备：课本、课件、礼物。

学生准备：课本、练习本、黑色中性笔。

2. 课中学习

任务一：热身进入

（1）学生听录音，寻找答案。

（2）学生观看动画，并跟着一起读一读。

任务二：训练

（1）新知呈现

①学生看图说话。

②学生听录音，寻找答案。

③学生观看动画，并跟着录音一起读一读。

④学生听录音，然后选择与所听内容一致的图，在图片旁的圆圈内画“√”。

⑤学生核对答案。

⑥学生补全句子并核对答案。

（2）分步训练

①学生先读单词，再仿照例句写句子，最后核对答案。

②学生学一首小诗，先一起跟读，再欣赏小诗，并尝试跟着动画一起读一读。

③学生跟着录音听一听、读一读，然后圈出每个句子中与黑体部分发音相同的字母组合。

④核对答案。

任务三：尝试应用

①学生看图片并读对话。

②学生两人一组开展活动。

③学生为自己的朋友挑选生日礼物。

【检测与作业】

（1）完成同步检测的听力。

（2）完成课本活动 7。

小结：本节课重点学习了如何使用形容词句型“主语 +be+ 形容词”来描述物品特征，并运用于选择礼物等实际问题。学生都有一定的基础，再加上图片和语境的辅助，学生在学习本节课时循序渐进，符合认知规律。学生能根据实际情况作出选择，并学会对事物进行对比，锻炼了他们的思维能力。

【学后反思】

本节课总体思路清晰，简单明了，教师与学生互动性较强，能调动学生的积极性。通过小组学习、全班交流的形式，鼓励学生大胆地使用本节课的知识，描述一些图片，以及创设情境让学生运用语言，提高了学生的参与意识以及听、说、读的能力，达到学中乐、乐中学的效果。但是本课也存在一定的缺点：本课没有把情感教育与课堂融为一体；评价效果不佳，学生评价环节在实施中还需要更细致的课堂办法。

五年级音乐　卢沟谣

【学习目标】

1. 知识目标

（1）简单了解中华民族自秦汉到民国时期漫长的兴衰史。

（2）熟知前倚音、渐强、结束句等音乐记号。

2. 技能目标

能用齐唱、小组唱、独唱等演唱形式，熟练演唱歌曲《卢沟谣》。

3. 理解目标

通过学唱歌曲，能表达歌曲中蕴含的不折不挠的精神，激发爱国主义情感。

【评价任务】

（1）能按节奏完整地齐唱歌曲。

（2）能正确地、有节奏地齐唱歌曲。

（3）能正确地、有节奏地、自信地、有感情地独唱歌曲。

【学习过程】

1. 课前准备

教师准备：多媒体课件、钢琴。

2. 课中学习

任务一：学习歌曲第一段

（1）看图片，听歌曲，教师介绍相关资料，学生感受卢沟桥的美丽景色。

（2）教师有感情地朗读第一段描写卢沟桥的歌词。

（3）学生读歌词，读出感情。

（4）随钢琴演唱第一段歌词，正确运用前倚音、渐强的唱法，唱出卢沟桥的故事。

（5）评价量规。

评价标准	评价星级	自我评价
能正确地、有节奏地、自信地、有感情地齐唱歌曲第一段	☆☆☆	
能正确地、有节奏地齐唱歌曲第一段	☆☆	
能按节奏完整地齐唱歌曲第一段	☆	

任务二：学习歌曲第二段

（1）看图片，听歌曲，教师介绍卢沟桥事变。

（2）教师有感情地朗读第二段歌词。

（3）学生朗读。

（4）随钢琴演唱第二段歌词，“中国人意志坚，重振河山换新天”，唱出决心，唱出气概。最后的结束句唱出对祖国的美好祝愿。

（5）评价量规。

评价标准	评价星级	自我评价
能正确地、有节奏地、自信地、有感情地合唱歌曲第二段	☆☆☆	
能正确地、有节奏地齐唱歌曲第二段	☆☆	
能按节奏完整地齐唱歌曲第二段	☆	

任务三：小组练习唱出音乐的情感

（1）小组练习。

（2）评价量规。

评价标准	评价星级	自我评价
小组能正确地、有节奏地、自信地、有感情地演唱歌曲	☆☆☆	
小组能正确地、有节奏地演唱歌曲	☆☆	
小组能按节奏完整地演唱歌曲	☆	

小结：我们学唱的《卢沟谣》这首歌曲，是歌唱中国历史、歌颂民族精神的歌曲。希望大家能够铭记历史，珍惜今天的幸福生活。

【检测与作业】

（1）说出歌曲《卢沟谣》的历史背景。

（2）有感情地独唱和齐唱歌曲《卢沟谣》。

【学后反思】

教师有感情地范读和范唱是本课的精彩环节，激发了学生的学习兴趣。学生在教师正确示范的感染下，学习的积极性大大提高。对于情感至上的音乐艺术，只有教师的情感体验真切，才能真正激发学生的情感。

六年级语文　文言文二则

第一课时　学弈

【学习目标】

1. 知识目标

（1）会写“援”“俱”等生字。

（2）能正确、流利地朗诵课文，背诵课文。能根据注释疏通文义，说出故事内容。

2. 理解目标

能从课文中体会到学习必须专心致志，不可三心二意的道理。

【评价任务】

（1）能正确认读本课生字词，能正确书写并默写3个生字。

（2）能正确、流利、有感情地朗读课文，背诵课文。做到读准字音，读出文言文的音韵、节奏、停顿。

（3）能结合注释，理解词句，通过讨论能从课文中体会到学习必须专心致志、不可三心二意的道理。

【学习过程】

1. 课前准备

教师准备：磁力贴、课件。

2. 课中学习

任务一：初读课文，读通句子

（1）我能把课文读好，做到读准字音，按朗读节奏读准课文、读通句子。

（2）这些字我会读。

援　俱　弗

①读给同桌听，请同桌评价。

②小组共同认读生字。

任务二：理解词句，把握文意

（1）对照注释，理解字词。

①我能对照课文注释，尝试自己理解每句话的意思。

②我能理解故事的内容，并与小组同学交流。

（2）合作学习，及时点拨。

①同桌合作学习，互相答疑解惑。

②根据提示，理解词句。

首先，理解“之”在不同句子里的不同意思。

其次，学习通假字“与”。“与”同“欤”，句末语气词，表示疑问，跟“吗”“呢”的作用相同。

最后，了解重点词语“弗若”“然”的意思。

（3）疏通全文，理解大意。

①我能结合注释读懂句子的意思，再将每句话的意思连起来。

②小组合作，交流课文大意。

③评价量规。

评价标准	评价星级	自我评价
我能结合注释读懂句子的意思，再将每句话的意思连起来	☆☆☆	
我能通过与同桌合作学习，互相答疑解惑，并理解重点词句	☆☆	
我能对照课文注释，尝试自己理解每句话的意思	☆	

任务三：领悟道理，深化认识

（1）启发思考，领悟道理。

①这两个人是怎么学下棋的？在文中画出相关的句子。

②这两个人学习的结果怎么样？

③是什么原因使后一个徒弟“虽与之俱学，弗若之矣”？是后一个徒

弟的智力不如前一个吗?

④他们俩学下棋时各持有什么样的态度?

(2)联系生活,深化认识。

我能联系实际,并结合课文内容谈一谈自己的体会。

【检测与作业】

(1)同桌互相听写课文中的生字词。

(2)小组合作,交流课文大意。

(3)组内交流:联系生活、学习中的经历,说一说自己的体会。

第二课时　两小儿辩日

【学习目标】

1. 知识目标

(1)会写“辩”字。

(2)能正确、流利地朗读课文,背诵课文。

2. 理解目标

能了解故事内容,明白课文中两个小孩的观点各是什么,懂得他们是怎样说明自己的观点的。

【评价任务】

(1)能正确认读本课生字词,正确书写并默写生字。

(2)能正确、流利、有感情地朗读课文,背诵课文。做到读准字音、读出文言文的音韵、节奏、停顿。

(3)能结合注释,理解词句,明白课文中两个小孩的观点各是什么,懂得他们是怎样说明自己的观点的。

【学习过程】

1. 课前准备

教师准备:磁力贴、课件。

2. 课中学习

任务一：初读课文，整体感知

（1）我能把课文读好，做到读准字音，按朗读节奏读准课文、读通句子。

（2）这个字我会读。

辩

①读给同桌听，请同桌评价。

②小组认读生字。

任务二：精读课文，理解文意

（1）自读理解，合作交流。

①我能借助注释，把课文读懂。

②小组合作学习。先借助注释自由阅读课文，理解每句话的意思，找出自己读不懂的句子在组内交流，组内不能解决的问题由小组长记录下来，再在全班交流。

③组织交流。由小组长汇报本组成员遇到的问题，再抽学生说说课文的大意。

（2）研读课文，重点探究。

①思考：两个小孩争论的是什么问题？他们各自的观点是什么？他们是怎样说明自己的观点的？

②带着问题读课文，并在书上圈点勾画。

③小组交流自己找到的答案。

④评价量规。

评价标准	评价星级	自我评价
我能说出两个小孩争论的是什么问题，他们各自的观点是什么，他们是怎样说明自己的观点的	☆☆☆	
我能结合注释读懂句子的意思，再将每句话的意思连起来	☆☆	
我能对照课文注释，尝试自己理解每句话的意思	☆	

任务三：感悟寓意，拓展延伸

汇报交流，领悟寓意。

①两小儿争辩的问题究竟应该怎样解答？这个问题能难倒古代的圣人孔子，但难不倒掌握了现代科学知识的我们，请根据自己收集的资料帮两小儿解答问题。

②小组讨论、交流自己从课文中受到的启示。

【检测与作业】

（1）同桌互相听写课文中的生字词。

（2）小组合作，交流课文大意。

（3）组内交流，说出从课文中受到的启示。

【学后反思】

《学弈》和《两小儿辩日》以短小而富有趣味的篇章，联系学生的生活经验，激发学生学习文言文的兴趣。这两篇文言文都是通过一个小故事来阐明某个道理，深入浅出，引人深思。

《学弈》全文短小精悍，却把两个人学弈的过程写得清楚明白，道理说得透彻。《两小儿辩日》篇幅短小，故事简单，构思却颇具匠心。开头以无名小儿与孔子对举，其地位和学问的对比本应高下立现，但作者通过一个“辩”字为后文制造了悬念。文章随后以人物对话的方式，讲述了两小儿各自的观点和依据，紧扣“辩”字，有观点，有事实依据，增强了辩论性。随着两小儿对话的结束，孔子“不能决”，将开头处的悬念一笔击破，结尾有无尽余味。本文表达的道理可以从不同角度阐述。

六年级语文　真理诞生于一百个问号之后

第一课时

【学习目标】

1．知识目标

（1）会写“域”“惯”等 12 个生字。

（2）能正确、流利地朗诵课文，把握课文主要内容。体会课文“提出观点—论证观点—总结观点”的行文思路。

2．理解目标

联系上下文，初步理解“真理诞生于一百个问号之后”的含义。

【评价任务】

（1）能正确认读本课生字词，正确书写 12 个生字，并能正确默写。

（2）能正确、流利、有感情地朗读课文。概括文章主要内容，总结出文章的写作思路。

（3）能用自己的话或者结合课文中的句子说出“真理诞生于一百个问号之后”的含义。

【学习过程】

1．课前准备

教师准备：磁力贴、课件。

2．课中学习

任务一：初读课文，读通句子

（1）我能把课文读好，做到读准字音。

（2）这些字我会写。

域　惯　圃　盐　溅　蕊　魏　搜　蚯　蚓　版　阶

任务二：理解词句，把握文意

学生阅读课文，教师提问：你想把文章分成几个部分？为什么这么分？

读出作者的行文思路：提出观点—论证观点—总结观点。

任务三：领悟道理，深化认识

（1）带着问题，朗读课文。

（2）找出文中能解释本句话的相关句子，在文中画出来。

（3）解释这句话的含义。

【检测与作业】

（1）同桌互相听写课文中的生字词。

（2）小组合作交流课文的主要内容。

（3）组内交流：联系课文相关句子，说说自己对“真理诞生于一百个问号之后”的理解。

【学后反思】

《真理诞生于一百个问号之后》是一篇精读课文。它属于一篇议论文，课文的题目也就是本文的主要观点。课文用三个事实论述了以下观点：只要善于观察，不断发问，不断解决疑问，锲而不舍地追根溯源，就能在现实生活中发现真理。

教授这篇课文时，教师充分地考虑了课文的特点和学生的实际情况，采用了以下的教学思路：

在初读感知环节，给予学生充分的自读时间，带领他们对课文的主要内容进行归纳，整体上把握了课文的主要内容。接着，提醒学生带着课前的问题（“为什么说真理诞生于一百个问号之后？”）默读思考，结合课文具体的事例，找出相关的语句，并写下体会。这一过程，尊重了学生的主体地位，激发了其探究的欲望。学生在充分自读自悟的基础上，再进行交流。

第二课时

【学习目标】

（1）概括课文中列举的三个事例，体会作者是怎样用具体事例来说明观点的。

（2）了解每个事例的表达顺序。联系科学家发现真理的过程，学习科学家见微知著、善于发问、独立思考、坚持不懈的精神。

【评价任务】

（1）能用流畅的语言概括课文中列举的三个事例，体会作者是怎样用具体事例来说明观点的。

（2）能通过找各个事例的共同点说出每个事例的表达顺序，联系科学家发现真理的过程，学习科学家见微知著、善于发问、独立思考、坚持不懈的精神。

【学习过程】

1. 课前准备

教师准备：课件。

2. 课中学习

任务一：初读课文，整体感知

学生读课文，自主概括三个事例的内容。

提示：每个事例的主角是谁？他们观察到了什么现象？怎么研究的？结果如何？

任务二：精读课文，理解文意

（1）默读第3—5自然段。

（2）小组讨论，填写表格，找到三个事例的共同点。

事例	观察发现	提出问题	实验探究	结论
波义耳发现植物酸碱反应，继而发明了石蕊试纸				
魏格纳观察地图，提出了大陆漂移学说				
阿瑟林斯基发现脑电波变化与做梦有关				

（3）小组交流三个事例的共同点，总结真理发现过程需要科学家具备哪些品质，学习科学家见微知著、善于发问、独立思考、坚持不懈的精神。

【检测与作业】

（1）学生用流畅的语言说出每个事例的具体内容。

（2）填写表格，找出三个事例的共同点。

（3）小组交流三个事例的共同点，找出能反映科学家见微知著、善于发问、独立思考、坚持不懈精神的句子。

【学后反思】

教师主要运用了“教—扶—放”的方法，对学生汇报的波义耳的例子进行了重点指导，让学生明白科学家的研究过程是“从现象中发现问题—经过研究—得出真理”，从而证明了“真理诞生于一百个问号之后”。针对学生汇报的第二个例子，教师让学生依据表格的要求来完成，允许小组合作，在汇报的时候，结合自读结论和问题来加深印象。第三个事例，教师完全放手给学生自主完成。至此，整个教学过程不但没有局限于课文中的事例，而且让学生交流了自己了解到的事例。教师还适时出示自己课前搜集的资料——鲁班发明云梯、阿基米德提出浮力定律等，总结这些科学家的事例，引导学生得出“真理诞生于一百个问号之后”的结论。

但是，课文的学习并没有结束，找到真理还需要条件。在下一阶段的教学中，将学生汇报和教师引导有机地结合起来，让学生在阅读中明白成为科学家还需要有见微知著、善于发问、独立思考、坚持不懈的精神。最后，回归第二自然段——纵观千百年来的科学技术发展史，那些定理、定律的发现者、学说的创造者，多善于从细微的、司空见惯的现象中发现问题。他们不断发问，不断解决疑问，追根溯源，最后把“？”变成“！”，找到了真理。理解本段的意思之后，点明了课文的观点——真理诞生于一百个问号之后。

在本节课的最后，让学生归纳总结所学知识，从课文的内容和写作手法两方面来汇报，从而让学生明白用具体事例来说明观点的写法。

六年级语文　表里的生物

【学习目标】

1. 知识目标

会写“脆”“拦”等6个生字，会写“机器”“钟楼”等词语。

2. 理解目标

默读课文，能概括课文的主要内容。

3. 技能目标

能结合课文中的相关语句，说出“我”是一个怎样的孩子。

【评价任务】

（1）能正确认读本课生字词，正确书写并默写6个生字及多组词语。

（2）能正确、流利地朗读课文，知道课文的主要内容：小时候“我”对父亲的表极为好奇，但是父亲却不让“我”动表，这让“我”很痛苦，后来父亲打开表给“我”看，并解答了“我”的疑问，“我”相信父亲的表里有小蝎子这件事。

（3）通过朗读课文，能说出时间词语和“我”的心理变化。这两项既是贯穿全文的线索，也表现了“我”好奇心强、爱观察、善思考且比较执着的形象。

（4）通过交流，能结合自己的生活经验，用自己的话写出自己的经历。

【学习过程】

1. 课前准备

教师准备：机械手表 、课件。

2. 课中学习

任务一：初读课文，认读字词

（1）认真读课文，争取做到读准字音、读通句子，圈出生字词。

（2）这些词语我会读。

小蝎子　蜇你　钵子　蝈蝈　机器　钟楼　洪亮　街心　盲人　坚硬　清脆　单调　请求　加速　齿轮　玻璃　唯恐　丑恶　恐怖　证实

①读给同桌听，请同桌评价。

②小组认读词语。

（3）这些词语我会写。

机器　钟楼　洪亮　街心　盲人　坚硬　清脆　单调　请求　加速　齿轮　玻璃　唯恐　丑恶　恐怖　证实

①与同桌交流容易写错的字。

②小组交流各自不理解的词语。

③这几个词语容易写错，我再写一写。

任务二：集体交流，理清文章思路，概括课文大意

（1）快速浏览文章第 1、第 2 自然段，说出是什么原因让“我”有这样的疑问。

（2）自由朗读第 9—17 自然段，圈画出描写“我”心理的词语或短句。

（3）根据表示时间和心理的词语，理清在“我小时候”“一天”“过了许多天”“此后”“后来”等时间点上发生了什么事。

（4）小组练习概括文章的大意，再集体交流。

（5）默读全文，根据圈画出的与心理和时间相关的词语或短句，再次完善、总结课文写了一件什么事，最后进行全班交流。

任务三：根据人物表现，感受人物形象

（1）请学生回答并评价：课文主要运用心理描写和对话描写，刻画了一个什么样的小孩子形象？

（2）通过心理描写——“我吓了一跳”，却还“感到愉快”，说说从中可以看出“我”是一个怎样的孩子。

（3）联系上文，思考：父亲为什么没有回答“我”的问题？“我”用什么方式回答了自己的疑问？从中看出“我”是一个怎样的孩子？

（4）课文中还有多处这样的文字，结合自己在文中圈画的语句和批注，和小组同学一起交流“我”是一个怎样的孩子。

（5）全班交流。

（6）教师出示机械表，带领学生了解表的内部构造和工作原理。教师展示阅读材料《世界上最小的手表》，有兴趣的同学可以课下查阅资料，探究表里的秘密。

任务四：结合生活经验，体会文章结尾

小组交流：

（1）文章结尾“这样的话我不知说了多久，也不知道到什么时候才不说了”，“这样的话”指什么话？“我”为什么后来不说了？

（2）你有没有类似的经历，结合自己的生活经验，用自己的话写出自己的经历。

（3）评价量规。

评价标准	评价星级	自我评价
能具体写出事情的过程，不仅语句通顺，而且用词优美。能恰当使用修辞手法，运用表示时间和心理的词句，写出真实感受，描写生动、有画面感	☆☆☆	
能具体写出事情的过程，做到语句通顺，且能正确使用修辞手法	☆☆	
能完整写出事情的经过，且语句通顺	☆	

【检测与作业】

（1）同桌互相检查课文中的生字词。课件出示拼音，学生根据拼音写出词语。

（2）组内交流课文写了一件什么事。

（3）同桌根据圈画表示时间和心理描写的词语或短句，谈一谈“我”是一个什么样的孩子。

（4）写出你生活中类似的经历。

【学后反思】

《表里的生物》回忆了作者儿时对身边事物——表——展开思考和探究的经历。本文段落较多，但时间线索明晰。在概括文章大意时，教师引导学生分步进行，先圈画出表示时间的词语，再围绕“表里的生物”思考在这些时间点上发生了什么事。帮助学生以时间为线索，理清思路，把握文章主要内容。以“结合课文中的心理描写的相关语句，说说‘我’是一个怎样的孩子？”为中心议题，引导学生聚焦心理描写和对话描写，鼓励学生不仅要敢于表达自己的观点，还要有理有据地论证自己的观点。教师引导学生感受人物形象，体会有好奇心、爱观察、善思考、执着探究等科学精神。

《表里的生物》是一篇回忆性散文，教师依据文本，引导学生回忆类似经历，结合自身生活经验，入境悟情，体会“越不许我动，我越想动，但是我又不敢，因此很痛苦”的强烈好奇心和探究欲望以及欲做还休的苦恼；品味“这样的话我不知说了多久，也不知道到什么时候才不说了”中蕴含的告别童年的悠长滋味和复杂情感。即将小学毕业的学生对此应有不少情感共鸣，他们同样对童年恋恋不舍但又对未来充满憧憬。

对于学生科学精神的培养，教师潜移默化地落实在教学环节之中，如引导学生体会“我”经过不懈努力得到印证时的满足感，关注表里的内部构造和工作原理，推荐阅读《世界上最小的手表》，鼓励他们搜集有关表的资料，激发学生强烈的好奇心和求知欲。这节课既有同作者一起探究科学的快乐，更有童真的情趣，学生们兴致盎然地走进课文，享受学习语文的幸福之旅。

六年级语文　他们那时候多有趣啊

【学习目标】

1. 知识目标

能说出在作者的想象中，未来的上学方式和今天的有什么不同。

2. 理解目标

能联系生活实际，大胆想象未来的学习生活还有可能是什么样的。

【评价任务】

（1）能说出未来和今天在图书呈现方式、教师、授课效果的不同。

（2）能联系生活实际，大胆想象未来的学习生活还有可能是什么样的。

【学习过程】

1. 课前准备

教师准备：多媒体课件。

2. 课中学习

任务一：整体感知，说说未来的上学方式和今天的有什么不同

（1）自由朗读课文，思考学习提示中的问题，并边读边进行勾画。

（2）在小组内交流勾画出的相关语句，归纳、总结未来的上学方式和今天的不同，并在全班交流汇报。

（3）评价量规。

评价标准	评价星级	自我评价
能自主、快速地找出相关语句，并且说出这两个方面的不同点	☆☆☆	
能在组内成员的启发下找出并且说出不同点	☆☆	
能在师生交流后找出并且说出不同点	☆	

任务二：能联系生活实际，大胆想象未来的学习生活还有可能是什么样的

（1）细读课文，想象未来的学习生活还有可能是什么样的。

问题切入：未来的学习生活还有可能是什么样的？让学生结合课文内容，以帮助玛琪解决烦恼为切入点，想想玛琪究竟不喜欢未来教育的哪些方面，由此思考对应的解决方法。

（2）评价量规。

评价标准	评价星级	自我评价
能自主、快速地想象出未来学习生活的样子	☆☆☆	
能借助相关语句想象出未来的学习生活	☆☆	

【检测与作业】

（1）说出未来和今天在图书呈现方式、教师、授课效果的不同。

（2）联系生活实际，大胆想象未来的学习生活还有可能是什么样的。

【学后反思】

《他们那时候多有趣啊》是一篇科幻小说，作者是美国的艾萨克·阿西莫夫。小说中写的是玛琪从一本旧书中了解到一百多年前学校的学习生活，流露出内心的孤独，反思了人类教育的不足以及孩子们的心理健康等问题。回顾整堂课的教学过程，教师力求在各个教学环节中体现学生在学习中的主体作用。做得不足的地方有几点：第一，由于课文是科幻小说，教师平时在这方面的知识积累不够，对题材比较陌生，特别是文中机器人授课这一环节，只能照本宣科，没能调动学生的积极性和学习的热情；第二，课堂教学氛围沉闷，缺乏教学热情，在教学时，教师不能全身心投入教学中。

六年级数学　认识扇形统计图

【学习目标】

1. 知识目标

（1）知道什么是扇形统计图。

（2）知道扇形统计图的特点。

2. 技能目标

（1）能分析扇形统计图中的有关数据，说出扇形统计图中的信息。

（2）通过对比扇形统计图和条形统计图，能说出扇形统计图的特点。

（3）能用扇形统计图中的信息解决简单的实际问题。

3. 理解目标

理解扇形统计图是解决“部分与整体之间的关系”这类实际问题的方法。

4. 关键能力

观察能力、数据处理（整理、分析）能力、基于数据的说理能力、团结协作能力。

5. 必备品格

专注、有序、勤奋、团结。

【评价任务】

（1）用自己的话说一说什么是扇形统计图。

（2）比一比，选一选。

①六年级（5）班的近视人数占六年级（5）班总人数的百分比，可以用（　　）统计图表示。

②近 3 年来，小学六年级学生近视率的变化情况，可以用（　　）统计图表示。

③六年级有 5 个班，各班患近视的人数可以用（　　）统计图表示。

（3）六年级学生一周有30节课，各学科课时占总课时的百分比如下图。

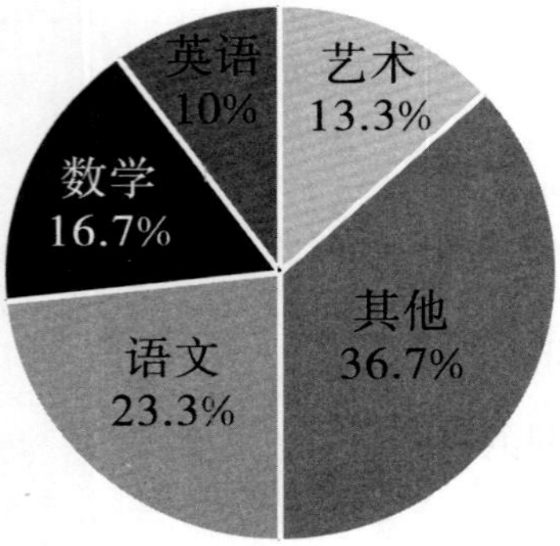

六年级一周学科课时分配情况统计图

①一周有几节语文课？（得数保留整数。）

②你还能提出什么问题？

【学习过程】

1. 课前准备

教师准备：PPT、探究单。

学生准备：作图工具。

2. 课中任务

任务一：认识扇形统计图

◎探究性问题：什么是扇形统计图？

（1）学习指南

参考课本关于扇形统计图的定义和第30届奥运会中国代表团获得金牌情况统计图，独立思考，说出什么是扇形统计图。

（2）学习支架

①扇形统计图的整个圆表示什么？

②扇形统计图的各个扇形表示什么？

（3）评价标准

评价标准	评价星级	自我评价
能说出扇形统计图的主要特点	☆☆	
能说出扇形统计图的 1 个特点	☆	

（4）设计说明

学生先思考探究性问题，再参考课本内容，其间要保持独立思考。学生在观察、思考的过程中，初步感知扇形统计图的特点。

任务二：读扇形统计图中的信息

◎探究性问题：读出扇形统计图中的各类信息。

（1）学习指南

观察扇形统计图的圆、扇形、百分比、项目分布情况，先独立思考，再与同伴交流，读出扇形统计图中的各类信息。

（2）学习支架

①圆的面积表示什么？

②每个扇形表示什么？

③每个扇形的百分比是怎么求出来的？

④每个扇形和圆面积的关系是什么？

（3）评价量规

评价标准	评价星级	自我评价
能说出每个扇形表示的含义	☆☆	
能说出每个扇形的百分比是怎么求出来的	☆☆	
能说出每个扇形和圆面积的关系	☆☆	
能说出圆的面积表示的含义	☆	

（4）设计说明

让学生观察第 30 届奥运会中国代表团获得金牌情况统计图中的数据信息，进一步认识扇形统计图。

任务三：比较两种统计图，谈发现

◎探究性问题：观察两种统计图，对比特点，说出自己的发现。

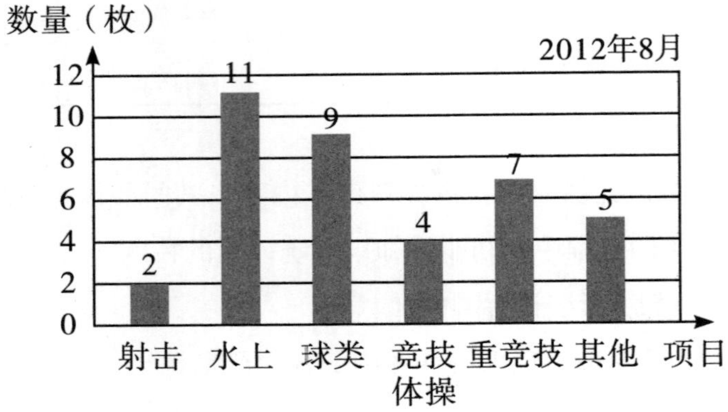

第 30 届奥运会中国体育代表团金牌榜

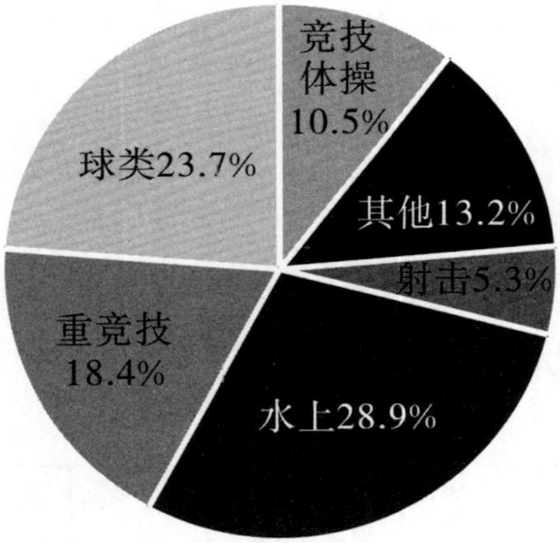

第 30 届奥运会中国体育代表团获得金牌情况统计图

（1）学习指南

观察、对比两种统计图分析的金牌榜情况，先独立思考，再与同伴交流，说出自己的发现。

（2）学习支架

对比两种统计图，谈谈两种统计图的特点、区别。

（3）评价量规

评价标准	评价星级	自我评价
能说出 3 条以上的发现	☆☆☆	
能说出 1—2 条发现	☆☆	

（4）设计说明

学生先思考探究性问题，再借助两种统计图，说出自己的发现，对比谈谈两种统计图的特点、区别，更深层次地认识扇形统计图。

【检测与作业】

（1）下面是我国第六次人口普查民族构成及年龄构成情况统计图。说一说你从中获得了哪些信息。

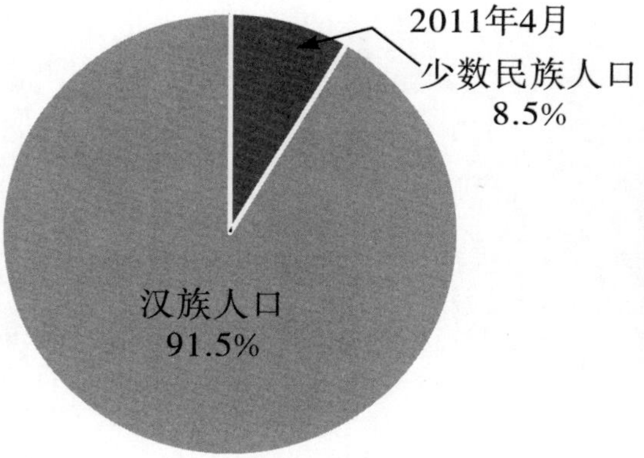

我国人口民族构成情况统计图

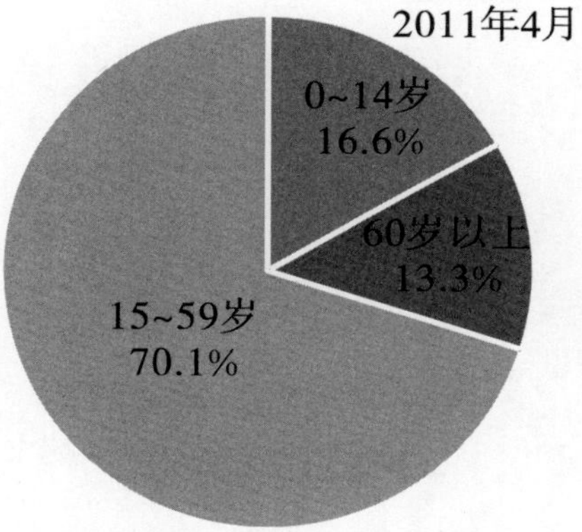

我国人口年龄构成情况统计图

（2）读扇形统计图，解决下列问题。（出自课本）

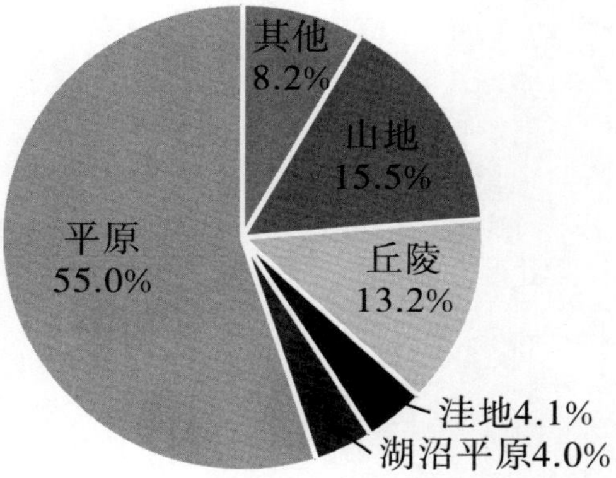

山东省地形分布情况统计图

①从这个统计图中，你知道了什么？

②山东省的总面积为15.67万平方千米，平原的面积是多少万平方千米？

③你还能提出什么问题？

【学后反思】

在统计教学中，学生已经学过条形统计图和折线统计图，对条形统计图和折线统计图的特征和表现形式有基本的认识，但是学生没学过扇形统计图，这就需要教师化难为易、突出重难点。在学习本部分知识点时，教师要引导学生自学，及时交流学习成果。在教学中以学生为主体，逐步引导并激起学生的探究欲望，激发学生学习数学的兴趣，突破重难点。

六年级数学　综合运用统计知识解决问题

【学习目标】

1. 知识目标

知道统计表、条形统计图、折线统计图和扇形统计图的特点和作用。

2. 技能目标

能根据实际情况，结合不同统计图的特点，选择合适的统计图进行数据描述和分析。

3. 理解目标

（1）获取原始数据后，只有用统计的方法进行加工处理，才能进一步发现更多的信息，处理的结果可以根据想要得到的信息选择合适的统计图表。

（2）对于同样的数据可以用多种分析方法，根据问题的背景选择合适的方法就是好的。

4. 关键能力

数据分析、推理能力、模型思想、数形结合、应用意识。

5. 必备品格

专注、有序、友善、宽容、节俭。

【评价任务】

某家电集团对其主要产品在甲、乙两地的销量情况进行跟踪调查，结果如下。（出自课本）

3—6 月份三种家电销量情况统计表

销量（台）/地区/产品/月份	冰箱		彩电		空调	
	甲	乙	甲	乙	甲	乙
3	350	320	260	230	340	180
4	460	280	290	210	320	210
5	480	140	180	90	420	220
6	680	320	420	180	900	250

（1）算出甲地 6 月份三种家电销量分别占本月总销量的百分比，并将下面的统计表和统计图补充完整。

甲地 6 月份家电销量情况统计表

产品	冰箱	彩电	空调
销量（台）	680	420	900
占本月总销量的百分比			

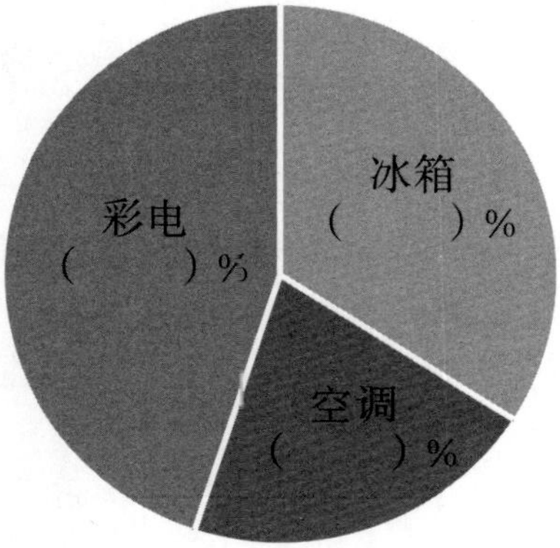

甲地 6 月份家电销量情况统计图

（2）如果要描述 3 月份甲、乙两地的三种家电销量情况，选用哪种统计图比较合适？请根据自己的理解，将下图补充完整。

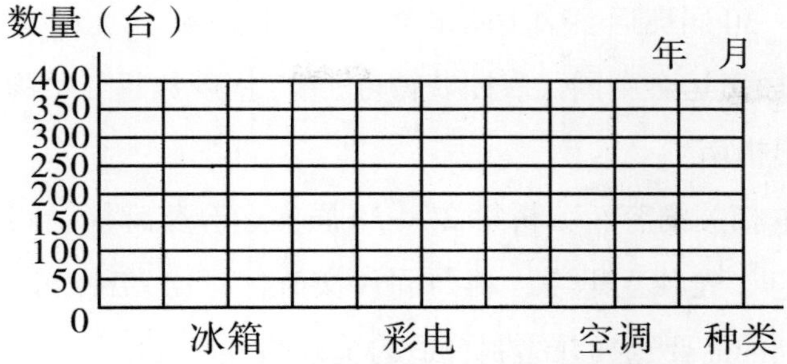

甲、乙两地3月份三种家电销量情况统计图

（3）如果要描述甲、乙两地3—6月份空调销量变化情况，选用哪种统计图比较合适？请你根据自己的理解，将下图补充完整。

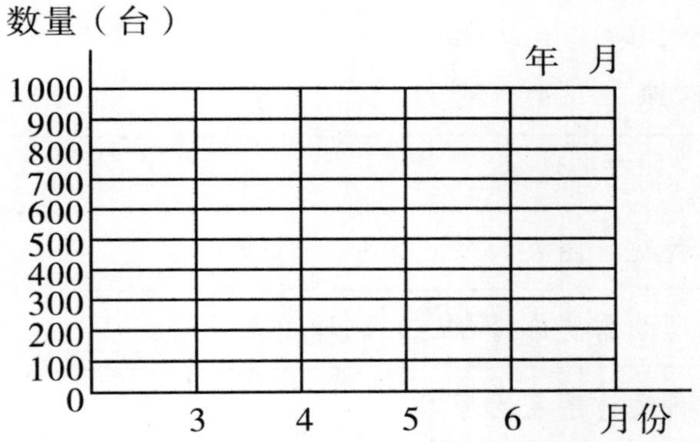

甲、乙两地3—6月份空调销量情况统计图

【学习过程】

1. 课前准备

教师准备：课件。

学生准备：画图工具。

2. 课中学习

任务一：分析要解决的实际问题的类型，圈出关键信息，选择合适的统计图表描述信息，说出选择的依据，根据信息写出结论

◎探究性问题：你能根据需要选择合适的统计图表吗？

①中国代表团在第27—30届奥运会的奖牌情况。

②第30届奥运会奖牌榜前四名国家的金银牌情况。

③第 27—30 届奥运会中美两国金牌的变化情况。

④第 30 届奥运会中国代表团获得金、银、铜牌数量与奖牌总数的关系。

（1）学习指南

参考课本相关内容，分析第 27—30 届奥运会奖牌榜。阅读题目要求，圈出关键信息，先独立思考，再与同伴交流，对比几种统计图表的特点，根据解决问题的需要选择并绘制合适的统计图表。

（2）学习支架

①根据题意，选择合适的统计图表：(　　　　　　　　　　　)。

②读图中信息：(　　　　　　　　　　　)。

③根据题意，解决相应的问题：(　　　　　　　　　　　)。

（3）评价量规

评价标准	评价星级	自我评价
能分别说出几种统计图表的特点	☆	
能根据解决问题的需要选择合适的统计图表	☆☆	
能说出选择这种统计图表的原因	☆☆	
能按要求绘制出或补充完整选择的统计图表	☆☆	
能说出解决以上问题后的体会	☆☆	

（4）设计说明

教师通过和学生交流奥运会的话题，自然地将课堂引入到统计知识的学习中，激发学生的学习热情。学生通过提出问题并作简要分析，回顾了各种统计图表的主要特点和作用，为接下来进一步学习奠定基础。教师引导学生提出问题，并探索解决问题的方法，给学生提供充足的思考时间，能够让学生主动深入地开展探究学习。学生会设计不同的问题，并根据不同的需要，选择合适的统计方式进行整理和分析，提高了自身灵活运用统计知识分析问题、解决问题的能力。

【检测与作业】

（1）想一想应该选择怎样的统计图表，然后填一填。

①要清楚地表明病人的体温变化情况，选用________统计图比较合适。

②商场要想知道去年各季度的彩电销售情况，选用________统计图比较合适。

③在一片果园中，有不同种类的果树。为了反映某种果树的种植面积占整个果园面积的百分比，选用________统计图比较合适。

（2）综合运用统计知识解决实际问题。

社会实践小组分别对喜欢西式快餐和中式快餐的消费者的年龄情况进行了调查，结果如下。（出自课本）

人数＼年龄 类别	合计	20 岁以下	20 ~ 39 岁	40 ~ 59 岁	59 岁以上
西式快餐	80	42	24	12	2
中式快餐	80	12	20	36	12

①如果要描述喜欢快餐的消费者各年龄段的人数情况，选用哪种统计图比较合适？把下图补充完整。

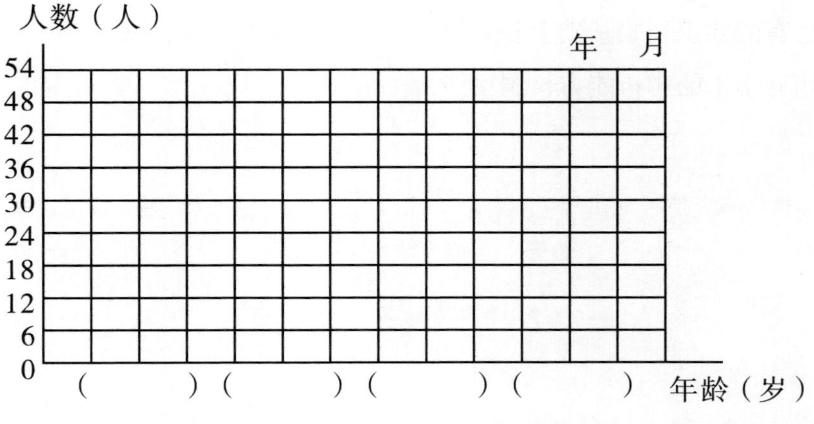

②如果用扇形统计图表示喜欢西式快餐的消费者的年龄情况，你能根据上面的信息把扇形统计图补充完整吗？

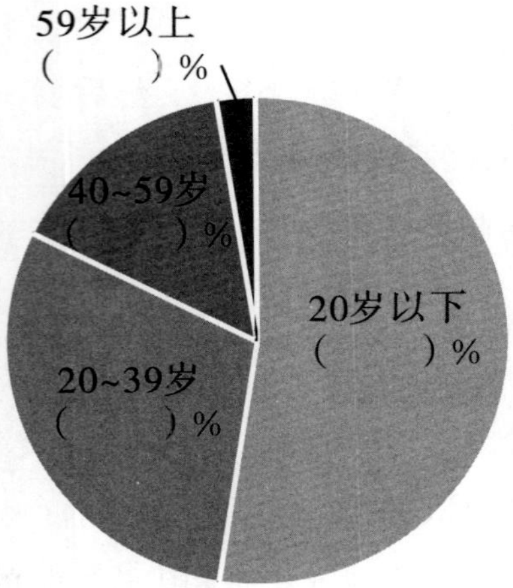

③如果西式快餐店计划在节日里组织促销活动，应优先考虑哪个年龄段的消费者?

【学后反思】

本节课是在学生已经学习了统计表、条形统计图、折线统计图和扇形统计图的基础上进行的。学生在课堂上能够根据不同的要求，选择合适的统计方式。在教学过程中，教师给学生提供有趣的教学素材，从生活中选择数学问题；充分放手，拓展学生的思维，给学生更多的思考空间；注重在学生已有的知识经验基础上开展教学，使学生获得新知；练习设计有层次，注重培养学生的辨析能力、洞察能力。

第三编

学习任务单设计案例

一年级语文　趣味识字

【单元概述】

本单元是识字单元，《动物儿歌》运用学生熟悉的小动物的名称和生活习性带出生字，让学生从观察小动物中找到该动物的生活习性，产生观察小动物的兴趣。

【实践活动】

（1）作业目标：制作动物趣味卡，本次作业旨在让学生能从观察小动物中找到该动物的生活习性，产生观察小动物、了解小动物的兴趣。

（2）作业要求：找一找你喜欢的动物，并用卡纸画出动物的形状，向同学介绍它。介绍内容包括名字、习性（饮食、作息等）、有趣之处、外形（体型、颜色、神态等），以图画的形式画出来。

【评价量规】

评价标准	评价星级	自我评价
能制作一张动物趣味卡，将动物信息内容完整呈现在卡片中，图画清晰，语言流畅，字迹工整	☆☆☆	
能制作一张动物趣味卡，卡片内容较为完整，将动物的名字、习性、有趣之处、外形等说得较为清楚	☆☆	
能制作一张动物趣味卡，能画出动物的形状，画面形象生动	☆	

二年级语文　大自然的秘密

【学法指导】

（1）本单元以“大自然的秘密”为主题，展示大自然的无穷魅力。通过本单元的学习，学生能学会提取主要信息，了解课文内容。

（2）提取主要信息了解课文内容的方法：找出课文的具体信息，整合信息，作出推断，最后整体感知、初步概括。

【故事配画】

江　雪

〔唐〕柳宗元

千山鸟飞绝，万径人踪灭。

孤舟蓑笠翁，独钓寒江雪。

【评价量规】

评价标准	评价星级	自我评价
能找出古诗的主要信息，并完整地呈现在画中	☆☆☆	
能大致找出古诗的主要信息，并完整地呈现在画中	☆☆	
能大致找出古诗的主要信息，并呈现在画中	☆	

三年级数学　数据的收集与整理

为了解同学们近期的学习情况，我们需要对同学们的期末过关卷（一）的成绩进行统计分析。

【收集数据】

（1）请准确收集数据。

考号	分数（分）	考号	分数（分）	考号	分数（分）	考号	分数（分）
1		9		17		25	
2		10		18		26	
3		11		19		27	
4		12		20		28	
5		13		21		29	
6		14		22		30	
7		15		23		31	
8		16		24		32	

（2）评价量规。

评价标准	评价星级	自我评价
能准确收集成绩	☆☆	
能收集成绩，但不准确	☆	

【整理数据】

（1）请按要求整理数据。

分数（分）	90分及以上（包括100分）	80分及以上	70分及以上	60分及以上	59分及以下
人数（人）					

（2）评价量规。

评价标准	评价星级	自我评价
能不重复、不遗漏地把数据分类整理到表中	☆☆	
小组内人员分工合理，完成速度快	☆	

【描述数据】

（1）请按要求涂数据。

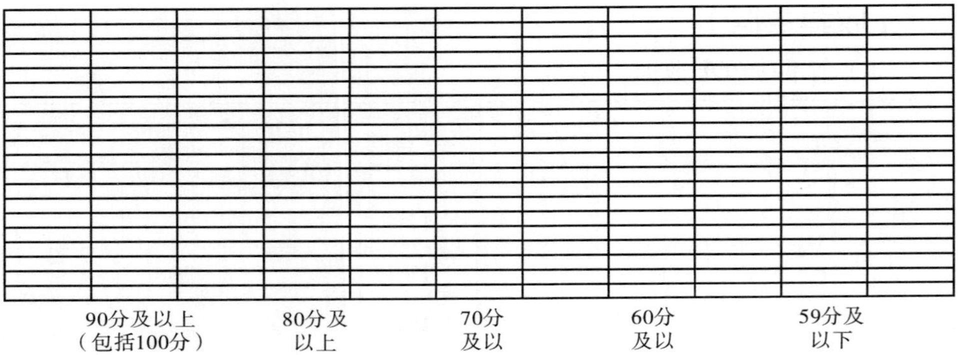

（2）评价量规。

评价标准	评价星级	自我评价
能对准列涂，涂正确格数，从下往上涂，条形图制作规范	☆☆☆	
能对准列涂，涂正确格数，从下往上涂，但是条形图的制作不规范	☆☆	

【分析数据】

（1）分析数据：观察条形图你能发现什么？

（2）总结：根据你的发现和分数情况，说一说全班同学最近的学习情况。

（3）评价量规。

评价标准	评价星级	自我评价
能说出 1—2 个发现	☆☆	
推断合理，叙述时有理有据	☆☆	

四年级数学　平均数

潍坊滨海鲲城学校四年级进行教职工跳绳比赛，由各班语文教师、英语教师和数学教师参加一分钟跳绳比赛，下面是四年级（1）班三名教师的跳绳成绩。

学科教师	第一次PK	第二次PK	第三次PK	第四次PK	第五次PK	平均得分
语文教师	98	95	96	95	96	
英语教师	96	98	97	96	98	
数学教师		99	100	98	98	99

【估一估】

（1）语文教师和英语教师的平均得分分别是多少？

（2）评价量规。

评价标准	评价星级	自我评价
能合理估出平均得分	☆	
能写出自己是怎样估分的	☆	

【算一算】

（1）完成以上表格。

（2）评价量规。

评价标准	评价星级	自我评价
能计算并完成表格	☆	
计算过程中能使用又对又快的方法	☆	

【比一比】

（1）问题一

①你认为数学教师的平均得分 99 分与第二次 PK 成绩 99 分是一回事

吗？为什么？

②评价量规。

评价标准	评价星级	自我评价
能正确回答	☆	
能写出自己的理解	☆	

（2）问题二

①如果数学教师第一次 PK 超常发挥，成绩为 120 分，平均得分会受到怎样的影响？如果第一次 PK 时因失误仅得了 10 分，又会对平均得分有怎样的影响呢？写出你的想法。

②评价量规。

评价标准	评价星级	自我评价
能合理说出对平均得分的影响	☆	
能就平均得分与每一次得分的关系写出自己的想法	☆	

【想一想】

（1）通过对以上题目的思考，你对平均数有哪些认识？

（2）评价量规。

评价标准	评价星级	自我评价
每写出一条合理的答案，给一星	☆	

四年级英语　Plans

【单元概述】

本单元的主要内容是用“will”谈论未来的计划或天气状况。课文“Will you take your kite？”是谈论未来的计划，课文“Will it be hot in Haikou？”是谈论未来的天气状况。学生通过学习“will”的意义和用法，增强对生活的计划性，加深对生活的热爱。

【我的暑假计划】

根据你所在的城市气象预报图，做一份暑假出游计划。写一写你打算去哪些地方做什么事，该地区未来的天气状况怎样。

【评价量规】

评价标准	评价星级	自我评价
能正确写出打算去哪里做什么事，并能正确写出该地区未来的天气状况。句型正确，字迹工整	☆☆☆	
能正确写出打算去哪里做什么事	☆☆	
能正确写出打算去哪里	☆	